山东省自然科学基金（ZR2020ME248、ZR2021ME138）资助
山东科技大学地球科学与工程学院学科专业经费资助

基于流域汇流的植被水流阻力研究

张升堂 著

中国矿业大学出版社
·徐州·

内 容 简 介

本书基于流域水文过程，对植被在流域汇流过程中的阻力影响进行了研究，通过建立水力学模型，对植被在淹没、非淹没状态下的水流阻力进行了室内试验分析。目前，对植被倒伏与水流动力学要素之间的联系以及对植被不同倒伏程度条件下水流阻力及流态响应的系统研究较为欠缺，已有的研究成果主要集中在倒伏是否使植被的水流阻力发生变化方面，多是淹没状态下的定性分析，定量研究相对较少。本书对倒伏植被、层次化植被等的水流阻力进行了较为系统的试验研究。研究成果可为区域灾害性洪水预测与防治、流域水土治理、水利工程建设以及区域生态文明建设等提供科学依据。

本书可供水文地质相关专业的高校本科生、研究生以及相关领域生产单位的科技工作者阅读参考。

图书在版编目(CIP)数据

基于流域汇流的植被水流阻力研究/张升堂著.—徐州：中国矿业大学出版社，2022.12

ISBN 978-7-5646-5696-6

Ⅰ.①基… Ⅱ.①张… Ⅲ.①植被—水流阻力—研究 Ⅳ.①TV131.2

中国版本图书馆CIP数据核字(2022)第245963号

书　　名　基于流域汇流的植被水流阻力研究
著　　者　张升堂
责任编辑　潘俊成
出版发行　中国矿业大学出版社有限责任公司
　　　　　　(江苏省徐州市解放南路　邮编 221008)
营销热线　(0516)83885370　83884103
出版服务　(0516)83995789　83884920
网　　址　http://www.cumtp.com　**E-mail**:cumtpvip@cumtp.com
印　　刷　江苏淮阴新华印务有限公司
开　　本　787 mm×1092 mm　1/16　**印张** 10.5　**字数** 269 千字
版次印次　2022 年 12 月第 1 版　2022 年 12 月第 1 次印刷
定　　价　45.00 元

前　言

目前我国倡导绿色可持续发展，大力开展生态文明建设，“绿水青山就是金山银山”的理念深入人心，大部分流域植被覆盖率提升显著。植被会通过改变流域面水流阻力，塑造河道水流断面形态，影响坡面及河网中的水流流速、流量以及紊动状态等水力学特性，使流域水文过程发生变化。研究植被对流域水文过程的影响，是生态水文效应研究的主要内容。

随着生态文明建设的推进，有关植被的生态水文效应研究越来越受到重视，成为水文与水资源工程领域、生态环境领域、水利工程领域、农业水土工程领域等的研究热点。植被类型多样，而且植被在不同生长阶段的形态有很大差异，使植被对流域水文过程的影响不像其他因素的影响一样具有确定的衡量指标及影响效果界定，因而植被因素是比其他因素更为复杂的影响因素，且其对坡面流影响的研究发展也相对缓慢。

本书聚焦服务流域水文过程，研究植被在流域汇流过程中的阻力影响，通过建立水力学模型来对植被在淹没、非淹没状态下的水流阻力进行试验分析。同时，笔者通过实地观测植被的形态变化，发现倒伏是植被在水流作用下经常发生的现象，但目前对植被倒伏与水流动力学要素之间的联系，以及植被不同倒伏程度下的水流阻力和流态响应的系统研究较为欠缺，已有的研究多集中于倒伏是否使植被的水流阻力发生变化，这是在淹没状态下的定性分析，定量研究相对较少，缺乏对植被倒伏引起的水流阻力变化及流态响应的试验研究。本书对倒伏植被、层次化植被等的水流阻力进行了较为系统的试验研究，研究成果可为区域灾害性洪水预测与防治、流域水土治理、水利工程建设、区域生态文明建设等提供科学依据。

本书受山东省自然科学基金(ZR2020ME248、ZR2021ME138)、山东科技大学地球科学与工程学院学科专业经费资助，博士研究生张景洲和硕士研究生李贵宝、陈思、刘颖参与了试验以及数据整理分析工作，硕士研究生王传涛、王雯军、马丽君参与了本书的文字整理工作，在此一并表示感谢！

由于流域植被的种类繁多，模拟研究目的各异，不同研究关注的因素不同，所以得出的结论也不尽相同，有时甚至大相径庭。同时，书中涉及的部分理论和概念尚存争议，加之水平有限，书中疏漏和不妥之处在所难免，恳请广大读者批评指正！

张升堂

2022年夏于青岛

目　录

第 1 章　植被及其水流影响

1.1　流域植被

现代流域是在人类活动的影响下形成的，现代流域中的坡面植被在人类活动的影响下变得单一化、规律化。人类按照自己的意愿去改变自然植被的形态和外观，导致坡面植被的连续性和完整性受到严重破坏。

1.1.1　流域坡面特性

随着社会经济的发展和人口数量的增多，人类活动已经影响了自然流域的演化过程，引发了城市化等自然流域未有的现象。我国城市化水平逐年提高，流域内快速增长的弱透水面、不透水面大范围代替了自然坡面，从而对地表水流形成及汇流过程产生了剧烈影响。

近几十年来，人类活动时刻影响着自然流域的演变过程。大规模引水造成河道干涸、地下水位急剧下降，地表水和地下水的转化条件发生了巨大的变化。大规模的农田建设、城乡建设和水土保持建设极大地改变了原有下垫面的状态，引起流域产汇流条件发生变化。受全球气候变化和区域气候变化的影响，自然流域的外在动力学条件发生巨大变化，导致干旱和洪涝发生的概率增加。这些变化加快了自然流域的演变过程，强化了现代流域的特性。

1.1.2　自然植被的价值

天然植被一直默默地发挥着巨大的作用，然而，这些作用往往得不到充分的重视，有些甚至不为公众所知。自然植被的基本生态功能包括：① 水土保持的功能；② 自我更新的能力；③ 养育当地动植物的能力。这些功能能够保持水土及其营养，调节水资源以及地区与全球气候，防止、消除或减轻水灾、旱灾、火灾、虫害、暴风雨、土壤侵蚀、沙漠化以及污染等自然或人为灾害的损害，保持生物多样性以及保护可再生能源，等等。根据中国环境与发展国际合作委员会生物多样性工作组（自 2002 年开始更名为生态安全课题组）2001 年的计算结果，我国现有天然植被所带来的生态效益一年超过4 500亿元，这还不包括除生态效益外的其他效益。

1.1.3　自然流域坡面植被分类

（1）常绿阔叶林

常绿阔叶林主要分布在热带以外的地区。它包括亚热带雨林、温带雨林以及照叶林等，主要分布在东亚、北美、地中海沿岸的岛屿以及南美洲、非洲和澳大利亚东南部的湿润地区。常绿阔叶林在中国分布极为广泛，这一植被带是中国东部森林区域最大的一个植被带，其纬度跨度大约为 11°，是我国亚热带地区典型的地带性植被类型，有时也被称为照叶林。

（2）灌丛

灌丛是以中生和中旱生灌木为建群种的植被群落类型。群落高度通常小于 5 m，郁闭度多为 0.3～0.4。在气候过于干燥或寒冷，森林难于生长的地方，常有灌丛分布。在山地植被垂直带中，高山灌丛具有垂直地带意义。灌丛组成种类众多，生活型多样，类型复杂。从热带到温带，自低地至高山均有灌丛分布。其适宜性很广，可分为阔叶的、针叶的、落叶的、常绿的、耐寒的、喜热的、耐旱的、适盐的、喜酸的等。

（3）草本植物

草本是一类植物的总称，但并非植物学科分类中的单元。人们通常将草本植物称为“草”，而将木本植物称为“树”，但是偶尔会有例外，例如，竹属于草本植物，但人们经常将其看作一种树。草本植物多数在生长季节终了时整体死亡，如一年生和两年生的草本植物（如水稻、萝卜等），多年生草本植物的地上部分每年都会干枯，而地下部分的根、根状茎及鳞茎等能活多年，如天竺葵等。草本植物与木本植物最显著的区别在于茎的支持力量，草本植物的支持力量为膨压。

（4）水生植物

水生植物是指那些能够长期在水中正常生活的植物。水生植物是出色的“游泳运动员”或“潜水者”。其叶子柔软而透明，能够最大限度地得到光照和吸收二氧化碳，保证光合作用的进行。水生植物的另一个突出特点是其具有较为发达的通气组织，彼此贯穿形成一个输送气体的通道网，这样，即使它们生长在不含氧气或氧气缺乏的污泥中，仍可以生存下来。通气组织还可以增加浮力，维持平衡，这对水生植物来说非常有利。

1.1.4 现代流域坡面植被分类

1.1.4.1 人工树林

人工树林的树木种类单一，树龄和高矮程度比较接近，分布十分密集，林下缺乏中间的灌木层和地表植被。在这样的树林中，地表植被覆盖很差，保持水源的能力、保持水土和过滤水的能力都很低。其在雨季没有储存水的功能，当旱季到来时，区域内则会非常干燥，发生火灾的概率较大。松针表面有蜡质，很难腐烂，加上其含有油脂，因此更易引起火灾。单一密集的树木遮挡了阳光，抑制了其他植物的生长，同时，树林种类单一导致无法给大多数动物提供食物或适宜的栖息环境，因而动物种类也较少。针叶树的落叶不易腐烂，加上能够改善土壤质量和促进营养循环的土壤无脊椎动物以及其他动植物较少，使得区域内土壤中的营养不断被这一种植物所消耗，却没有营养返回到土壤，因此土壤的营养状况越来越差。所以，人工树林的出现极大地改变了自然流域的演变过程。

1.1.4.2 城市绿地

城市绿地是指用于栽植树木、花草，并布置配套设施的场地，这些场地基本上由绿色植物覆盖，并被赋予一定的功能与用途。城市绿化能够提高城市自然生态质量和生活质量，还能增加城市地景的美学效果，带来经济效益。城市绿地主要包括五大类型：公园绿地、生产绿地、防护绿地、附属绿地、其他绿地。而屋顶绿化，垂直绿化，阳台绿化和室内绿化，以物质生产为主的林地、耕地、牧草地、果园和竹园等地以及城市规划中不列入“绿地”的水域，都不属于城市绿化的范畴。城市绿化有效增加了自然透水面的面积，使城市中降雨与坡面的响应机制更接近自然状态，从而大大缓解了城市积水排水问题，进而从根本上降低了城市洪水和内涝的发生概率。

1.1.4.3　*农田*

农田是用于农业生产的用地，也称为耕地。农田里的植被是按照人类的意愿栽培的植物，其他非栽培植物都称为杂草，因此农田多由单一植物组成，结构简单，按照人为设定的株行形式和密度排列。农田在休闲期与幼苗期常常处于裸露状态，即使在作物封垅期，情况也类似。这种情况首先导致农田失去对地面径流的控制能力，增加了径流和蒸发耗水，其次降低了土壤水库接纳、蓄存降水的能力，使植被、土壤复合体对蒸发、降水过程的调控适应能力受到严重破坏。地面径流失控后，既增加了降水的损耗，又容易形成洪涝灾害，破坏生物蒸发面，增加地面蒸发耗水。当雨后土壤湿润时，植被蒸腾与地面蒸发都很旺盛，耗水强烈，当地面蒸发耗水转弱时，土壤蓄水已大量消耗而接近旱限，再加上土壤物理性状变坏，蓄水能力下降，这就使作物频繁遭受干旱危害。

1.1.5　植被对现代流域的影响

自然植被冠层及地被层的截留作用对流域植被的水量平衡产生了较大的影响。首先，截留减少了林地土壤水分的输入并增加了蒸发散量，如不能有效控制土壤蒸发和增加入渗，将加深林地土壤的干燥化。同时，无林区虽然没有截留损失，但侵蚀性降雨频发，不仅使地面径流损失加大，而且造成了大量的水土流失。其次，降水经过植被截留，特别是覆盖在林地地表的枯枝落叶层的截留，消减了降水动能，防止了雨滴击溅，加强了入渗，增加了大气降水损失量，减少了产生径流的净雨量。综合两方面的效应可以看出，枯枝落叶层在森林截留中发挥着极其重要的作用，它不仅有助于控制水土流失，而且入渗的加强克服了因截留带来的林地降水输入减少的负面效应。地被层对产汇流时间的延缓作用使得地表产流速率降低，产流量增加。植被也是防治水土流失的有效因素，一方面，植被能够改善土壤的理化性质，如土壤紧实度、容重、渗透性能、水稳性团粒含量、养分含量等，并且可以增强土壤的抗侵蚀性能；另一方面，坡面植被类型、植被密度、分布形式等均对土壤的理化性质产生作用，也能从各个方面影响地表径流的产生和发展，改变它在水力学方面上的某些特性，继而对侵蚀的发展与演变产生影响。因此，植被对现代流域的演变过程有着深刻的影响。然而，随着经济的高速发展和人口爆炸式的增长，人类对自然的改造速度不断加快，城市化的发展使大量的不透水面、弱透水面代替了自然透水面，导致越来越多的像北京“7·21”那样的特大暴雨事件在全国各地出现，甚至引发水文地质灾害。全国范围内每年发生的暴雨洪水灾害以及水文地质灾害，造成的直接经济损失数以万亿元计，并会危及人们的生命安全。类似地，随着农业机械化的快速发展，人类按照自己的意愿规划和分割土地，使得自然流域原有的地表植被不断遭受破坏，从而使地表植被变得栅格化、破碎化。因此，人类活动对自然流域植被的破坏已经严重影响到自然流域的演变过程。

1.2 植被对水流的影响

1.2.1 植被覆盖对水流特性的影响

地表水流是一种易受降雨、地表形态、土壤类型等因素影响的具有复杂流动边界的浅层水流，是水土流失研究的重要内容。其既涉及水力学问题，也涉及工程实践问题，是导致我国水蚀地区剥蚀和冲刷的主要原因。我国地形极其复杂且多以山地为主，因此，研究坡面水流特性对于研究水力侵蚀和水土保持以及生态修复等都具有重大意义。

社会经济高速发展的同时，不可避免地会带来环境问题，河流及生态坡面的破坏越来越严重，水环境问题日益突出。在自然环境中，植被的存在对于地表水流的动力特性及水利工程建设有着显著的影响。

(1) 植被的存在增加了水流阻力，降低了其过流能力。植被数量的增长对于水渠局部的泥沙流失具有阻碍作用，是保持水土和巩固滩岸的重要天然资源。

(2) 水流中的植被影响着坡面的糙率和阻力，这会导致水位升高，水流流速减缓，从而会改变水流阻力的变化规律，危及行洪安全。

(3) 植被的生长对于净化水环境、修复水生态、改善水体状况等均具有良好的功效，这有利于人工湿地的建设。

(4) 对于水生植物来说，其具有分解水中含氮有机物、促进有机污染物降解、抑制蓝藻等菌类与藻类繁殖、提高水体自净能力的重要功能。此外，水生植物还能为水生动物提供栖息地，从而维持河流生态系统的物种多样性。

研究植被覆盖对水流特性的影响对于解决当前社会所面临的水资源匮乏和水污染问题有着重要的意义。近年来，关于植被覆盖下的水流特性研究主要通过室内外水槽植被模拟等试验方法进行，国内外学者从不同的角度对植被覆盖下的水流阻力进行了大量的研究，从而取得了一定的成果。但由于试验条件、植被特性的选择、研究方法的差异，结论产生了许多分歧，不能全面解决存在的问题。因此，本书整理了该领域的研究成果，对其进行了一定的归纳与总结，并提出了一些新的看法，以为后续的研究提供新的思路。

1.2.2 植被对水流的影响研究

1.2.2.1 柔性植被对地表水流阻力的影响研究

植被在水生态系统中起着非常重要的作用，它能够为水生动植物及微生物提供生活环境，净化水质，是维护水生态系统及其物种多样性的基础。近年来，关于柔性植被覆盖下的水流阻力研究已经取得了很多成果。例如，某些学者利用水槽试验研究了无草、淹没型、非淹没型柔性植物水流阻力特性的变化规律，结果表明，各植物阻力系数的变化与尼古拉兹曲线基本相似，在紊流范围内，水流可划分为紊流光滑区、紊流过渡区、紊流粗糙区；通过研究不同高度的柔性植被对地表水流水力学特性的影响，发现 4 cm 高的植被阻水效果最佳；通过研究植被覆盖条件下的坡面水流阻力特性，发现坡面植被水流 Manning(曼宁)系数随水深、雷诺数、坡度的变化与植被覆盖度密切相关；通过试验表明，杂乱植被对地表水流阻力的影响较表面凸出石块更加显著。还有一些学者用矩形塑料薄片来模拟坡面植被，探讨了不同流量及坡面比降条件下植被分布对地表水流水力学参数的影响；通过试验分析了种植植物对水流结构变化的影响规律，结果表明，植物密度的变化对垂线流速的影响显著，植物种植密度越大，水流阻力越大，流速减小的趋势也越明显；通过采用三维多普勒超声测速仪对淹没柔性植被明渠恒定水流的水力学特性进行试验研究，得到了存在淹没植被情况下纵向流速和雷诺应力沿垂向的分布情况。

1.2.2.2　刚性植被对地表水流阻力的影响研究

某些学者采用芦苇秆和圆木棒作为试验材料研究了非淹没刚性植被的密度和格局对水流阻力和水流能量特性的影响，从理论和试验两个方面探讨了植被与水流相互作用的机理。还有一些学者以塑料棒模拟刚性植被，研究了在不同淹没状态下，不同植被覆盖密度下的植被分布对地表糙率的影响，结果表明，在植被淹没与非淹没状态下，地表糙率的变化是不同的；利用有机玻璃薄片模拟挺水植被的迎水面积，研究了其对水流阻力的影响，结果表明，挺水植被的相对刚度和阻力系数关系密切，随着相对刚度的增大，阻力系数也随之增大；采用塑料棒模拟刚性植被，通过在变坡水槽中进行变化水深条件下的地表水流模拟试验，分析了不同坡比值及植被分布下的坡面水流能量损失特征；研究了植被排列方式对坡面糙率系数的影响，结果表明，坡面水流流向不同，则坡面地表糙率系数不同，植被走向与水流方向的夹角越小，则糙率系数越大。

1.2.2.3　植被覆盖对地表水流流态的影响研究

植被的存在对地表水流阻力特性有一定程度的影响，地表水流的流态与地表水流的阻力机制以及水流挟沙力密切相关，因此，表征水流水力学参数的计算关系会因流态而改变，变得十分复杂。作为坡面水流基本的水力学特性，水流的流态一直是水力学研究领域的热点问题之一，国内外众多学者对坡面水流的流态进行了大量的研究工作。关于流态方面的理论主要有：地表水流的形式是由层流与紊流两种流态混合组成的；地表水流既包含层流的特征，又包含紊流的特征，但更多地展现出层流的性质，因此可以称之为“扰动流”。某些学者通过对野外小流域的暴雨资料进行分析，发现地表水流流态可能是层流；还有一些学者对薄层水流阻力规律与明渠水流阻力规律进行了比较分析，并在此基础上，提出了新的临界判数，结果表明，这一判数能准确地反映坡面薄层水流的流动状态；通过开展陡坡定床冲刷及人工模拟降雨试验，发现水流流型均属于层紊流过渡区，水流流态整体趋于急流状态。此外，还有一些学者指出，植物可以稳定水流流动状态。

1.2.2.4　植被覆盖对阻力系数的影响研究

阻力系数是量化植被阻力的常用参数，是反映地表水流水力学特征的一个重要参数，也是研究防治坡面土壤侵蚀的重要内容。在植被阻力特征方面，通常采用明渠水流公式，如曼宁公式、谢才公式和达西公式等，来表示植物覆盖下的地表水流阻力规律。由于 Darcy-Weisbach（达西-魏斯巴赫）阻力系数公式具有良好的物理意义，且符合量纲一致的原则，因此其被广泛应用。其表达式为：

$$f=\frac{8gRJ}{v^2} \tag{1-1}$$

式中　v——坡面水流流速；

R——水力半径；

J——坡面水力坡度；

g——重力加速度。

某些学者利用 Darcy-weisbach 公式计算阻力系数，通过借助尼古拉兹试验，推导出了阻力系数与 Re（雷诺数）的关系式，两者的关系可表示为：

$$\lambda = \frac{K}{Re^b} \tag{1-2}$$

式中　λ——阻力系数。

K、b——常系数。在层流区时，b 大约为 1.0；而阻力平方区，b 一般为 0.25 左右。

一些学者通过室内水槽模型试验得出，当沉水植被群落的植被处于非直立状态时，随着植被从弯曲状态向直立状态转换，水流阻力在不断增大；而当植被完全处于刚性状态时，阻力系数则与植被相对刚度无关。还有一些学者采用仿真水草进行试验，结果表明，当植被覆盖度较低时，阻力系数随雷诺数的增加而减小，而植被覆盖度较高时，阻力系数随雷诺数增加呈线性增加的趋势；通过采用人工植被覆盖在有机玻璃水槽上模拟坡面水流，研究了植被覆盖度对坡面水流的影响，结果表明，平均阻力系数及糙率随植被覆盖率的增加而增加；通过采用变坡试验水槽，利用定床阻力冲刷试验研究了不同地表糙度下地表水流的水力学特性，结果表明，地表糙度越大，阻力系数越大，当颗粒粒径大于 0.5 mm 时，阻力系数随流量增加而递减，随坡度增加而递增。

1.2.3　问题分析

近年来，国内外学者对植被覆盖下坡面水流特性影响的研究已取得大批成果，然而由于试验条件和研究方法的限制，研究成果间存在的矛盾较多，主要存在以下几个待解决的问题。

1.2.3.1　与实际相差较大

以往的地表水流模拟试验基本上都是单一化地研究刚性植被或柔性植被的特征，然而，实际坡面植被复杂多样，自然环境下的情况往往要比试验模型复杂得多。在目前的研究中，关于刚性与柔性植被对比研究的设计甚少；在自然状态下，河道以及坡面常常会存在倒伏植被，对于倒伏类植被特性的研究更是很少涉及；对于模拟植被与实际情况下缩放的尺度是否合理，也有待考察。

1.2.3.2　流态无统一定论

判别坡面水流流态主要采用明渠水流的方式，利用雷诺数和弗劳德数来表征地表水流流态的特性，地表水流流态主要有混合流、扰动层流和过渡流等多种形式。通过分析过去大量的流态研究可以看出，对于地表水流流态的界定，目前还没有统一的定论，处于一个不确定的状态。关于地表水流流态众说纷纭，缺乏适合地表水流流态判别的统一参数和定论，研究者多定性分析植被稳定流态的效果，而未定量分析植被的减流效益。由于实际情况的复杂多变以及试验条件的不足，所以以往研究得出的结论并不具有完全代表性。

1.2.3.3　阻力系数的影响因素众多

有研究表明，在分析植被与地表水流阻力的关系时，常常伴随着植被刚柔度、坡度、覆盖度等因素，甚至有可能出现光滑紊流区，此时阻力系数与雷诺数有关。以往研究多认为阻力系数与雷诺数存在幂函数的关系，但很少考虑弗劳德数对阻力的影响。阻力系数不仅与雷诺数关系密切，其与弗劳德数的关系也比较密切，因此，应该全面分析并论述其影响。

1.2.4　植被对水流影响研究的发展方向

通过对上述大量研究的综合分析，我们发现这些研究成果都不具有完全代表性，很多问题都不能给出统一的结论，存在着矛盾和争议。其主要原因包括：① 实际条件下植被的复杂情况与试验条件之间的差异；② 研究方法的固定性。在今后的研究中，可以从以下两点着手解决问题。

（1）从较少涉及的倒伏植被领域进行研究：在前人的研究中，对直立植被的研究较多，而在自然界中，随着地表水流的不断冲刷，往往存在着倒伏植被，这些植被会对水流阻力产生影响。大多数前人的试验中模拟植被的形态是均匀固定的，然而在现实情况中，由于光照和其他因素的影响，植被往往存在不同的物种和不同的生长期，沿着水流方向，会形成一个渐变的倒伏过程，因此植被在形态上往往表现出很大的差异。这些差异导致地表植被对径流和土壤侵蚀的影响既复杂又多变，而均匀形态的倒伏植被不能准确地模拟自然界中植被的生长状况。为深入研究天然植被对地表径流的影响，以及为防治水土流失提供理论和实践依据，可以在接下来的研究中继续探讨非均匀倒伏植被的不同组合对水流阻力的影响。

（2）采用灵活的研究方法进行研究：地表水流的特性比较复杂，土壤类型、植被覆盖、地表糙度等都对地表水流阻力有显著影响，由于影响因素众多，因此在研究地表水流阻力时，仅采用明渠水流及其表达方式并不能准确地表达地表水流阻力的变化机理，所得结论也缺乏普遍性和真实性。综上所述，应进一步研究其形成机理，甚至可以通过数值模拟等方式对地表水流进行全面系统的探究。随着相关行业的快速发展和土壤侵蚀预报模型的需求增强，人们对坡面薄层水流的水力学特性的研究，可以逐渐从经验性分析转变为数值分析和人工模型试验等方法相结合的机理性研究。

第2章 水文模型的坡面糙率问题

流域面上大量存在的植被能够阻滞水流，影响流域水流过程。因此，在水文过程模拟中考虑植被对水流的影响作用，是水文模型中坡面糙率因子需要体现和表征的主要方面。在利用水文模型模拟坡面汇流的过程中，一个关键问题是确定水文模型空间离散形成的坡面栅格单元内的地表径流流向以及各流向流量分配算法，流向的确定及流量分配的准确性会直接影响水文模型的模拟结果。流向的确定及流量分配受诸多因素的影响，其中，坡面糙率是最主要的影响因素之一，糙率取值的微小变化将直接影响流域径流的流向及各流向上的流量分配。因此，对坡面糙率进行详细的研究分析显得尤为重要。

2.1 糙率研究

糙率是表征固体边界面对水流产生阻滞作用的特征参数。在管流、明渠水流和坡面径流研究中，糙率的取值大小直接影响研究结果。因此，如何准确获取一个能代表实际研究区域的糙率值，始终是城市给排水、流域洪水控制等领域关注的问题。由于影响糙率的因素众多，其取值难以精确确定，且糙率取值的微小变化很可能对水流的流速、流向、流量产生明显影响，因此，关于糙率的研究一直是管流、明渠水流和坡面径流研究的热点。近年来，糙率方面的研究成果很多，但仍缺乏系统的理论突破。

糙率问题的研究是流体力学、紊流力学和河道动力学的重要组成部分。例如，泥沙的启动规律、底沙的输移和渠道设计及其他水利工程等问题，都与水流糙率有着密切的关系。在河流动力学研究范围内，大多涉及明渠水流和可动性河床，因此其阻力特性远比管道阻力复杂。在明渠阻力研究和水槽试验中，人们通常借用传统的管道试验成果和阻力系数公式。有学者曾将水流阻力和糙率问题按管流、明渠水流、坡面水流进行分类研究，在涉及糙率问题时，这三种类型水流所要解决的问题不同，采用的研究方法也不同。国内外对糙率的研究也主要活跃在这三个方面，因此本节分别从管流糙率、明渠水流糙率和坡面糙率这三个方面来介绍糙率的历史渊源。

2.1.1 管流糙率

糙率研究最初源于管流的水流阻力问题。Reynolds(雷诺)通过试验揭示了液流运动存在的两种形态：层流和紊流。他的试验结果表明，不同液流形态下，沿程水头损失的规律也不同。在层流状态下，沿程水头损失与流速的一次方呈正比关系；在充分发展的紊流状态下，沿程水头损失与流速的二次方呈正比关系；在过渡流态下，沿程水头损失与流速的1.75～2.0次方呈正比关系。由此可见，层流、过渡流(从层流向紊流过渡)和充分紊流状态下的水流遵循不同的阻力规律。而在自然界中，我们遇到的大多数水流形态都是紊流，从海洋环流到管道中的水流，紊流占据了绝大多数，层流只是少数情况。

为了探讨紊流时的沿程阻力系数公式，尼古拉兹通过将人工砂粘贴于圆管内壁制成具有一定粗糙高度的管道，研究了管道水流的紊动现象，并给出了从层流到紊流的全部阻力情况。他由此先后得出了三个紊流区的沿程阻力系数。在紊流中，又根据相对糙率和雷诺数的不同，将流动分为水力光滑区、过渡区和粗糙区。因此，尼古拉兹的工作从试验上明确了层流到紊流的总规律。虽然尼古拉兹本人仅进行了管流的水流阻力问题研究，但他试验中不同粒径砂粒与管道阻力之间的关系研究，为后人拓展了研究边界糙率对水流要素影响的道路，揭示了沿程水头损失系数与雷诺数和相对粗糙度的关系。

管流糙率是管道输水系统规划设计中的一个重要参数，管流糙率规律的把握，将直接影响管流糙率计算的准确性和可靠性。在工程问题中，水流的糙率取值是工程设计人员必须考虑的问题。例如，在水电站的引水发电管道中，水流的糙率取值会直接影响水轮机出力的计算；在农田灌溉过程中，引水管道水流糙率取值也会影响水流的灌溉效率和灌溉质量；在城市供水系统中，管网中的水流糙率取值将影响对用户的供水效率。这些问题中的水流管道都需要考虑长距离运输和应对复杂的管路变化，其沿程和局部水头损失都是值得关注的问题。

管流领域的糙率研究发展较快，由于管流流向相对单一，涉及的影响因素较少，因此管流糙率问题的研究相对成熟。管流糙率的研究主要集中在紊流变糙率方面，学者们企图通过数值计算佐以待定参数的方法来进行管流变糙率的研究。到目前为止，糙率研究在管流、紊流及类似的研究中仍处于试验和回归拟合分析阶段，得到的多为统计规律和定性描述，即使有部分定量关系也是针对特定情况下的个例，并无普遍适用的理论成果出现。虽然现有的糙率系数公式对尼古拉兹试验成果进行了比较全面的概括和总结，但实际试验操作中，边壁加糙不可能与尼古拉兹试验完全一致，因此描述粗糙紊流的糙率系数至今仍不能直接应用到实际工程。虽然不少学者对此进行了深入研究，并提出了许多有益的成果，但边壁加糙率单元的形状、排列和大小分布的随机性以及近壁紊流结构的复杂性，使得试验模拟和理论分析更为困难。现有的试验资料表明，到目前为止，粗糙边壁的近壁紊流结构和阻力特性不仅在理论上没有得到解决，而且现有的试验成果也尚未得到统一。

2.1.2　明渠水流糙率

明渠水流是分布最广的水流流动形态之一，在水利工程的设计、施工或管理过程中，都会遇到各种明渠水流问题。在明渠水流的计算和分析过程中，如何准确地选择糙率系数一直是困扰人们的重要问题，也是实现明渠水流精确计算的关键难题之一。

明渠水流糙率系数就其本身的意义来讲，是用来衡量河床边壁的凹凸程度和壁面粗糙程度对水流流动影响的一个计算系数。从水流运动过程中的阻力变化规律来分析明渠水流糙率的意义：在天然河道或人工渠道中，由于水流和固体壁面边界的摩擦作用，或是由于边界形状的突然变化，水流在向前流动的过程中，单位重量（或质量）的水体所具有的总机械能会不断减小。明渠水流运动过程中作用于水体的阻力称为沿程阻力，其大小取决于壁面的粗糙程度，反映了河床边壁糙率系数的变化。壁面越粗糙，相同水力条件下的糙率系数越大，沿程的阻力作用越大，水流的机械能损失也就越大；反之则越小。明渠水流中的糙率系数不仅受壁面粗糙程度的影响，还会受到输排水建筑物的衬砌材料、断面形式、边界几何条件、施工精度和养护条件以及实际运行过程中的水力条件等因素的影响。

2.1.2.1　明渠水流糙率研究发展历程

从18世纪开始，西方的水力学家和工程师们便开始了对明渠水流的研究。经过漫长的时间，各国的学者陆续提出了明渠水流的计算公式。经过长期的实践应用和考验，现在被公认的和普遍使用的是谢才公式和曼宁公式。

1769年，法国工程师谢才提出了适用于明渠均匀流的动力方程，解决了明渠断面平均流速与水力坡度关系的问题。谢才公式的表达式如下：

$$v = C\sqrt{RJ} \tag{2-1}$$

式中　v——断面平均流速，m/s；

R——水力半径，m；

J——水力坡度，无量纲，在均匀流中，水力坡度的值与渠道底坡相等；

C——谢才系数，$m^{0.5}/s$。

谢才曾经认为C是常数，并取值为50 $m^{0.5}/s$。但后人通过大量的试验和实测资料证实，谢才系数并非是一成不变的常数，而是与过水断面的形状、壁面的粗糙程度以及水流运动中的雷诺数等因素有关。它与糙率系数的关系直到20世纪初，曼宁公式得到公认后才得以确认。因此，在使用谢才公式进行明渠水流计算时，不可避免地会遇到糙率系数的选择问题。

法国水力学家达西(Darcy)通过对明渠水流的大量观测和研究，对谢才系数进行了系统性的试验分析，探求了水力半径R和壁面粗糙度对谢才系数C的影响。他试验研究的对象包括断面的几何形状、粗糙度及壁面材料不同的渠道。经过对试验资料的分析研究，虽然他得出这三个参数间存在相关关系，但他并没有找到满足实际经验的表达公式。

Darcy的助手Bazin(巴赞)继承了达西的研究成果，并通过自身的努力和研究，提出了适用于英制单位的谢才系数表达式：

$$C = \frac{157.6}{1 + m\sqrt{R}} \tag{2-2}$$

式中　m——Bazin糙率系数，仅与壁面的粗糙程度有关。Bazin通过试验研究，给出了6种具有不同粗糙度条件的壁面材料的糙率系数m值。

R——水力半径，m。

对于谢才系数的取值范围和变化规律，很多学者都进行了深入的研究，因此计算谢才系数的公式目前已有很多。其中，应用最为普遍的是1889年爱尔兰的水力学家曼宁提出的曼宁公式，并给出了适用于国际单位制的谢才系数表达式，曼宁公式再次印证了谢才系数与水力半径和糙率系数间的相关关系，进一步为谢才公式的实际应用和拓展创造提供了更为方便的条件。曼宁公式可表达为：

$$C = \frac{1}{n} R^{\frac{1}{6}} \tag{2-3}$$

式中　n——曼宁糙率系数。

将谢才公式与曼宁公式合并，就得到了适用于明渠水流的谢才-曼宁公式，其表达式为：

$$v = \frac{1}{n} R^{\frac{2}{3}} \sqrt{J} \tag{2-4}$$

式中　J——水力坡度，无量纲；

v——过水断面平均流速，m/s；

R——水力半径，m。

该式是进行明渠均匀流计算的基本公式，也是计算糙率的基本公式。

现在使用的糙率系数表都不标出量纲，因此可以认为糙率系数 n 是无量纲数。但有些学者认为，糙率系数 n 的量纲应为 $L^{1/6}$，这使得曼宁公式成为一个量纲不和谐的经验公式。为弥补曼宁公式的这一缺陷，有学者对曼宁公式进行了修改，试图使其成为量纲和谐的公式，但这一努力并未得到普遍认可。美国土木工程师学会（American Society of Civil Engineers，ASCE）曾于 1963 年不再推荐使用谢才-曼宁公式，但由于百年来长期积累的经验和大量实测资料的存在以及人们的使用习惯，1987 年 1 月，美国土木工程水电委员会召开专门会议，做出了达西-魏斯巴赫公式用于管道，谢才-曼宁公式用于明渠的推荐。

经过这样一段历程，水力学界终于明确了明渠水流计算公式。但是，实践表明，公式中的糙率系数 n 并非常数，而是需要根据不同情况取不同的值。因此，如何确定糙率系数成为人们研究和探讨的课题。

2.1.2.2　明渠水流糙率取值的影响

随着科学技术和现代社会的进步和发展，数值模拟技术在明渠水流计算中的应用越来越广泛，其应用范围也越来越大。这包括从单一河流的水力计算到河网的水力计算；从山区河流的洪水计算到感潮河段和河口的潮汐计算；从断面相对稳定的河流的水力计算到考虑泥沙运动的冲淤河流的水力计算；从以河流防洪为目的的水力计算到以城市防洪和水环境治理为目的的水力计算。要使明渠水流的计算达到一定精度，除需要正确的计算模型和方法外，能否正确选择糙率系数也是影响计算精度的一个重要因素。

糙率系数的取值是明渠水流计算中不可或缺的环节，在实际工程的规划设计和运行管理过程中，如果选择不当，可能会造成极为深远的影响。概括起来，这些影响主要包括以下两个方面：(1) 如果在设计过程中，对输排水渠道的固体边壁或床面的粗糙程度估计过高，那么计算过程中所选用的糙率系数会比工程实际运行过程中的值偏大，这样按照规定的设计流量条件所设计规划出来的建筑物的几何尺寸就会偏大，即输水排水渠道中的过水断面面积或渠道底坡就会偏大，从而会增加工程量，进一步增加实际工程的建设投资。同时，在输排水渠道建成后的实际运行和管理过程中，由于实际底坡的增大，水流速度加快，实际流速会略大于设计流速，从而更容易接近或超过不冲流速，增大渠道冲刷的可能性。冲刷会造成实际运行中的平均水深和正常水位降低、这样下级取水口处的剩余水头就会相应减少，甚至低于取水的设定高程，以至于进水困难，影响下游的人畜饮水和灌溉效率。这不仅会影响人们的正常生活，而且在一定程度上会降低经济效益。(2) 如果设计过程中的糙率系数选择过小，则依据明渠水流计算公式得到的实际工程中的输排水建筑物的几何尺寸和渠道底坡均会偏小，水流流速降低、接近或低于不淤流速，造成挟沙水流中的泥沙淤积，从而使过水流量减小，不能满足正常的过水流量需求。另外，由于实际过程中的糙率系数偏大，固体边界对水流的实际阻力增大，流速会减小，因此当通过规定的设计流量时，水流的平均水深会增大，易发生大水漫堤的事故，造成水资源的浪费。因此，应该系统地研究，科学地分析，合理地选取糙率系数。

一般的水力学著作中都附有糙率系数表供人们参考。在糙率系数表中，列出了人工渠道或天然河道在不同规模、不同河床和岸坡材料、不同粗糙程度及植被情况、不同断面形状、不同河道弯曲程度等各种条件下的糙率系数取值范围。这些糙率系数表都是基于大量的实测数据形成的，具有相当大的参考价值，可以凭借经验从中确定糙率系数。但由于糙率系数的影响因素十分复杂，在一些工程设计和水力计算中，如果选用的糙率系数与实际情况不符，将会出现较大误差，糙率系数的相对误差可导致流速或流量具有同等大小的相对误差。因此，不论模型和计算方法多么正确，如果选用的糙率系数误差较大，对计算结果仍会产生较大影响。

尽管对明渠水流糙率的研究取得了许多成果，但由于问题的复杂性，人们对明渠糙率的认识还非常有限，在许多问题上尚未形成共识。实践表明，公式中的糙率系数 n 并非常数，需要根据不同情况取不同的值。虽然人们对影响糙率系数的因素有了一定认识，但要确定这些因素各自对糙率系数的影响程度并非易事。由于糙率系数的选取存在很大变数，如果没有足够多的实测资料用以验证计算结果，那么计算结果的可信程度将是一个很大的问题。

2.1.3 坡面糙率

坡面薄层水流是指降水或融雪在扣除土壤入渗、地面填洼、植被截留、蒸发等损失后，受重力作用沿坡面地表流动的一种水流。这种水流也包括地表径流在上坡段下渗后，以壤中流的形式在坡面下游重新流出地面，再度漫流于流域地表的特殊水流。与一般明渠水流不同，从水力学角度来看，坡面流是一种流向不稳定的薄层水流，其水深一般只有几毫米甚至零点几毫米，沿程不断有动量源和质量源汇入。这使得水深和流速随时间和空间变化的程度较大，在一定水力临界条件下，薄层水流往往出现水面失稳状态，形成孤波和前行冲击波并存的水力学现象——滚波。同时，坡面流会受坡度、雨强、植被覆盖、地表状况等因素的影响，这些因素增加了坡面流研究工作的难度。

坡面糙率是研究坡面流水力学特性的核心问题，也是坡面输沙预报模型中不可或缺的参数之一，因此其研究一直受到广泛关注。坡面流是由降水产生并沿坡而下的薄层水流，漫流于坡面且流向多向。受地表地质类型、植被覆盖变化、坡面耕作等具有空间分布特性因素的影响，坡面糙率同样具有空间变异性，这使坡面糙率问题广受关注。但由于坡面流自身的特点，深入研究坡面糙率规律比较困难，很难从理论层面上分析和描述坡面糙率规律。薄层水流受地表阻力影响较大，且区别于明渠水流，但产生这种差异的机理至今尚不清楚，加上其复杂的动力特性，更难以从理论上描述坡面流的阻力规律。大量研究表明，坡面糙率与明渠水流糙率之间有很大的区别。目前，关于管流和明渠水流糙率已有大量研究并取得了相应成熟的成果。在涉及坡面糙率问题时，为解决实际问题，作为一种近似，一般仍采用二维明渠的阻力概念和表达方法，使用曼宁糙率系数 n、谢才系数 C 和 Darcy-Weisbach 阻力系数 f 来反映坡面糙率的变化规律。有所改进的是，少数研究根据实际试验资料确定其阻力系数，或者通过经验回归，将它们与影响阻力的因素（如雨强、水流雷诺数、土壤粒径和坡度等）联系起来，建立阻力计算公式，而不是直接取用相似条件下明渠水流的对应参数数值。坡面流遵循圣维南方程及坡面流曼宁公式如下：

$$\begin{cases} \dfrac{\partial h}{\partial t} + \dfrac{\partial q}{\partial l} = r \\ v = s_{\mathrm{f}}^{1/2}\ h^{2/3}/n \end{cases} \tag{2-5}$$

式中 h——坡面流的平均深度，m；

t——时间，s；

q——坡面流的单宽流量，m^2/s；

r——净入通量，$L/(m^2 \cdot h)$；

l——地表坡长，m；

s_f——摩阻坡度，近似等于方向坡度；

v——坡面流流速，m/s；

n——坡面曼宁糙率系数，$m^{1/3}/s$。

2.1.3.1　*坡面糙率研究发展现状*

关于坡面流的研究已有上百年的历史，早期的研究主要从宏观方面对其进行定性描述或半定量性的统计分析。20 世纪 30 年代以后，Horton（霍顿）从水文角度对坡面流水力学特性进行了深入分析，使坡面流水力学特性从定性描述步入了定量研究的崭新阶段。随着学科的深入发展，国内外许多学者借鉴明渠水力学的经典理论和研究方法，并通过室内模拟降雨试验和数值模拟技术对坡面流水力学特性进行了系统的研究。

早期的研究中，由于试验设备和试验条件的限制，对坡面糙率特性的研究主要借鉴水力学的研究方法和成果。研究者将它们与影响阻力的因素进行综合分析，并通过室内模拟试验和野外观测资料，运用回归分析方法，得到了反映坡面综合糙率系数的数据。然而，由于野外试验条件的复杂性和区域的多样性，以及研究侧重点的不一致性，研究者之间很难形成一致的定论。

随着野外试验研究经验的积累和研究手段的不断更新，国内外许多学者开始尝试野外定床试验，并逐渐向室内试验过渡。某些学者通过模拟降雨试验，发现天然旱地坡面的糙率系数在 5.8～107.6 之间变化，还有一些学者利用野外实测洪水资料，采用迭代适线方法，得出了不同地表情况下的一些曼宁糙率系数 n。此外，许多学者在特定的试验条件下研究了坡面水流的糙率特性。但由于试验的边界条件、水流紊动强度以及下垫面等因素差异较大，不同研究者所获得的糙率系数不尽相同。经过几十年的研究发展，国内外已发表大量关于坡面糙率的研究文献，目前，可将国内外学者对坡面糙率的研究归纳为三个层次。

第一个层次可概括为：研究发现糙率因素对地表径流的流量、流速、洪峰以及水流冲刷能力等具有明显的影响，然而，由于研究目的和需求的限制，这些研究未涉及糙率因素的空间变异性，仅对糙率进行了概化处理。属于这一层次的代表性研究包括：Smith（史密斯）等将水流分为管流、明渠水流和坡面流进行分类研究，他们认为糙率对地表径流有重要影响，但其影响程度不同于管流和明渠水流，并提出了糙率的分级确定方法。潘沛等证实糙率是影响径流量的主要参数，径流对糙率比较敏感，糙率变小会使径流量变大。还有一些研究证实糙率的变化对于径流量、洪峰及水流冲刷能力都有明显影响。

第二个层次可概括为：研究证实了坡面糙率的空间变异性，明确在不同的土地利用、地表覆盖条件，甚至耕作方式下，糙率取值会有所不同，但这些研究并未对坡面糙率的空间变异性进行定量化。本层次的代表性研究包括：Eisenhauer（艾森豪尔）等认为糙率是空间分布变量，糙率的空间变异会引起径流量 14%～18%的变化。Nicholas（尼古拉斯）等通过利用一维非恒定流模型研究平原洪水，证明糙率取值随坡面类型的不同而变化。还有一些研究证实，植被覆盖度增加会导致平均坡面糙率增大，从而会影响坡面径流的流量、流速及土壤侵蚀量。

第三个层次可概括为：研究考虑了糙率因素的空间变异性，并以土地利用类型或栅格为单元对坡面糙率因素的空间变异性进行了简单处理。本层次的代表性研究包括：许钦等证实不同植被生长状况会导致地表糙率发生变化，并按照土地覆被分类的方法分级确定了糙率系数。还有一些研究根据坡面摩擦阻力的空间变异性，利用卫星遥感数据对坡面糙率进行了分布分级；证实坡度、地表土凝聚性、颗粒大小都是影响糙率的主要因子，地表土壤特性的变化对沟道的糙率有显著影响。

2.1.3.2　*坡面糙率研究方法*

目前，对于坡面糙率规律的研究大多是通过试验进行的，这些试验可在室内或野外进行。室内试验常用变坡水槽来模拟流域坡面，并利用人工降雨来模拟天然降雨的过程；野外试验则利用小区或自然山坡，使用天然降雨或人工模拟降雨进行。由于测量的水流要素不同，对糙率的分析方法也有所区别。目前坡面糙率的试验分析方法有两种：一种是宏观分析方法，即在出流末端量测总径流的过程，然后将水力学方法与水流阻力联系起来，推求水流的平均糙率系数，此类方法常在野外试验（以小区为例）中采用。其具体过程是通过计算或由径流过程线确定小区的蓄水量，再由蓄水量估算平均流速和水深，或用迭代法对径流过程线的涨水部分进行适配，由此优选出水流糙率系数。宏观分析法所要求的资料相对容易获得，且资料精度也容易保证，但此方法不能反映水流过程的动力特性，所得结果仅代表一种总体平均情况，与现实流域的实际状况并不吻合。另一种是微观分析方法，它要求在试验过程中瞬时量测坡面流某些断面上的水力学要素，如水深、流速和床面几何尺寸等，然后进行统计分析，求出糙率系数。这种方法能反映水流的中间过程，但对中间过程水流要素的量测和精度要求较低，这可能导致计算结果与实际情况之间存在误差。

综上所述，尽管坡面流的糙率问题已经得到了广泛而深入的研究，并且积累了丰富的研究成果，然而，由于坡面薄层水流的复杂性，以及测量手段等多种条件的制约，诸多学者的试验结果存在显著差异。这表明人们尚未完全了解和掌握其内在规律及其与众多影响因素之间的关系。尽管目前有很多反映坡面糙率系数的经验公式，但这些公式大多仅适用于特定的条件而无法外延，而且许多公式在使用时要求输入较多的参数，从而增加了求解的难度。因此，掌握坡面糙率的内在规律，研究具有普遍性的坡面糙率计算模型是今后的研究重点。

2.2　坡面糙率的影响因素

坡面糙率是研究坡面流水力学特性的核心问题，它反映了下垫面对流动水体的阻力作用，是认识坡面流侵蚀过程的基础，也是坡面流模拟时不可或缺的一个重要参数。坡面糙率对地表径流的流速、渗透、土壤侵蚀等都具有很大的影响，研究坡面糙率的变化规律对于估算洪峰流量以及制定水土保持措施等都具有重要意义。受地形地貌特征、土壤质地、植被覆盖以及降水等多种条件的影响，坡面糙率的特性复杂多变，在理论上很难描述和模拟。在现实流域中，下垫面经常有杂草、灌木、作物、树木等植被覆盖，这些植被的形状、刚柔性、密度以及分布形式等在很大程度上影响了水流的水力学参数，增大了水流阻力，从而使坡面糙率增大。近年来，关于坡面糙率的研究主要在室内或室外通过试验方法进行，如放水、模拟降雨试验等。国内外诸多学者从不同的角度对坡面糙率进行了研究，并取得了一定的成果，但是由于研究者的出发点、试验条件、测量方法等方面的差异，得出的结论也不尽相同，有的甚至完全相反，并未形成统一的认识。

2.2.1　流态对坡面糙率的影响

水流流态是表征坡面薄层水流动力学特性的基本参数，通常用雷诺数(Re)和弗劳德数(Fr)来判别水流流态。水流流态研究涉及水流参数的数学表达和坡面流泥沙侵蚀机理等重大理论问题，它与坡面径流计算和输沙演算等有直接关系，因此，研究水流流态是分析坡面水流属性、流速、径流冲刷及泥沙输移的前提条件。坡面径流通常表现为深度只有几毫米或更小的薄层水流，由于降雨和入渗在时间和空间上都是变化的，因此坡面流是非恒定非均匀流。坡面流水层很薄，受雨滴、局部地表起伏的影响很大，沿程水深可能低于或高于临界水深，导致水流在缓流或急流之间转换，在急流向缓流转变处可能出现水跃现象。从坡顶到坡底，既有层流也有紊流，流态十分复杂。下垫面状况、降雨特征及其扰动、含沙量、流道、细沟密度和几何特征的微小变化，均会引起水流流态的变化，对于坡面薄层水流究竟属于何种流动形态，目前还无统一的定论。水流流态与水流紊动强度密切相关，不同的流态下，阻力做功消耗的能量存在较大差异，因此，坡面流流态直接关系到坡面水流的阻力特性，是表征坡面流水力学特征的基本参数之一。不同的流态下同一流量具有不同的水深及流速，从而使坡面糙率变得十分复杂而难以确定。因此，研究坡面流流态特征及其变化规律对于研究坡面糙率具有重要的指导意义。

有研究者认为坡面流属于薄层水流，坡面上土壤及植被层的阻滞作用在薄层水流中极为显著，因此坡面流应被归类为层流。Woolhiser(伍尔希瑟)等利用运动波模型，通过对牧场小流域的多次暴雨资料进行分析，提出层流可能是坡面流的主要流态。吴普特等认为坡面流虽然受降雨和坡面糙率的扰动，但仍属于层流范畴，与明渠水流的层流存在差异，并将其定义为扰动层流。陈国祥等则通过人工降雨试验表明，坡面径流存在层流、紊流和过渡流三种流态，并认为在降雨条件下的层流是一种伪层流，即虽然雨滴扰动使水质点有局部混掺现象，但整体水流仍处于层流状态。

然而，另外一些学者通过试验研究提出了不同观点，他们认为实际野外流域的坡面坡度一般较陡，加之植被覆盖、农田耕种、城市化建设等因素的影响，地表类型变得复杂多变，从而导致了坡面水流流动状态的复杂性。这些学者认为坡面流并非层流，而一般处于紊流流态。Horton(霍顿)认为坡面流是一种混合状态的水流，即完全紊流区域上点缀着层流区，紊流计算可以用曼宁公式，层流计算可以用泊肃叶方程。张光辉等认为坡面薄层水流很少以层流状态出现，而主要为过渡流为主、紊流为辅的交替状态。江忠善等认为坡面水流是介于层流和紊流之间的过渡流。

由上述内容可以看出，到目前为止，关于坡面流究竟处于何种流态的问题，学术界仍未达成统一定论。如果依据经典的雷诺数判别法，坡面流有可能处于层流区，但坡面水流具有一定的悬移输沙能力，这一现象是客观事实，因此如果固守传统层流的观点似乎值得商榷，那么就需要寻求坡面薄层水流内部产生紊动的真正原因。

2.2.2　降雨对坡面糙率的影响

许多学者研究了降雨对坡面糙率的影响，认为糙率系数与降雨有一定关系。在降雨过程中，雨滴对坡面的打击将会扰动坡面水流，从而影响坡面糙率。有研究指出，雨滴的打击作用及其动能的输入会增强水流的湍动性，导致阻力增加。因此，在坡面糙率的研究过程中，降雨对坡面糙率的影响是一个不可忽视的研究重点。

对于降雨对坡面糙率的影响，一般认为雨滴扰动会增强表面水流的紊动性，从而使糙率系数发生改变。大部分研究表明，降雨会扰动坡面水流，从而影响坡面糙率，其影响程度与水流流态、降雨强度等因素有关。姚文艺等在分析坡面糙率规律时发现：坡面糙率与雷诺数、坡度、降雨和地表粗糙度密切相关，并建立了不同雷诺数范围内的糙率系数关系式。肖培青等利用变坡度坡沟系统概化模型和人工模拟降雨试验，分析了不同降雨强度下坡沟系统坡面径流流态及水力学参数的特征，结果表明，坡沟系统不同断面的糙率系数随降雨强度的增加而呈减小的趋势。

然而，由于自然降雨特性的复杂多变，目前对降雨特性如降雨强度、历时、雨滴击溅等具体变化机理仍未全面掌握，因此一些学者提出了不同的意见。有学者指出，雨滴击溅主要对非常光滑的表面产生影响。

目前，关于降雨对坡面糙率的研究大多通过人工降雨设备模拟自然降雨来进行分析。然而，在人工降雨试验中，人工模拟的降雨特性与自然降雨特性之间存在差异，这些差异导致人工模拟降雨设备并不能准确地模拟自然降雨特性。因此，在目前的研究中，对于雨滴大小、降雨高度、降雨强度等因素如何具体影响坡面糙率的机理，人们仍然缺乏足够的认识。

2.2.3　不同植被覆盖条件对坡面糙率的影响

现实流域的地表植被类型繁多，包括柔性低矮的叶片草、密集的灌木、坚硬的大树等。在流域地表种植植被，可以利用其根系保护土壤，防止水土流失。此外，植被还能改善流域的水环境和美化生态环境。植被的存在在很大程度上改变了水流的内部结构，增加了地表的阻力，导致地表水位升高，水流的平均流速降低。同时，植被迫使部分水流能量转换成在植被附近的紊流脉动动能，从而消耗了水流的动能，降低了整个流域的行洪能力。从流体力学的角度分析，每一株植被均构成一个极为复杂的圆柱绕流问题，其阻力的增加主要来源于植被的阻水面积以及植被形态所带来的物形阻力。

近几十年来，随着国内外学者对坡面糙率特性研究的深入，植被覆盖对坡面糙率的影响越来越受到重视，国内外诸多学者在植被对坡面糙率的影响方面进行了研究，美国甚至根据不同类型的土地利用和土地覆盖情况进行相应的曼宁糙率系数赋值，形成了《国家土地覆盖数据》，以供预测供雨、洪水时使用。

坡面水流流经有植被覆盖的地表时，植被的排列方式、覆盖密度等都将对坡面糙率产生影响，随着植被覆盖密度的增大，坡面糙率的取值呈增大趋势。植被淹没状态也是影响坡面糙率的重要因素，不同淹没状态下的坡面糙率具有不同的变化规律。Kim（金姆）等研究了植被部分淹没情况下的坡面流曼宁糙率系数，得出随植被淹没比例的增加糙率系数也随之增加的结论，糙率和坡度在小流量情况下呈正相关关系，在大流量下呈负相关关系。Roche（罗什）等发现糙率会随坡面部分淹没植被的淹没深度增加而增加，并证实这种情况下水流一般处于层流状态，但水头损失主要由惯性力引起。另外，还有学者研究了不同植被类型下的坡面糙率，并认为同一种植被覆盖下坡面糙率取值的变化规律一致，即在相同植被覆盖下的坡面糙率具有相同的取值。

综上所述，目前关于植被覆盖对坡面糙率的影响，已有诸多学者进行了大量研究，并取得了丰富的成果。众多研究表明，现实流域下垫面常常覆盖有杂草、灌木、作物、树木等植被，这些植被的形状、刚柔性、密度以及分布形式等在很大程度上影响了水流的水力学参数。由于植被覆盖下水流特性的复杂性，加之试验设备及处理方法的限制，因此很难从理论上分析植被覆盖对坡面糙率的具体影响程度。

2.2.4　坡面土壤类型及颗粒级配对坡面糙率的影响

不同的土壤类型以及颗粒级配导致坡面地表具有不同的糙度，进而会影响坡面糙率的取值，目前国内外许多学者对此进行了研究。Wang（王）等研究了砂砾坡面的糙度阻力，结果显示，中值粒径所表示的坡面糙度和流速之间存在对数相关性，坡面糙率可以用雷诺数及弗劳德数来表示。郑子成等通过对淳化泥河沟流域内的黄绵土进行试验研究，发现坡面耕地的地表糙度在小于或等于 1 的范围内，同曼宁糙率系数的变化呈正比例关系。童星等探讨了地表糙度与水力糙率之间的关系，他们认为地表糙度对水力糙率的影响是一个动态变化的过程，并不总是遵循单一的变化规律，在这个过程中存在一个临界值，一旦超过这个临界值，二者的变化规律将趋向稳定。

随着试验水平和研究手段的不断发展，众多学者对土壤类型以及颗粒级配对坡面糙率的影响进行了深入研究，并对其具体影响机理进行了详细的分析。有研究证实坡度、饱和表土凝聚性、土壤颗粒大小都是影响糙率的主要因子，土壤物理特性的空间分布会影响坡面糙率特征，从而对水文模型模拟流域径流过程产生影响。但也有研究认为地表土壤粒径尺寸不是计算坡面糙率的可靠因子。

在现实流域中，即使在相同植被种类覆盖、相同耕作方式、相同地面类型的条件下，地面土壤类型及颗粒级配也不会是完全相同的。这些地表状况的变化会引起坡面水流流向、流量、流速等的改变，进而会影响坡面水流的糙率，以上的诸多研究都表明了这一点。

2.3　流向及流量分配算法对糙率影响的处理

作为流域特征的参数之一，糙率可用于表征地表质地类型、粗糙程度等对水流的阻力作用，是反映坡面状况阻延地表径流的指标。糙率系数反映了坡面流在流动过程中所受的阻力大小，阻力系数越大，说明水流克服坡面糙率所消耗的能量就越大，通过的流量就越少，则用于坡面侵蚀和泥沙输移的能量就越小，坡面侵蚀产沙量就越小。

2.3.1　坡面糙率对流向及流量分配的影响

在利用水文模型模拟坡面水流的过程中，不可避免地需要确定坡面水流的流向及流量分配，流向的确定及流量分配的准确性会直接影响水文模型的模拟结果，因此流向及流量分配算法在水文模型模拟过程中起到了至关重要的作用。然而，由于流域坡面地表状况的改变、植被覆盖、工程建设等因素的影响，坡面流流动状况复杂多变，从而使其流向及流量分配的确定变得非常困难。在管流、明渠水流和坡面径流研究中，糙率的取值直接影响研究结果，因此如何获取一个更能代表实际研究面的糙率，始终是城市给排水、流域洪水控制等领域关注的问题。

目前已有大量研究证实糙率因素对坡面汇流具有明显影响，并已有相关研究明确指出糙率对坡面汇流中水文模型划分的栅格单元的流向及流量分配具有影响。有学者指出耕作方式会导致糙率的变化，这种糙率变化会使研究区域的内径流流向、土壤侵蚀及其空间分布状况发生变化。还有一些学者也发现在农田灌溉过程中同一地面在不同的耕作走向和形式（直线或蛇行状）下具有不同的糙率，并影响了灌溉水流的水力学特征。另外一些学者通过水文模型对城市的降水径流和洪水演化过程进行了模拟，同样得出糙率对流向及流量分配具有显著影响的结论。例如，有学者利用水文模型来研究城市地区的灾害性洪水，结果表明，糙率因素的区域性对洪水模拟结果有重要影响。

综上所述，坡面糙率对坡面汇流的流向及流量分配有着重要的影响，是坡面流模拟时不可或缺的一个重要参数。因此在模拟坡面汇流过程中应考虑坡面糙率对流向及流量分配的影响，分析坡面糙率对坡面汇流的具体影响机理，以使坡面汇流的模拟结果更接近现实状况，精确模拟坡面汇流过程，为流域防洪减灾、水土治理、水资源规划等提供科学依据。然而，由于坡面流自身的复杂性以及坡面糙率的影响因素众多，目前对坡面糙率内在变化规律的掌握并不全面，从而导致在模拟坡面水流时往往忽略糙率的影响。

2.3.2 坡面汇流模拟过程中对糙率的处理

水文模型是全面考虑降水和下垫面空间不均匀性的模型，能够充分反映流域内降水和下垫面要素空间变化对洪水形成的影响。借助 GIS（地理信息系统）技术和计算机技术，水文模型可以将流域面空间离散成精细的栅格单元，凭借其结构与参数具有的空间分布特点，能反映流域面土地利用、植被覆盖等变化对水文过程的影响，能够考虑水文参数和过程的空间异质性，其揭示的水文过程更接近客观实际，因此水文模型在模拟流域水文过程方面具有无可比拟的优势。在模拟坡面流过程中，一个关键问题是在水文模型空间离散形成的坡面栅格单元内地表径流流向的确定以及确定各流向的流量分配算法。然而，无论是单流向法中的最陡坡度、多流向法中的方向坡度 S_{ij}，还是 TOPMODEL 模型中的地形指数，其数学内核都是以坡度因子来决定栅格单元间的径流流向及流量分配。

从力学观点来看，无论是管流、明渠水流还是坡面流，其流动状态都是各种力相互作用的结果，明渠水流和坡面流的流动状态主要是重力在流动方向的分力和固体边界的摩擦阻力共同作用的结果。相对于明渠水流，坡面流属于漫流于坡面的薄层水流，其流向一般不唯一，而目前的水文模型均采用以坡度单因子决定坡面流栅格单元间径流流向与流量分配的算法，实质上忽略了坡面对水流的摩擦阻力作用，或者忽略其空间变异，认为糙率作用在各单元都是无变化的均一值，因而其对坡面流流向及流量分配的影响不会在汇流过程中体现出来。Quinn（奎恩）等提出了更符合实际汇流情况的多流向算法，该算法允许一个栅格单元有多个水流方向，水流按照坡度比例从较高的栅格单元分配至周围较低的栅格单元上，多流向法采用的流量分配模型以坡度加权为基础，越陡的下坡方向越有可能得到更多的水流。目前，越来越多的研究显示，多流向算法明显优于单流向算法，且是最具物理基础的水文模型坡面汇流算法，而事实上多流向算法是通过忽略坡面糙率影响建立的，其算法建立过程见表 2-1。

表 2-1　多流向算法建立过程

<table>
<tr><th>步骤</th><th>水文要素与原理</th><th>数学表达</th><th>符号意义</th></tr>
<tr><td>1</td><td>坡面流遵循圣维南方程及坡面流曼宁公式</td><td>$\begin{cases}\frac{\partial h}{\partial t}+\frac{\partial q}{\partial l}=r\\ v=S_{ij}^{\frac{1}{2}}h^{\frac{5}{3}}/n\end{cases}$</td><td rowspan="6">$h$:坡面流平均深度;$t$:时间;$q$:坡面流单宽流量;$r$:净入通量;$l$:地表坡长;$S_f$:摩阻坡度,近似等于方向坡度 S_{ij};v:坡面流流速;n:坡面曼宁糙率系数;q_i:栅格单元 i 可供向下游的流量;q_{ij}:栅格单元 i 分配给较低栅格单元 j 的流量;S_{ij}:栅格单元 i 与栅格单元 j 之间的方向坡度;n_{ij}:栅格单元 i 指向栅格单元 j 方向上的坡面曼宁糙率</td></tr>
<tr><td>2</td><td>计算栅格单元 i 分配给相邻下游栅格单元 j 的流量</td><td>$q_{ij}=v_{ij}h_{ij}=S_{ij}^{\frac{1}{2}}h^{\frac{5}{3}}/n$</td></tr>
<tr><td>3</td><td>计算栅格单元 i 流向相邻下游栅格单元的总流量</td><td>$q_i=\sum_j q_{ij}=\sum_j S_{ij}^{\frac{1}{2}}h^{\frac{5}{3}}/n$
$(1\leqslant j\leqslant 8)$</td></tr>
<tr><td>4</td><td>计算栅格单元 i 分配给相邻较低栅格单元 j 的流量份额</td><td>$f_{ij}=\frac{q_{ij}}{q_i}=\frac{S_{ij}^{\frac{1}{2}}h^{\frac{5}{3}}/n}{\sum_j S_{ij}^{\frac{1}{2}}h^{\frac{5}{3}}/n}$
$(1\leqslant j\leqslant 8)$</td></tr>
<tr><td>5</td><td>栅格单元 i 在任一确定时刻,其坡面流水深唯一,即 $h_{ij}=h_{ij+1}$</td><td>$f_{ij}=\frac{q_{ij}}{q_i}=\frac{S_{ij}^{\frac{1}{2}}/n_{ij}}{\sum_j S_{ij}^{\frac{1}{2}}/n_{ij}}$
$(1\leqslant j\leqslant 8)$</td></tr>
<tr><td>6</td><td>均化且忽略曼宁糙率系数,并令 $P=0.5$</td><td>$f_{ij}=\frac{S_{ij}^{\frac{1}{2}}}{\sum_j S_{ij}^{\frac{1}{2}}}=\frac{S_{ij}^P}{\sum_j S_{ij}^P}$
$(1\leqslant j\leqslant 8)$</td></tr>
</table>

由表 2-1 可以看出,在目前常用的曼宁糙率系数表征坡面摩擦阻力的方式下,多流向法通过均一化处理最终忽略了坡面摩擦阻力对坡面流流向及流量分配的影响,这种处理理论上使水文模型处于虽具有物理基础和精细离散的栅格单元但模拟的坡面流结果却不一定优于集总式水文模型的尴尬境地。

由此可见,目前在水文模型空间离散划分的坡面栅格单元间,径流流向与流量分配算法往往忽略坡面糙率因素的影响。有学者指出,现在的单流向算法、多流向算法实际是以重力为唯一驱动力的水流分配与汇聚过程,看似合理但会造成偏差。目前虽有少量研究在模拟坡面汇流时考虑糙率因素,但多集中在只考虑糙率对流速的影响方面,一般借用水力学中研究明渠的方法,采用曼宁公式计算糙率因素对坡面汇流流速的影响。例如,有学者从实用性的角度出发简化改进 D8 算法,但以坡度单因子决定流量分配的实质并未改变。

2.3.3　水文模型中糙率处理存在的问题

大多数水文模型在模拟坡面汇流时往往忽略糙率因素对坡面径流的影响,虽有少数模型考虑糙率因素,但在整个研究区域中,通常将糙率看作一定值或分级统计赋值,处理方法简单,尚不能反映现代流域面上高度空间变异的糙率因素对汇流过程的实际影响。这对于以考虑气象参数和流域状态参数空间变异性为主要特征的水文模型来说是欠妥的，从而导致水文模型型虽然具有物理基础和精确离散的栅格单元，但总体模拟结果却不能令人满意。目前大量的文献和试验也证明，即使在相同的坡度分布情况下，水流各方向摩擦阻力的变化也会引发流量在各方向分配比例的变化。将这种忽略坡面糙率因素对栅格单元间流量进行分配的算法应用于暴雨洪水的模拟预报会产生很大偏差，在区域防洪中可能会导致灾难性后果。

此外，这种忽略糙率的算法在目前大规模人类活动的影响下，其模拟误差更大。因为自然流域人类活动的影响相对较弱，下垫面类型、土壤质地、植被类型等具有连续变化的属性，流域各特征参数的空间变异处于较低的水平，且流域参数取值趋于连续均一，所以自然流域上摩擦阻力因素对栅格单元间流量分配的影响连续均一，各流向上的阻力影响差异被弱化，难以体现。而当这种处理方式用于人类活动影响剧烈的流域(如城市流域)时，情况便会发生变化，现代流域面人类活动影响剧烈，土地利用、植被覆盖形式等空间变化剧烈，从而导致糙率具有高度空间变异性，并作用于坡面水文过程。在人类活动影响下，这些流域呈高度破碎斑块状分布，反映到水文模型的栅格单元上，每一栅格单元都可能属于不同的地表类型，甚至同一栅格的不同部分可能由不同类型的地表组成，地表类型的高度破碎势必导致栅格单元间不同方向上存在不同类型的地表，从而使坡面糙率空间高度变异，进而影响坡面径流在不同方向上的流量分配，对流域内水循环过程造成较大影响。目前的研究并未实质揭示糙率对坡面水流的影响机理，实际应用中对坡面糙率空间变异性的处理比较简单，一般忽略糙率作用，最多只能做到对流域栅格单元分级后统一集中赋值，即同级别的大量坡面栅格单元，无论其植被、表面地质类型有多大差异，均被赋以相同的糙率。这种方法实际上是一种统计方法，不能给出下垫面糙率因子真实的空间分布。

因此，应改进分布式坡面汇流模拟中以坡度单因子决定汇流流向与流量分配的算法，确定不同方向的坡面糙率与坡面流在该方向流量分配的定量关系，分析坡面汇流各水力学要素对这种关系的定向影响，分析坡面糙率对坡面流各流向流量分配的影响规律，建立考虑坡面糙率因素影响的分布式坡面汇流多流向流量分配算法。

2.4 方向性糙率

2.4.1 坡面糙率空间变异对坡面产流的影响

在流域面上，水文过程受自然过程和人类活动两方面因素的影响。自然过程对流域水文过程的影响是一个缓慢的过程，具有较长的时间跨度，因此，在自然条件下，流域内的植被分布、坡面形态、土壤物理性状等具有连续变化的空间属性，流域特征参数的空间变异性较弱。人类活动却能在较短的时间内改变流域下垫面的特性和汇流特性，例如，大面积农田耕种、植树种草，以及城市化进程中建筑物、路面和公路交通设施等的大规模兴建，导致陆地表面形成支离破碎的斑块，自然条件下连续变化的空间属性被破坏，形成人为间断，流域特征参数的空间变异性增强。人类活动的影响作用凸显是现代流域的主要特征之一，现代流域土地利用、植被覆盖形式呈高密度破碎斑块状条带分布，从而导致糙率具有高度空间变异性，并作用于坡面水文过程。

目前，诸多学者的研究表明，糙率具有空间变异性，并且这种空间变异性将作用于坡面水文过程，对坡面水流的流速、流向以及流量等水力学特性都有重要的影响。Caballero（卡巴莱罗）等认为土壤表层糙率会强烈影响坡面水流的路径和流速，而且土壤生物表层的分布特性会使糙率发生较大变化。Torri（托里）等在研究坡面侵蚀沟时，以不同粒径为指标来衡量糙率，认为床面粒径分布的空间变异导致坡面糙率的空间变化。Fraga（弗拉戈）等的试验表明，水深及坡面分布状况对以曼宁糙率系数表征的坡面糙率分布有影响。

糙率空间变异性对坡面水流的影响已有大量学者研究证实。随着研究的不断深入，有的学者开始研究糙率空间变异性的处理。例如，某研究将糙率系数当作空间分布变量，并将其应用于卫星测流，该研究实际上已经将糙率归于空间变异的陆面特征因子。还有一些研究考虑不同土地利用类型的分布会引起糙率的空间变异，因此依据土地利用类型将糙率划分为不同的档次进行分级确定，这种处理方法实际上是依据陆面斑块类型来考虑糙率空间变异性的。

综上所述，通过国内外诸多学者的共同努力，关于坡面糙率的研究已取得了不少成就，对于坡面糙率的各项影响因素，以及坡面糙率对坡面水流的影响都有了较为深入的研究。早期研究受传统水力学明渠水流研究方法的制约，对坡面流的研究主要集中于对坡面汇流的流速及汇流时间的影响，这些研究将坡面流当作薄层明渠水流，忽略了坡面流不同于流向单一的明渠水流这一因素，目前，依然有很多学者利用研究明渠水流的方法进行坡面流研究。例如，利用水槽明渠水流研究坡面柔韧性植被和刚性植被的水流阻力；利用一维明渠水流模拟地表径流，研究不同坡度、水深、流速情况下的坡面糙率，以分析水流的泥沙搬运能力；利用水槽试验研究不同雨强和坡度组合条件下的坡面流力学特征及土壤侵蚀产生机制。利用流向单一的明渠水流研究方法来研究流向复杂多变的坡面流，其结果能在多大程度上表述坡面流的物理现实，有待进一步研究。坡面流本身特性的复杂多变，导致了坡面糙率问题的复杂性，因此，到目前为止仍未全面掌握其内在规律，大多数研究成果是在特定的试验条件下得出的，并不具有普遍性。

2.4.2　糙率方向性研究现状

国内外诸多学者对糙率的方向性进行了系统研究，建立和发展了相关理论，以研究糙率的空间变异特性，为人类活动影响剧烈的现代流域面水文过程的准确模拟提供支持。Takken（塔金）等指出耕作方向会导致糙率发生变化，这种糙率变化会使研究区域内的径流流向、土壤侵蚀及其空间分布状况发生变化。Strelkoff（斯特雷尔科夫）等基于原始的曼宁糙率公式以及势能理论，提出了用于描述畦田糙率各向异性特征的张量型水流阻力模型。张升堂等提出并初步应用方向性糙率理论进行水土治理活动影响较强的小流域降水径流过程模拟，取得了较为理想的结果。章少辉等研究灌溉田面时认为，沿畦长的田面土壤团聚体结构、地表局部凹凸起伏状况、作物播种方位往往表现出特定的方向性，致使畦田内任意点的地表水流运动所受阻力呈现各向异性的物理特征，这难以采用标量型曼宁糙率公式予以描述，因此宜采用基于畦田糙率各向异性的糙率矢量模型。Shaabani（沙巴尼）等在农田灌溉过程中也发现，同一地块在不同的耕作犁沟纹路走向和形式（直线或蛇行状）下具有不同糙率，并会影响灌溉水流的水力学特征。李力等根据田面实测资料，利用优化模型求得 3 种耕地的田面糙率值，据此建立了 3 种耕地田面糙率与其主要影响因素之间的关系式。

Schwankl（施万克尔）等基于零惯量方法，研究了糙率等参数对水流推进过程、平均入渗深度、灌水均匀度等的影响，并评价了影响程度。

2.4.3 方向性糙率理论的提出

在坡面汇流过程中，糙率作为一种流域特征参数，通过影响坡面径流的流速、流向、流量分配等对坡面水文过程产生影响，这已被国内外大量相关研究所证实。但在实际应用中，它是一个无法直接测量的参数，因为影响糙率变化的因素众多，包括水深、流速、壁面的粗糙程度、断面形状、地表覆盖及土地利用类型等。水文模型在结构与参数上具有空间分布的特点，能够反映土地利用、植被覆盖等环境变化对水文过程的影响，因而被广泛应用于坡面汇流模拟。然而，目前的水文模型在模拟坡面汇流时，大多忽略糙率因素的空间变异性对坡面径流的影响，少数模型虽然考虑糙率因素的空间变异性，但处理方法均比较简单。有学者曾利用某小区的实测洪水资料，经迭代法得出了不同地表情况下的曼宁糙率系数，例如，遭受侵蚀的裸露黏壤地表上 $n=0.02$，天然牧场上 $n=0.13$。类似的研究很多，在这些研究的支撑下，实际模拟坡面流时，一般将整个坡面的糙率都取同一定值，忽略糙率在坡面上的空间变异作用。

张升堂等首次提出了方向性糙率理论，认为在利用水文模型模拟坡面径流汇流过程时，变量糙率应该是矢量，即糙率的取值随汇流方向不同而不同，以满足水文模型合理模拟栅格单元间径流量分配的要求。不同栅格单元的糙率取值如图 2-1 所示。

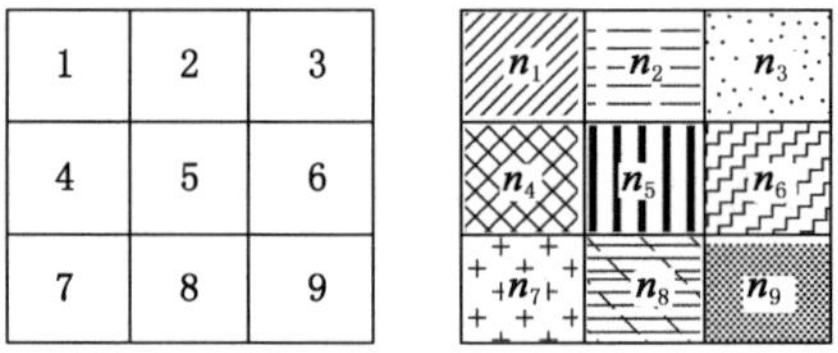

图 2-1 不同栅格单元的糙率取值示意

虽然目前有很多学者意识到不同的地表类型具有不同的糙率取值，并已有研究涉及坡面糙率的方向属性或矢量属性，但是到目前为止关于这方面的研究并没有取得实质性的进展，对于坡面糙率矢量属性的认识仅处于理论和概念模型阶段，缺乏试验验证。

2.5 方向性糙率试验验证

目前，水文模型均采用坡度单因子来模拟坡面汇流的流向及流量分配，其理论基础为：坡面流各流向的糙率是均一值，忽略糙率对各流向流量分配的影响。因此，应建立水力学模型，研究坡面流不同流向上坡面糙率差异的产生机理及变化规律。各向异性材料由于其结构特点，表面并非完全的几何平面，而是沿不同方向形成不同的规律性起伏，所以该表面的粗糙度将随方向的变化而发生改变。

本试验旨在研究表面各向异性材料水流糙率方向性差异的产生机理，借助材料科学领域对各向异材料的研究，发现形成表面的断口或切口实际是具有方向性规律起伏的，即表面不同方向具有不同的粗糙度，从而对其表面上不同方向的水流产生不同的阻力。利用表面各向异性材料或人工加工制造的表面各向异性材料，铺设在水槽底部进行试验，研究表面各向异性材料不同方向水流的糙率，观测水流流态、材料表面微观粗糙特性方向性差异对水流阻力的影响规律，探讨水流糙率方向性差异形成的水力学机理。调节试验水槽底部的铺设走向，来模拟坡面上水流方向的变化，揭示流域坡面糙率的方向性差异。

2.5.1　试验设计

试验装置主要由水箱、矩形水槽、量水堰等组成。采用底宽为 0.6 m，侧壁高为 0.9 m，长度为 13 m 的矩形水槽，水槽分上游平水段、试验铺设段、下游量水段。在矩形水槽末端设有回流池，水流流经水槽后进入回流池，然后由水泵将回流池中的水抽入水箱，用以实现水流循环，节约用水。试验装置简略图如图 2-2 所示。

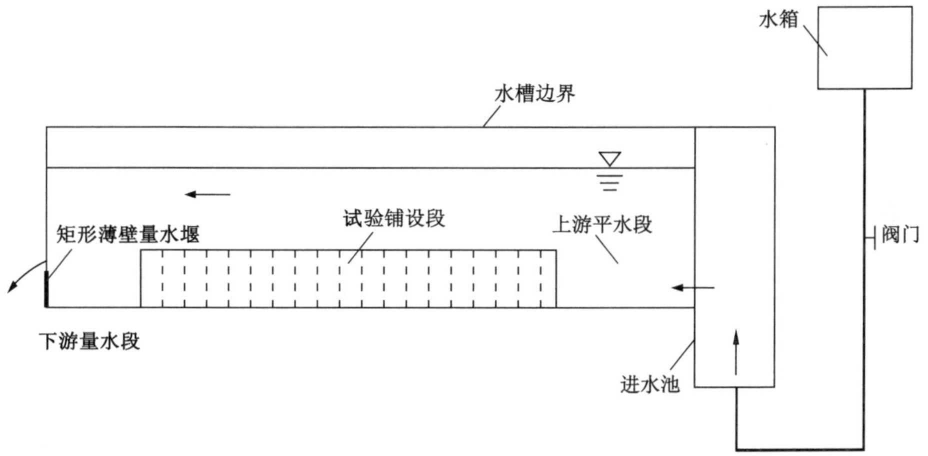

图 2-2　试验装置简略图

试验铺设段水槽底部铺设有机玻璃板，板面上按 $a\times b$ 的行列间距布设钻孔，a、b 的单位为 mm，在钻孔内插入塑料管，以模拟现代流域的地表状况（图 2-3 和图 2-4）。利用定水头供水，模拟坡面浅层水流状况进行试验，沿程布设水位计观测水位。下游量水段水槽末端采用矩形薄壁量水堰观测流量，在水槽与供水水箱连接处布设阀门控制流量。试验中调节流量，变换流向与条带走向和夹角 θ（图 2-5 和图 2-6），观测并记录不同方向水流经过铺设表面时各断面水位的变化，根据观测数据计算分析坡面糙率与 θ 的关系，以及流速、雷诺数对这种关系的影响，从而验证方向性糙率理论。

本试验旨在揭示坡面糙率的矢量属性，所以在水槽底部设置了 60×60 和 120×60 两种条带分布形式的地表，由于在水文模型中，当前栅格单元向其相邻 8 个单元分配流量时，其角度为 45°的倍数，所以试验中水流方向与条带走向的夹角 θ 设置 90°和 45°两种（图 2-5 和图 2-6）。在相同的流量情况下进行测量，测量水温、流量、上下游断面水位、流速分布等要素，并通过计算雷诺数判断流态。研究表面各向异性材料不同的方向水流糙率，观测水流流态、材料表面微观粗糙特性的方向性差异对水流糙率的影响规律。利用试验数据分析不同坡度、不同流速情况下的水流流态变化规律，并研究不同流态条件下的糙率方向性差异的水力学机理，以验证流域地表在不同方向水流流过时是否具有不同糙率，即坡面糙率是否具有矢量属性。

图 2-3　60×60 分布，$\theta=45°$时的试验水槽

图 2-4　60×60 分布，$\theta=90°$时的试验水槽

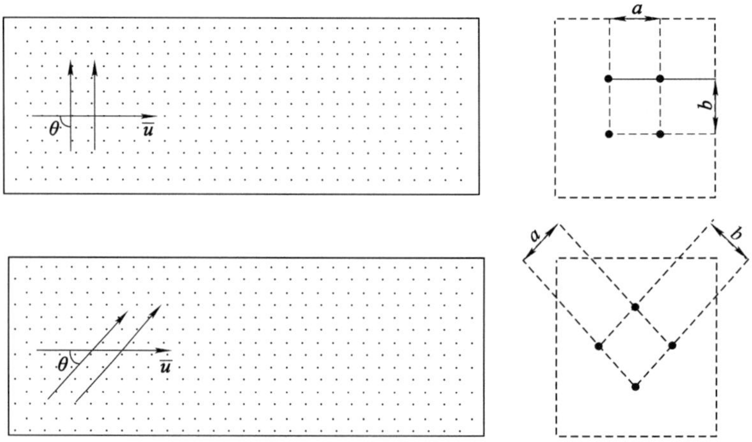

$\bar{u}$—水槽内的水流方向；θ—流向与条带走向的夹角。

图 2-5　60×60 条带分布形式示意图

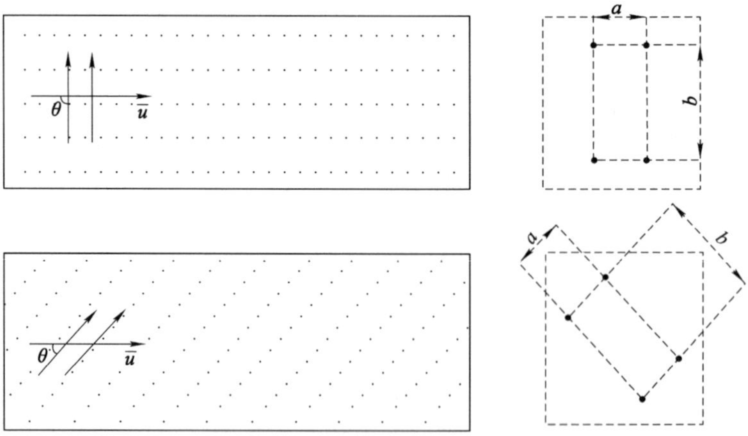

图 2-6　120×60 条带分布形式示意图

2.5.2　试验数据

对两种条带分布形式的地表进行不同流向的过流试验，实测及计算数据分别列于表 2-2 与表 2-3。

表 2-2　60×60 条带分布形式时的试验数据

夹角	试验次序	试验铺设段水位		堰顶水头 H/m	水流流量 Q/(m^3/s)	水流速度 v/(m/s)	雷诺数 Re	曼宁糙率 n
		上游/m	下游/m					
$\theta=90°$	1	0.676 0	0.675 0	0.014 0	0.001 8	0.038 2	2 700	0.098 2
	2	0.713 0	0.709 0	0.044 0	0.010 3	0.147 6	13 800	0.061 1
	3	0.742 0	0.740 0	0.073 0	0.022 0	0.250 6	27 400	0.028 3
	4	0.769 0	0.760 0	0.095 5	0.032 8	0.323 0	39 000	0.049 7
	5	0.790 0	0.783 0	0.117 0	0.044 5	0.387 7	50 500	0.038 5
	6	0.810 0	0.800 5	0.136 0	0.055 8	0.442 5	61 000	0.040 7
	7	0.825 0	0.814 0	0.151 0	0.065 3	0.484 8	69 400	0.041 0
	8	0.842 0	0.827 5	0.166 0	0.075 3	0.523 3	77 700	0.044 7
	9	0.855 0	0.840 0	0.178 0	0.083 6	0.551 7	84 300	0.044 0
	10	0.866 0	0.848 0	0.185 0	0.088 6	0.563 4	87 800	0.047 8
$\theta=45°$	1	0.678 0	0.675 5	0.015 0	0.002 0	0.041 7	3 000	0.143 4
	2	0.713 0	0.709 0	0.047 0	0.011 3	0.162 9	15 200	0.055 3
	3	0.741 0	0.737 0	0.074 0	0.022 4	0.259 3	28 100	0.038 5
	4	0.769 0	0.758 0	0.096 0	0.033 1	0.327 5	39 400	0.054 1
	5	0.791 5	0.780 0	0.118 0	0.045 1	0.394 2	51 200	0.048 4
	6	0.811 0	0.797 0	0.135 0	0.055 2	0.440 2	60 500	0.049 6
	7	0.829 0	0.812 0	0.154 0	0.067 3	0.497 1	71 300	0.049 8
	8	0.837 0	0.819 5	0.160 0	0.071 2	0.509 0	74 500	0.050 0
	9	0.843 5	0.826 5	0.166 0	0.075 3	0.522 8	77 700	0.048 5
	10	0.851 0	0.833 0	0.175 0	0.081 5	0.549 8	83 000	0.048 0
	11	0.856 0	0.839 0	0.179 0	0.084 3	0.556 4	85 000	0.046 4
	12	0.865 0	0.847 0	0.185 0	0.088 6	0.565 5	88 000	0.047 6

表 2-3　120×60 条带分布形式时的试验数据

夹角	试验次序	试验铺设段水位		堰顶	水流流量	水流速度	雷诺数	曼宁
		上游/m	下游/m	水头 H/m	$Q/(m^3/s)$	$v/(m/s)$	Re	糙率 n
$\theta=90°$	1	0.677 5	0.676 0	0.015 0	0.002 0	0.041 7	3 000	0.111 1
	2	0.711 0	0.709 0	0.047 0	0.011 3	0.164 4	15 200	0.038 6
	3	0.742 5	0.740 0	0.077 0	0.023 8	0.271 0	29 700	0.029 3
	4	0.765 0	0.762 0	0.099 0	0.034 7	0.342 9	41 200	0.027 0
	5	0.786 0	0.780 0	0.118 0	0.045 1	0.400 0	51 500	0.034 3
	6	0.803 0	0.798 0	0.136 0	0.055 8	0.452 7	61 600	0.028 6
	7	0.818 0	0.812 0	0.151 0	0.065 3	0.494 8	70 000	0.029 5
	8	0.826 0	0.821 0	0.158 0	0.069 9	0.509 9	73 700	0.026 5
	9	0.834 0	0.829 0	0.166 0	0.075 3	0.530 5	78 200	0.025 8
	10	0.839 0	0.834 0	0.172 0	0.079 4	0.547 9	81 700	0.025 2
	11	0.845 0	0.839 0	0.178 0	0.083 6	0.564 0	85 200	0.027 0
	12	0.850 0	0.845 0	0.184 0	0.087 8	0.579 8	88 600	0.024 2
$\theta=45°$	1	0.676 0	0.675 0	0.015 0	0.002 0	0.042 3	3 000	0.088 6
	2	0.712 0	0.710 0	0.049 0	0.012 1	0.173 5	16 200	0.036 8
	3	0.741 0	0.738 0	0.075 0	0.022 9	0.263 7	28 700	0.032 8
	4	0.766 5	0.761 0	0.099 0	0.034 7	0.342 4	41 200	0.036 6
	5	0.787 5	0.781 0	0.118 0	0.045 1	0.397 3	51 400	0.036 0
	6	0.806 0	0.799 5	0.137 0	0.056 4	0.452 8	62 000	0.032 8
	7	0.822 0	0.814 0	0.153 0	0.066 6	0.497 8	71 000	0.034 0
	8	0.829 0	0.822 0	0.160 0	0.071 2	0.515 1	74 800	0.031 1
	9	0.836 0	0.828 0	0.167 0	0.076 0	0.534 2	78 800	0.032 4
	10	0.842 5	0.835 0	0.175 0	0.081 5	0.557 1	83 500	0.030 4
	11	0.849 0	0.841 0	0.180 0	0.085 0	0.566 6	86 100	0.031 2
	12	0.854 0	0.846 0	0.185 5	0.088 9	0.581 2	89 300	0.030 6

水流流量 Q、水流速度 v、雷诺数 Re、曼宁糙率 n 的表达式分别为：

$$Q=1.855BH^{1.5} \tag{2-6}$$

$$v=Q/A \tag{2-7}$$

$$Re=\rho vR/\mu \tag{2-8}$$

$$n=\frac{1}{v}R^{\frac{2}{3}}J^{\frac{1}{2}} \tag{2-9}$$

式中　B——矩形薄壁量水堰堰宽，m；

H——堰顶水头，m；

A——过水断面面积，m^2；

ρ——流体密度，kg/m^3；

R——水力半径，m；

μ——动力黏性系数，($N \cdot s/m^2$)；

J——水力坡度。

2.5.3　流态分析

根据试验数据作出 60×60 和 120×60 两种条带分布形式地表下的曼宁糙率 n 与水流速度 v、雷诺数 Re 之间的关系图(图 2-7～图 2-10)。

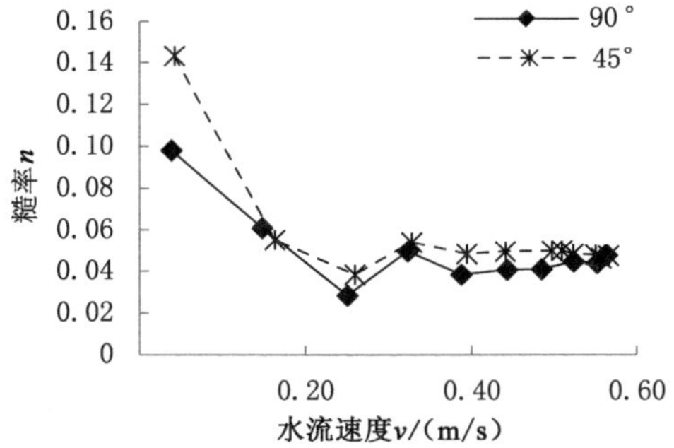

图 2-7　60×60 条带分布形式下糙率与水流速度的关系

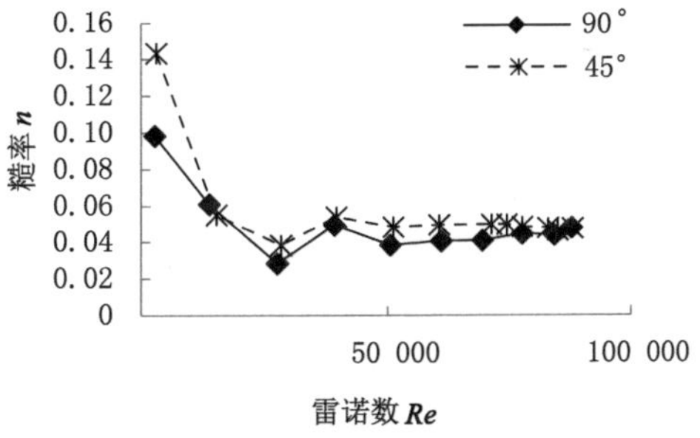

图 2-8　60×60 条带分布形式下糙率与雷诺数的关系

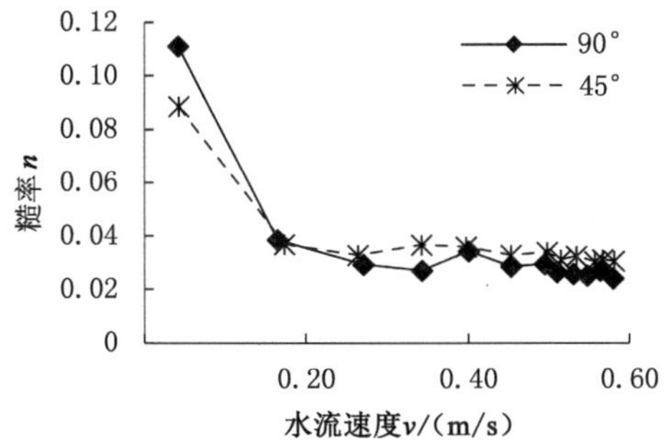

图 2-9　120×60 条带分布形式下糙率与水流速度的关系

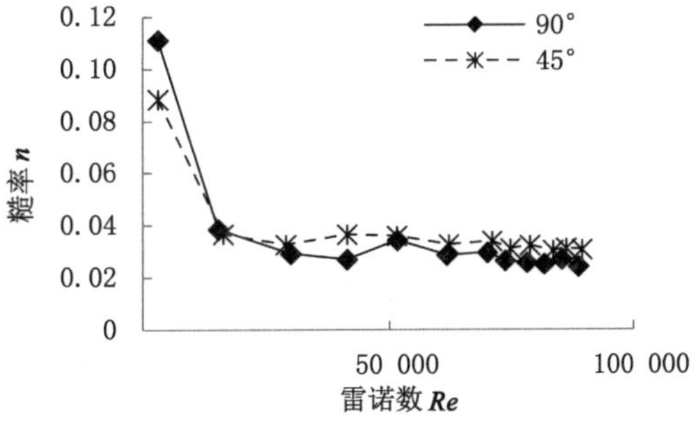

图 2-10　120×60 条带分布形式下糙率与雷诺数的关系

由图 2-7～图 2-10 可以明显看出，在小流速情况下，糙率系数较大。随水流速度增大，糙率系数迅速减小，并趋于一个稳定值。糙率与雷诺数的关系也呈现这一规律，由明渠水流的层流与紊流流态判别雷诺数 Re 的下临界值为 575，上临界值一般为 3 000～10 000。本试验利用阀门开启圈数的逐渐增加来控制流量，因此各试验起始点均是小流量、小流速，计算结果显示，各试验的第一点的雷诺数均较小，处于上下临界雷诺数之间，处于临界过渡区。从第二个点开始，雷诺数均大于上临界值，第二点的雷诺数超过上临界值的上限值 10 000，但超出幅度不大。同时，第二点和第三点糙率变化比较剧烈，其变化趋势与第一点有明显的继承关系，由于第一点根据明渠流态判别雷诺数处于临界过渡区，因而认定紧随其后的第二点和第三点应该处于紊流光滑区或紊流过渡区。试验结果的曼宁糙率系数与雷诺数的关系曲线和常用明渠谢才系数与雷诺数的关系曲线线形十分相似，这也支持了这一认定。由于本试验是在有机玻璃面上大量打孔并在孔内插入塑料管下进行的，材料绝对粗糙度 K_s 已不能取单一有机玻璃时的 K_s 值。然而，这种“复合表面”的 K_s 如何确定，目前没有相关研究可供参考，所以无法根据谢才系数 C 与雷诺数 Re 的关系曲线判别紊流流区，因此，根据变化趋势的继承关系判断第二点和第三点处于紊流光滑区或紊流过渡区。

2.5.4 糙率方向性分析

根据试验数据及流态分析结果，划分本试验的流态分区，见图 2-11。第一点处于临界过渡区，第二点、第三点处于紊流光滑区或紊流过渡区，从第四点开始处于绝对粗糙区。

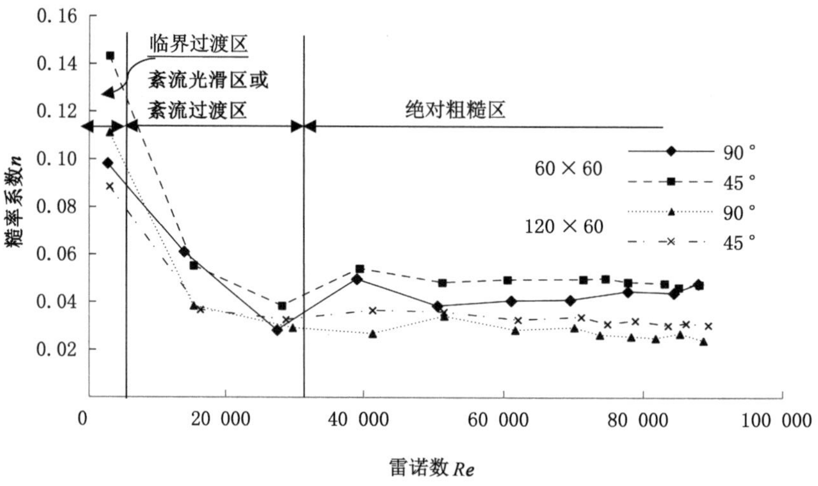

图 2-11 流态分区图

由图 2-11 可以明显看出，在临界过渡区、紊流光滑区或紊流过渡区各地表情况下，曼宁糙率基本较绝对粗糙区大。水流流向与条带走向呈不同夹角时，曼宁糙率不同，且曼宁糙率随夹角变化的关系不明显。需要说明的是，谢才公式一般只适用于粗糙区，并不完全适用于临界过渡区、紊流光滑区或紊流过渡区，但水利工程等领域将谢才系数及雷诺数的关系研究拓展到了这几个流区。同理，为了方便研究比较，本试验也将曼宁糙率系数应用于以上三个流区。

当在绝对粗糙区时，若条带分布类型和夹角不变，曼宁糙率系数不随水流速度、雷诺数的变化而变化，而是趋于独立于水流特性的定值。但需要特别指出的是，本试验所得出的糙率在绝对粗糙区是独立于水流特性的定值的结论建立在下垫面类型和水流流向与条带走向夹角确定不变的前提下，不同于 Mohammad（穆罕默德）等得出的关于曼宁糙率系数在充分紊流的水流中是独立于水流特性定值的结论。区别在于，以 Mohammad 等的研究结果为基础的研究认为只要边界材料（下垫面类型）确定，曼宁糙率系数在绝对粗糙区即为定值，而本试验得出即使同一下垫面，如果该下垫面具有条带，水流从不同方向流经其表面，此时依然会有不同的曼宁糙率系数。将本试验绝对粗糙区的糙率系数统计于表 2-4，由表 2-4 可以看出，在绝对粗糙区同一条带形式地表，当水流流向与条带走向呈不同夹角时，其曼宁糙率系数依然具有不同值，即同一条带地表位置点不同方向上具有不同大小的糙率系数，也就是说条带地表上的糙率具有位置点、方向、大小矢量三要素，即条带地表糙率具有矢量属性。

表 2-4　绝对粗糙区糙率统计表

条带形式	夹角	糙率平均值	糙率最大值	糙率最小值	标准偏差
60×60	90°	0.043 8	0.049 7	0.038 5	9.2%
	45°	0.049 2	0.054 1	0.046 4	4.4%
120×60	90°	0.027 6	0.034 3	0.024 2	10.9%
	45°	0.038 2	0.036 6	0.030 4	7.0%

在绝对粗糙区的试验结论完全适用于现代流域的坡面径流情况。现代流域下垫面受人类活动影响剧烈，农业耕作、植树种草、陆面硬化铺设等均会使地表斑块破碎，最后呈一定条带分布。当地表径流在其上产生并汇流时，同一地表的不同方向将会对水流产生不同的阻滞作用。目前，采用分布式流域水文模型模拟坡面汇流时通常借助 GIS 将流域面精确离散成栅格单元，每一栅格单元会根据 DEM（数字高程模型）向相邻若干下游单元汇流（图 2-12），坡面糙率的矢量属性将对径流在坡面单元上的分配和汇集过程产生影响，即对水文模型中的流向及流量分配算法产生重要影响。

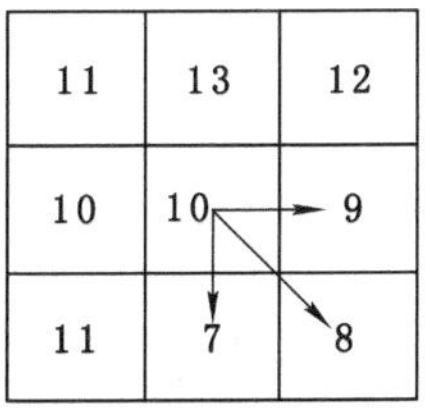

图 2-12　栅格单元高程及中心栅格汇流流向示意图

2.5.5　试验结论

目前，已有糙率、糙率空间变异性、方向性糙率等相关理论的研究，这些研究都涉及坡面糙率的方向属性或矢量属性，但均未进行试验验证，本小节建立了水力学模型试验模拟现代流域条带分布地表，验证了现代流域条带分布地表糙率的矢量属性，通过试验得出以下结论：

① 在绝对粗糙区同一条带地表，当水流流向与条带走向呈不同夹角时，其曼宁糙率系数具有不同取值，即同一条带地表不同方向的糙率不同，具有矢量属性。

② 水流流态在临界过渡区、紊流光滑区或紊流过渡区时，在不同的水流流向与条带走向夹角条件下条带地表具有不同的糙率，但糙率随夹角变化的关系不明。

③ 在小流速和小雷诺数情况下，曼宁糙率系数较大，随流速和雷诺数的增大，糙率会急速减小，并趋于一稳定值。

④ 在绝对粗糙区，当条带形式和流向确定时，糙率值是独立于流速、雷诺数等水流因素的定值，但不等同于以往研究的结论，条带地表糙率在绝对粗糙区为定值的结论建立在流向确定不变的前提上，而非仅仅依靠确定的地表类型。

第3章 坡面流水力学模型

应用水流运动的基本方程求解水力学问题是一种基本途径,但只有在某些简单的边界条件下才有可能实现。实际工程中的水流现象非常复杂,因此通过物理模型进行水力学模型试验是揭示水流运动规律和解决实际工程问题的一种重要手段。水力学模型试验:将原型实物按照相似原理缩小(或放大)为模型,在模型中预演或重演与原型相似的自然现象并进行观测,然后将观测结果按相似原理引申到原型并做出判断。通过水力学模型试验可以对一些未知的水利现象进行系统的观测研究,为理论分析提供依据和试验数据。有人称"模型是不偏不倚的见证人"是毫不夸张的,水力学模型的建立对建筑设计成果具有检验作用,能够及时改正设计中的问题,为建筑的优化设计、安全可靠及合理运行提供必要的保证。坡面径流过程的精确模拟是水力学模型研究的重要内容,所以坡面流水力学模型的建立对研究坡面糙率的发生机理及影响因素,以及认识坡面水文过程和进行土壤侵蚀过程模拟具有非常重要的意义。

3.1 坡面流研究的主要问题

随着我国城市化水平逐年提高,流域快速增长的弱透水面、不透水面大范围代替了自然坡面,从而对坡面流形成及汇流过程产生剧烈影响,降雨与坡面径流的响应关系变得异常,越来越多的灾害性暴雨洪水在全国各地出现,甚至引发水文地质灾害。因此,有必要研究坡面流特征及其运动规律,精确模拟坡面流汇流过程,以为区域灾害性洪水预测防治、流域水土治理及水利工程建设提供科学依据。

坡面流是在重力作用下沿坡面流动的薄层水流,是形成河道水流的主要部分,是污染物迁移、土壤侵蚀的主要动力因素,其研究对于认识坡面水文过程、土壤侵蚀等机理极其重要。但坡面流流动受坡面地形地貌特征、土壤颗粒组成、植被覆盖类型和密度以及降雨强度和历时等条件影响,影响因子众多,时空变化十分明显,其流动规律远比河道水流复杂。因此,如何有效模拟流域面上的坡面径流过程,是目前水文及相关领域研究最为关注的课题。坡面流对地表径流的流速、渗透、土壤侵蚀等都具有很大的影响,研究坡面流阻力的变化规律对于估算洪峰流量以及采取水土保持措施等都具有重要意义。近年来,关于坡面流阻力的研究主要在室内或室外通过放水、模拟降雨等试验方法进行,国内外诸多学者从不同的角度对坡面流阻力进行了试验研究,并且取得了一定的成果,得出了很多结论。但是由于研究者的出发点、试验条件、测量方法等方面的不同,其得出的结论也不尽相同,甚至有的完全相反,并未形成统一的认识。本节将对坡面流研究目前存在的问题进行阐述。

3.1.1　流向流量分配问题

坡面流属于漫流于坡面的薄层水流，一般流向不唯一，受边界摩擦阻力的影响远大于明渠水流的，因为边界摩擦阻力的影响会随水深的减小而增大，大量试验均已证实这一点。目前，试验模型多采用以坡度单因子决定坡面流栅格单元间径流流向与流量分配的算法，实质上忽略了坡面对水流的摩擦阻力作用，或忽略其空间变异，认为摩擦阻力在各栅格单元都是没有变化的均一值，因而其对坡面流流向及流量分配的影响将不会在汇流过程中体现出来。

在利用水文模型模拟坡面流的过程中，一个关键问题是在模型空间离散形成的坡面栅格单元内地表径流流向的确定以及各流向流量分配算法的确定。常用算法有单流向法、多流向法、TOPMODEL 模型中的地形指数法。无论是单流向最陡坡度算法、多流向方向坡度算法，还是 TOPMODEL 模型中的地形指数法，其数学内核都是基于坡度这一单因子来决定栅格单元间的地表径流流向及流量分配，未体现坡面阻力及其空间变异对坡面流流向和流量分配的影响。有研究指出，现在的单流向算法、多流向算法实际是以重力作为唯一驱动力来模拟水流分配与汇聚过程的，这种方法看似合理但会造成偏差。还有一些研究在计算流域地形湿度指数时提出改进的多流向算法，但这些算法同样没有涉及阻力因素的影响。

现有的坡面阻力的研究往往受到传统水力学明渠水流研究方法的影响，主要集中于研究坡面汇流的流速及汇流时间，将坡面流当作薄层明渠水流，忽略了坡面流不同于流向单一的明渠水流，而坡面流具有多流向的特性。此外，不同流向可能由于地表类型的差异等而呈现不同的坡面阻力。目前，依然有很多学者利用研究明渠水流的方法来研究坡面流。例如，利用水槽明渠水流研究坡面柔韧性植被和刚性植被的水流阻力；利用一维明渠水流模拟地表径流，研究不同坡度、水深、流速情况下的坡面阻力，以分析水流的泥沙搬运能力；利用水槽试验研究不同雨强和坡度组合条件下坡面流的力学特征及土壤侵蚀产生机制。这种将坡面流视为流向单一的明渠水流的研究方法，其结果能在多大程度上表述坡面流的物理现实，有待进一步研究。因此，若要建立完整的坡面流水力学理论，还需要提出新的适合坡面流特殊性质的假说、推论和判断。

3.1.2　流态问题

坡面流的流态直接影响坡面水流的阻力特性，是表征坡面水流水力学特征的基本参数之一。坡面流作为一种薄层水流，受降雨影响较大，边界条件复杂，导致其流态也非常复杂。在不同的流态下，即使流量相同，也可能表现出不同的水深及流速，从而使坡面流阻力变得复杂而难以确定。因此，研究坡面流流态的特征及其变化规律对于研究坡面流阻力具有重要的指导意义。

目前，已有很多关于坡面流流态的研究，但这些研究得出的结论不尽相同，对坡面流流态的认识存在较大分歧。Selby（塞尔比）认为坡面流是紊流和层流的混合流区。吴普特认为坡面流虽然受到降雨和坡面糙率的扰动，但仍属于层流范畴，并将其定义为“搅动层流”。姚文艺通过人工降雨试验研究指出，坡面径流存在层流、紊流和过渡流三种流区，并认为在降雨条件下的层流是一种“伪层流”，即雨滴扰动使水质点有局部混合现象，但整体水流仍处于层流状态。雷俊山等通过微型小区冲刷试验，表明坡面薄层水流的雷诺数均小于300,水流属于层流区。潘成忠等通过上方来水和模拟降雨相结合的方法发现,按照传统雷诺数判定准则,坡面薄层水流应该属于层流区。贾婵娟等的试验研究结果表明,坡面薄层水流基本属于紊流,在试验过程中没有出现层流。敬向锋等通过研究分析发现,无论是用传统水力学雷诺数还是用绕流雷诺数来判断,在他们所做的试验中,水流流态大部分属于过渡流。沙际德等基于绕流理论提出了流态界定的新方法,认为坡面流是介于层流区和紊流区的过渡流区,并引入流道和绕流理论进行半理论性的分析。通过对过去的研究综合分析可以看出,坡面流究竟属于何种流态仍未有统一的结论,对坡面流流态认识的不确定性导致坡面流阻力研究结果的复杂多变。坡面流特性与明渠水流和管流有很大的区别,地表粗糙度、雨滴打击等诸多因素都将对坡面流流态造成影响,因此用确定明渠水流流态的方法来判别坡面流流态存在很大的误差。虽然有很多学者意识到这一点并对判别坡面流流态的方法进行了改进,但是由于坡面流自身的复杂性及试验条件的不同,所得到的结论也不尽相同,并不具有代表性。

3.1.3 阻力公式的表征问题

坡面流阻力是反映坡面流水力学特性的重要参数,通过诸多学者的试验研究可以看出,坡面流阻力受土壤类型、植被覆盖、床面粗糙度及降雨等众多因素的影响,其特性并不同于传统的明渠水流阻力,在理论上难以模拟和描述。

目前达西-魏斯巴赫公式、谢才公式、曼宁公式均可用于表征坡面流阻力,它们各自适用于不同的条件,但关于它们的优劣和适用性,学术界尚未达成统一的认识。通常认为谢才公式和曼宁公式适用于紊流,而达西-魏斯巴赫公式适用于各种流态。然而,有研究认为,由一维管流演变而来的达西-魏斯巴赫公式、谢才公式、曼宁公式等并不适用于坡面流,因为这些阻力公式最初假定水流恒定、边界宽度恒定、纵向边界糙率不变,而坡面流显然不符合这些假定条件。倪晋仁等有类似观点,即认为阻力公式中有关曼宁糙率系数的原有意义早已丧失。Dunkerley(邓克利)从坡面流产生和土壤侵蚀的角度出发,研究了土壤颗粒、砾石、落叶覆盖及植物茎秆等对坡面流的摩擦阻滞作用,认为传统的摩擦阻力估计方法不适合坡面流。沈冰等认为坡面水流不同于有确定流向和路径的明渠水流,两者的糙率也有所区别,并对坡面降雨漫流过程中的有效糙率进行了研究。张小琴等研究河道糙率问题时也提出了相同观点。Abrahams(亚伯拉罕斯)等认为坡面流阻力主要由颗粒阻力 f_g、形态阻力 f_f、波阻力 f_w 和降雨阻力 f_R 组成,并且认为这些阻力是可以相加的。曾玉红等利用曼宁糙率系数 n、谢才系数 C、达西-魏斯巴赫沿程阻力系数 λ 研究了坡面植被对坡面流的阻滞影响,并得出曼宁糙率系数 n 在表达坡面阻力方面比其他系数更为理想的结论。

关于坡面流阻力系数的表征,目前一般仍用二维明渠的阻力概念和表达方式,有所改进的是,根据实测资料来确定阻力系数,或通过经验回归分析,将阻力系数与影响阻力的因素如雷诺数、降雨、土壤粒径和坡度等联系起来,建立阻力系数计算公式。然而,由于试验方法、量测技术及试验条件等的差异,所建立的计算公式具有局限性,尚未达到能直接应用的程度。对于曼宁糙率系数 n、谢才系数 C 和达西-魏斯巴赫系数 f 哪个更适合表征坡面流阻力,不同的学者持有不同的观点,目前仍未有统一的认识。

针对坡面流研究中存在的主要问题,目前尚未有基于物理基础的系统解析,因此,有必要通过试验对上述存在争议的问题进行研究。

3.2　水力学模型建立原理

对于实际工程中的复杂水流现象，通过物理模型进行水力学模型试验是揭示水流运动规律和解决实际工程问题的一种重要手段。为正确设计水力学模型，使模型中观测的数据和流动现象能够被换算和引申到原型，从而正确地认识水力现象并进行水力设计，需要掌握水力相似原理。

3.2.1　水力学模型试验的意义和作用

水力学模型试验是一项专门的科学技术，即根据水流相似原理在按一定的比尺（原型和模型各参数之间的固定比例关系）制作的模型中，复制出与原型相似的水流状态和水流现象，然后将模型中观测的水流运动要素和流态再按相似准则换算到原型。它是人们正确认识水流运动规律的重要途径之一。水流运动是一种非常复杂的自然现象，许多水力学问题仅依靠理论分析或者利用经验公式求解会有一定的局限性，通常需要结合水力学模型试验加以解决。实际工程中的许多水力学问题均需要应用试验寻求解答，特别是对于重要的水工建筑物设计，往往要经过水力学模型试验进行验证才能付诸实施，以确保建筑物的安全。可以说，水力学模型试验对于水利水电工程的设计、施工和管理运用，都有着十分重要的意义。

在水利工程中，评估水利枢纽的整体布置方案和枢纽上下游的水流条件以及其对通航的影响，需要通过模型试验进行观测；预测水库建成后发生的泥沙淤积、下游河道的冲刷演变等问题，需要通过模型试验进行预报；在水工建筑物的设计过程中，对于其过流能力、边界上的压力分布以及建筑物下游水流的衔接、消能和防护等，需要通过模型试验进行评估、检验和修正；对于大中型水利枢纽的施工导流方案、截流方案，需要通过模型试验确定；在管理运用过程中，如果发现结构物振动、空蚀破坏、下游河岸的冲刷等问题，一般也需要通过模型试验探讨其发生的原因和条件，并研究相应的改进措施。

当然，水力学模型试验受到模型设计中不同相似准则要求的矛盾和试验测试手段的限制，对某些问题的研究还只能给出定性的估计和预测。与采用数学模型求解相比，水力学模型试验存在速度慢、投资多等不足。目前还没有哪一种方法能够完全代替水力学模型试验在工程水力学问题研究中所发挥的重要作用。

3.2.2　水力学模型的分类

水力学模型试验根据不同的研究任务，可以采用不同类型的模型，其主要分为以下几种类型。

3.2.2.1　按照模型的范围分类

① 整体模型

包括所研究的整个试验河段和水工建筑物的模型，称为整体模型，当研究水利工程的总体布置和河道的整治方案时，常采用整体模型。

对于一些水工建筑物，如果它们两边对称且水流情况也对称，这时可以将其中的一半制成模型，这种模型习惯上称为半整体模型。

② 断面模型

从建筑物中取出一孔或半孔制成模型，并安装在玻璃水槽中进行试验，这种模型称为断面模型。当研究二元水流问题时，如溢流坝面的压力分布和冲刷消能等，可采用断面模型。

3.2.2.2 按照模型的几何比尺分类

① 正态模型

将原型的三个空间尺度(长、宽、高)按统一的比尺进行缩放的模型，称为正态模型。一般水工建筑物模型均采用正态模型。

② 变态模型

当受若干条件限制，如供水量、试验场地、模型粗糙度难于实现和水流流态不能满足时，可采用竖直和水平比尺不同的模型，即变态模型。在进行河道试验时，由于天然河道的水平尺度比水深大得多，所以经常采用变态模型。

3.2.2.3 按照模型的底面是否能够冲刷分类

① 定床模型

将模型的边界做成固定的模型称为定床模型。定床模型主要用于研究建筑物的过流能力、压力分布和水流的流态。

水库模型也可以根据修建前的河道地形图制作定床模型。在定床模型上，可以研究水库建成后，多种运行条件下的淤积和冲刷问题。

② 动床模型

若研究水工建筑物的局部冲刷或河床演变问题，需要使用既能冲得动又能在水中沉淀淤积的材料塑造模型，这种模型称为动床模型。常用的动床模型材料有天然砂、粉煤灰、塑料沙、滑石粉、粉碎的核桃屑等。

上述分类方法是水力学模型试验中常用的分类方法。除此之外，有时也会根据研究任务、性质和试验采用的介质进行分类。例如，研究水利枢纽和水工建筑物水力学问题的模型称为水工模型；研究河道整治和河床演变的模型称为河工模型；研究地下水渗流的模型称为渗流模型。水力学模型试验，有时还将空气作为介质，来研究水利枢纽的布置、河床演变等问题，这种模型称为气流模型。

3.2.3 水力相似原理

水力相似原理是水力学模型试验的理论依据，也是对液流现象进行理论分析的一个重要工具。在水力学研究中，从水流的内部机理到水工建筑物和水力机械等方面的设计、施工和运行中的水流问题，水力学模型试验的知识都得到了广泛应用。

3.2.3.1 比尺，基本比尺，导出比尺

比尺是指原型和模型对应的物理量之比，其数量与物理量的数量相同。所有物理量都可以用基本物理量的指数乘积来表示。基本比尺是互相独立的基本物理量的原型与模型之比，通常取长度、时间和质量(或力)。导出比尺是由基本比尺以指数形式的乘积组成的比尺。

3.2.3.2 几何相似，运动相似，动力相似

如果原型和模型两个流场的相应点上，所有表征流动状况的相应物理量均存在一定的比例关系，则这两种流动状况是力学相似的。要满足力学相似，必须满足几何相似、运动相似和动力相似。

现对有关符号予以说明：凡涉及原型的物理量，以下标 p 表示；涉及模型的物理量，以下标 m 表示。物理量的比尺以 λ 表示，并用下标表示该物理量的类别。

（1）几何相似

几何相似是指在原型与模型两个流场中，所有相应线段的长度都维持一定的比例关系。长度比尺为：

$$\lambda_l = \frac{l_p}{l_m} \tag{3-1}$$

几何相似的必然结果是原型、模型相应部位的面积 A、体积 V 也维持一定的比例关系，面积比尺为：

$$\lambda_A = \frac{A_p}{A_m} = \lambda_l^{2} \tag{3-2}$$

体积比尺为：

$$\lambda_V = \frac{V_p}{V_m} = \lambda_l^{3} \tag{3-3}$$

（2）运动相似

运动相似是指在原型与模型两个流场中相应点的速度 v 和加速度 a 的大小各维持一定的比例关系，且方向相同。速度比尺为：

$$\lambda_v = \frac{v_p}{v_m} = \frac{l_p/t_p}{l_m/t_m} = \frac{\lambda_l}{\lambda_t} \tag{3-4}$$

加速度比尺为：

$$\lambda_a = \frac{a_p}{a_m} = \frac{v_p/t_p}{v_m/t_m} = \frac{\lambda_v}{\lambda_t} = \frac{\lambda_l}{\lambda_t^{2}} \tag{3-5}$$

式中　$\lambda_t = \dfrac{t_p}{t_m}$——时间比尺，它与 λ_l 同为基本比尺。其中，t_p 和 t_m 分别代表原型和模型中相应的时间间隔。

λ_v，λ_a——导出比尺。

（3）动力相似

动力相似是指作用于原型与模型两个流场相应点上的各种作用力的大小均维持一定的比例关系，且方向相同。若以 F_p 和 F_m 分别表示原型和模型水流运动中相应点所受到的同类性质的力，则动力相似要求满足一定的比尺关系，即

$$\lambda_F = F_p/F_m \tag{3-6}$$

以上三个相似条件是模型和原型保持完全相似的主要条件，三者相互联系，互为条件。几何相似是运动相似的前提和依据；动力相似是决定水流运动相似的主导因素；运动相似则是几何相似和动力相似的具体表现和结果。这三者构成一个统一的整体，缺一不可。

3.2.3.3　牛顿相似定律

模型与原型的流动都必须遵循相同的运动规律，并由相同的物理方程描述，以实现几何、运动和动力的完全相似。液体的物理性质，如重力、黏滞力、弹性力、表面张力等，都是试图改变液体运动状态的力，而由液体惯性所引起的惯性力则试图维持液体的原有状态，因此，各种力之间的对比关系应通过惯性力和其他力之间的比值来表示。

为了准确地进行模型设计，需要对液流的动力相似性进行深入探究，找出动力相似的具

体表达式。

无论是原型还是模型，任何液体运动都必须遵循牛顿第二定律，即

$$F = ma = \rho l^3 \frac{l}{t^2} = \rho l^2 u^2 \tag{3-7}$$

式中 m——液体质点的质量，kg；

a——液体质点的加速度，m/s^2；

ρ——液体的密度，kg/m^3；

l——特征长度，如水深、管径、水力半径等，m；

t——时间，s；

u——点速，如果研究的是某一过水断面，可用断面平均流速 v 代替 u，m/s；

F——作用于液体质点上所有外力的合力，N。

动力相似要求满足以下条件：

$$\lambda_F = \frac{F_p}{F_m} = \frac{\rho_p {l_p}^2 {v_p}^2}{\rho_m {l_m}^2 {v_m}^2} = \lambda_\rho {\lambda_l}^2 \lambda_v^2 \tag{3-8}$$

式(3-8)可以写成：

$$\frac{F_p}{\rho_p {l_p}^2 {v_p}^2} = \frac{F_m}{\rho_m {l_m}^2 {v_m}^2} \tag{3-9}$$

$\frac{F}{\rho l^2 v^2}$是无量纲数，称为牛顿数，以 N_e 表示，即

$$N_e = \frac{F}{\rho l^2 v^2} \tag{3-10}$$

式中 ρ——液体的密度，kg/m^3；

l——特征长度，如水深、管径、水力半径等，m；

v——流速，m/s。

牛顿数的物理意义是作用于水流的外力与惯性力之比。

因此，式(3-9)可以进一步写为：

$$(N_e)_p = (N_e)_m \tag{3-11}$$

式(3-11)表明，两个动力相似的水流，二者的牛顿数必然相等，这一原则称为牛顿相似定律。

3.2.3.4 模型相似准则

(1) 重力相似准则

当作用在流体上的外力主要为重力时，只要将重力替代牛顿相似准则中的 F，就可求出仅在重力作用下的流动相似准则。重力 $G = mg = \rho g v$，g 表示重力加速度。如果模型和原型中相应质点的重力呈比例关系，则

$$\lambda_G = \frac{G_p}{G_m} = \frac{m_p g_p}{m_m g_m} = \frac{\rho_p l_p^3 g_p}{\rho_m l_m^3 g_m} = \lambda_\rho \lambda_l^3 \lambda_g \tag{3-12}$$

当重力起主要作用时，可以认为 $F = G$，$\lambda_F = \lambda_G$，结合式(3-8)，可得：

$$\frac{\rho_p {l_p}^3 g_p}{\rho_p {l_p}^2 v_p^2} = \frac{\rho_m {l_m}^3 g_m}{\rho_m {l_m}^2 {v_m}^2} \tag{3-13}$$

整理得：

$$\frac{v_p}{\sqrt{g_p l_p}}=\frac{v_m}{\sqrt{g_m l_m}} \tag{3-14}$$

$\frac{v}{\sqrt{gl}}$为无量纲的弗劳德数 Fr，即

$$Fr_p = Fr_m \tag{3-15}$$

式(3-15)表明，两个水流在重力作用下的动力相似条件是二者的弗劳德数相等，其称为重力相似准则或弗劳德相似准则。

(2) 阻力相似准则

阻力可表示为：

$$T=\tau\chi l \tag{3-16}$$

式中　τ——边界切应力，Pa；

χ——湿周，m；

l——流程，m。

对于均匀流，$\tau=\rho gRJ$。其中，R 为水力半径；水力坡度 $J=h_f/l=\frac{\lambda v^2}{8Rg}$，$h_f$ 为水头损失。将其代入式(3-16)，整理得：

$$T=\frac{1}{8}\rho\lambda\chi l v^2 \tag{3-17}$$

式中　λ——沿程水头损失系数。

阻力比尺为：

$$\lambda_T=\frac{T_p}{T_m}=\frac{\rho_p\lambda_p l_p^2 v_p^2}{\rho_m\lambda_m l_m^2 v_m^2}=\lambda_p\lambda_\lambda\lambda_l^2\lambda_v^2 \tag{3-18}$$

当阻力起到主要作用时，可以认为 $F=T$，$\lambda_F=\lambda_T$，结合式(3-8)，可得：

$$\frac{\rho_p\lambda_p l_p^2 v_p^2}{\rho_p l_p^2 v_p^2}=\frac{\rho_m\lambda_m l_m^2 v_m^2}{\rho_m l_m^2 v_m^2} \tag{3-19}$$

即

$$\lambda_p=\lambda_m \tag{3-20}$$

$$\lambda_\lambda=1 \tag{3-21}$$

式(3-20)或式(3-21)为阻力相似的一般准则。

考虑 λ 与谢才系数 C 的关系：$\lambda=\frac{8g}{C^2}$，则沿程水头损失系数比尺为：

$$\lambda_\lambda=\frac{\lambda_g}{\lambda_C^2}=\frac{1}{\lambda_C^2} \tag{3-22}$$

代入式(3-21)得：

$$\lambda_C=1 \tag{3-23}$$

即

$$C_p=C_m \tag{3-24}$$

式(3-23)或式(3-24)为阻力相似一般准则的另一种表达方式。式(3-20)和式(3-24)表明，两个水流在阻力作用下的动力相似条件是二者的沿程水头损失系数或谢才系数相等。这一准则对层流和紊流均适用。

(3) 表面张力相似准则

表面张力用 σl 表示，σ 为表面张力系数，按相同的方法，由式(3-8)可得：

$$\frac{\sigma_p l_p}{\rho_p l_p^2 v_p^2}=\frac{\sigma_m l_m}{\rho_m l_m^2 v_m^2} \tag{3-25}$$

化简后整理得：

$$\frac{\sigma_p/\rho_p}{l_p v_p^2}=\frac{\sigma_m/\rho_m}{l_m v_m^2} \tag{3-26}$$

令 $W_e=\frac{v^2 l}{\sigma/\rho}$，它是一个无量纲数，称为韦伯(Weber)数，表征水流中表面张力与惯性力之比，则式(3-26)可写为：

$$W_{e_p}=W_{e_m} \tag{3-27}$$

式(3-27)为表面张力相似准则，或称为韦伯相似准则。式(3-27)表明，两个水流在表面张力作用下的动力相似条件是二者的韦伯数相同。这个准则只有在流动规模甚小、表面张力的作用相对显著时才需要应用。

(4) 弹性力相似准则

弹性力用 El^2 表示，E 为体积弹性系数，按相同的方法，由式(3-8)可得：

$$\frac{E_p l_p^2}{\rho_p l_p^2 v_p^2}=\frac{E_m l_m^2}{\rho_m l_m^2 v_m^2} \tag{3-28}$$

化简后整理得：

$$\frac{E_p/\rho_p}{v_p^2}=\frac{E_m/\rho_m}{v_m^2} \tag{3-29}$$

令 $C_a=\frac{v^2}{E/\rho}$，它也是一个无量纲数，称为柯西数，表征弹性力与惯性力之比，则式(3-29)可写为：

$$C_{a_p}=C_{a_m} \tag{3-30}$$

式(3-30)为弹性力相似准则或柯西相似准则，式(3-30)表明，两个水流在弹性力作用下的力学相似条件是二者的柯西数相等。它适用于管路中发生水击现象时的流动。

(5) 惯性力相似准则

在非恒定一元流动中，加速度 a 可以表示为：

$$a=\frac{\mathrm{d}v}{\mathrm{d}t}=\frac{\partial v}{\partial t}+\frac{\partial v}{\partial s}\frac{\mathrm{d}s}{\mathrm{d}t}=\frac{\partial v}{\partial t}+v\frac{\partial v}{\partial s} \tag{3-31}$$

式中，加速度由定位加速度$\frac{\partial v}{\partial t}$和变位加速度 $v\frac{\partial v}{\partial s}$两部分组成，变位加速度的惯性作用与定位加速度的惯性作用之比可以写为：

$$\frac{v\cdot v/l}{v/t}=\frac{vt}{l} \tag{3-32}$$

令 $S_r=\frac{l}{vt}$，它也是一个无量纲数，称为施特鲁哈尔(Strouhal)数。如果要求原型、模型的非恒定流动相似，则要求施特鲁哈尔数相同，即

$$S_{r_p}=S_{r_m} \tag{3-33}$$

式(3-33)为惯性力相似准则,因为它是控制非恒定流时间的准则,故又称为时间相似准则。

(6) 压力相似准则

一般水流运动中,所要了解的是压差 Δp,则按式(3-10)可写为:

$$\frac{\Delta p_{\mathrm{p}} A_{\mathrm{p}}}{\rho_{\mathrm{p}} l_{\mathrm{p}}^{2} v_{\mathrm{p}}^{2}}=\frac{\Delta p_{\mathrm{m}} A_{\mathrm{m}}}{\rho_{\mathrm{m}} l_{\mathrm{m}}^{2} v_{\mathrm{m}}^{2}} \tag{3-34}$$

整理得:

$$\frac{\Delta p_{\mathrm{p}}}{\rho_{\mathrm{p}} v_{\mathrm{p}}^{2}}=\frac{\Delta p_{\mathrm{m}}}{\rho_{\mathrm{m}} v_{\mathrm{m}}^{2}} \tag{3-35}$$

令 $E_{u}=\frac{\Delta p}{\rho v^{2}}$,它也是一个无量纲数,称为欧拉(Euler)数,它表示水流中压差与惯性力的对比关系。当要求原型中压差相似时,则必须满足:

$$E_{u_{\mathrm{p}}}=E_{u_{\mathrm{m}}} \tag{3-36}$$

式(3-36)为压力相似准则。

以上所述的相似准则也可由纳维-斯托克斯方程导出,详见有关文献。

3.2.4 水力学模型的设计问题

在进行水力学模型试验时,首先必须确定该水力现象中起主要作用的力,以便选定合适的模型和定律,并作为模型比尺选择的依据。为了高效地进行试验,在选择比尺时,除了要考虑工作期限、经费预算、试验场地占用面积、试验场地所能供给的流量及测量技术的精度等因素外,还应注意以下事项。

(1) 流态相似。在依据弗劳德相似准则设计模型时(如大多数水工建筑物模型试验、波浪模型试验及河工模型试验),模型比尺的选择应确保模型中的水流流态与原型中的流态相似,否则将无法实现水流的相似。显然,紊流的模型比尺和层流的模型比尺差别很大。

(2) 保持粗糙方面的相似。在许多水工建筑物水力学模型试验(如研究溢流坝的流量系数、上下游水流的衔接形式等)中,由于结构物纵向长度较短(高溢流坝除外),局部阻力起着主导作用,保证模型的几何相似,便可近似达到阻力相似(因为在紊流中,局部阻力仅与几何形状有关)。此外,在港工模型试验中,波浪运动中黏滞力的影响较小,通常可以忽略不计。按照弗劳德相似准则设计模型时,可以不考虑粗糙方面的相似,这对水力学模型试验的结果不会产生太大的影响。但是在河工模型、高坝溢流及船闸输水廊道等的试验中,则必须考虑沿程阻力的影响,即在模型中应当保持粗糙方面的相似。

为实现水流的阻力相似,需要使模型与原型中的水流阻力系数相等。对于紊流中的阻力系数,可以根据曼宁公式来确定,即

$$C=\frac{1}{n} R^{1/6} \tag{3-37}$$

由此可以得出:

$$\lambda_{C}=\lambda_{n}^{-1} \lambda_{R}^{1/6} \tag{3-38}$$

对于正态模型(即平面比尺与深度比尺相同),$\lambda_{L}=\lambda_{R}$,为满足要求,必须使 $\lambda_{C}=1$,由式(3-38)可得:

$$\lambda_{n}=\lambda_{L}^{1/6} \tag{3-39}$$

式(3-39)说明,欲使模型与原型粗糙方面保持相似,则模型糙率 n_m 应按式(3-39)进行选取。这一要求意味着模型表面需要十分光滑,然而,由于材料或技术条件的限制,这一点在某些情况下是难以实现的。在实践中,往往采取其他途径来满足粗糙方面的相似,例如,在河工模型试验中,常采用变态模型(即在纵向、横向和竖向三个方向上的线性比尺不相等的模型)来满足相似的要求。

(3) 如果原型的某一部位发生气蚀现象,那么在模型的相应部位也应产生相应程度的气蚀。但这样的条件只有在减压箱内才能实现。

(4) 当研究涉及泥沙问题时,除了需要保持水流相似之外,还必须确保模型中的泥沙运动与原型相似(泥沙运动相似系指底沙运动、泥沙沉降和悬浮方面的相似性)。

(5) 在进行波浪模型试验和研究带波动的流动现象时,如水流绕过固定障碍物(如桥墩、边墩等)的流动等的模型试验,为了实现与原型中主要作用力的相似,如果在原型水流中的表面张力不起主要作用,那么在模型中应尽量减小表面张力的影响。这要求模型中液流的深度 $h \geqslant 2.5 \sim 3.0$ cm。

3.2.5 水力学模型设计方法简介

水利工程设计完成后,通常需要进行模型试验,尤其是对于大中型水利工程。在进行模型试验之前,首先应进行模型设计,其主要步骤如下:

① 根据试验目的和要求,确定试验应进行的项目和试验流段的范围。

② 根据原型水流的主要作用力(这与试验要求也有一定的关系)确定模型的相似准则。

③ 根据试验条件初步选择长度比尺,长度比尺的选择应考虑原型试验区段的尺寸(长度和宽度)、试验场地的大小等因素。

④ 根据模型的相似准则和初步选定的长度比尺,确定相应的流速比尺、流量比尺等。

⑤ 根据供水条件,调整模型的长度比尺或增强供水能力。

⑥ 绘制模型施工图,并制作模型。

3.3 坡面流水力学模型

城市化发展、农业耕作、草被种植等人类活动的影响,对流域坡面造成了严重的人为干扰,从而对坡面流形成及汇流过程产生了剧烈影响。降雨与坡面径流的响应关系因此变得异常,导致灾害性暴雨和洪水频繁发生,并往往引发水文地质灾害,这些特点构成了现代流域的主要特征。

在现有技术中,坡面流的研究主要通过室内模拟试验进行,试验通常涉及不同坡度的水槽,这种模型被称为水槽模型。对于坡面状况的模拟,大多是在水槽底部铺设砂石、植被等,这种手段虽然能在一定程度上表明不同坡面状况对地表水流的影响,但通过放水或人工降雨来模拟坡面水流,观察其在不同坡面状况及坡度下的流动情况,仍存在局限性。

坡面流水力学模型主要由供水水源、提水系统、阀门、稳流装置、平水设施、试验水槽、回水系统等组成。水泵将水抽到水箱,水箱设有溢流孔以保持水位和水压的稳定。然后,将水箱里的水通过带阀门的水管供给坡面稳流装置,流量通过开关阀门进行调节。水槽底部的下垫面,即试验段,则针对不同水力学要素研究进行相应的铺设。与一般的明渠水流相比,坡面水流受土壤类型、植被覆盖、土地利用类型、降雨特征及其扰动、含沙量、流道等天然或人工因素的影响，其运动规律及水力学特性非常复杂。因此模型需要考虑不同的地表颗粒级配、地表走向布局、坡度、微观表面起伏程度、人工铺设形式、植被种类及密度、农田耕作走向等地表信息。

坡面流水力学模型模拟的建立遵循一定的比尺关系。结合坡面水流特征，对坡面水力学模型的模拟试验进行设计，并对其模型原型的水流过程进行进一步验证。试验设计的关键环节如下。

模型几何尺寸设计：首先，应确定试验所采用的几何比尺。几何比尺的一个主要影响因素为试验场地条件。

降雨相似的实现与含沙量比尺的确定：对于降雨相似的实现，其涉及问题较多，至少包括降雨强度、能量、击溅力等方面的相似问题。有研究表明，降雨强度相似是主要影响因素之一。

径流过程相似性的验证：径流是坡面水力侵蚀的主要驱动力，其动力学特性的变化直接影响水土界面的剥离、搬运以及泥沙的输移过程和特性。流量、径流流速、雷诺数、弗劳德数以及阻力系数等水力学要素是反映水流动力学特征的主要指标，这些指标可以通过实地测定或用相应的水力学公式计算得出。坡面径流动力学特性的相似性，包括流量、流速、阻力以及流态的相似性，是判别坡面水力侵蚀径流过程是否相似的重要依据。

3.4　植被阻力水力学模型的建立

3.4.1　试验目的

为了实现社会的可持续发展，我国越来越重视生态环境的建设，提倡人与自然和谐共生，并致力于地表及流域生态和生物修复技术的研究与应用。因此，开展对非淹没、淹没状态下植被的研究具有重要的经济和社会意义。本书对非淹没及淹没植被水流特性的研究主要从坡面流、明渠及河道等方面进行阐述，主要研究的水力学要素为水流阻力。

水流阻力是反映水流运动特性的一个重要参数，其受坡面地形地貌特征、土壤质地、植被覆盖的密度和类型以及降雨强度和持续时间等条件的影响，形式颇为复杂，理论上难以精确描述和模拟。水流阻力是影响水流行进过程和研究河道输沙规律的关键因素，特别是在山区河道中，它对研究输沙规律具有重要的意义。

本试验拟通过水力相似模型试验、坡面阻力方向性差异试验、结合圣维南原理的综合方法，来实现以下研究目的：

(1) 揭示坡面植被在淹没及非淹没状态下的水力学阻力特性。

(2) 揭示明渠及河道植被在淹没及非淹没状态下的水力学阻力特性。

(3) 研究并总结在淹没及非淹没状态下，坡度变化对坡面流水力要素的具体影响及其规律。

3.4.2　模型建立

3.4.2.1　试验装置

本试验采用长 5 m、宽 0.4 m、深 0.3 m 的矩形水槽，该水槽分为上游平水段、试验铺设段和下游量水段。底板下放置钢梁，以调整水槽的坡度。试验装置如图 3-1 所示，调坡装置如图 3-2 所示，水槽底板示意图如图 3-3 所示。试验系统包括水泵、静水池、平衡管、水槽、尾门、水箱、测流装置、测水位装置、流量控制装置、调坡装置等。水槽与水箱连接处有流量控制阀门，流量变化范围为 0～0.105 m^3/s，通过流量控制阀门可以控制流量的大小，水位的高低变化也可配合尾门高度加以控制，此外在渠道的边壁安置测压管水位计，用于测量水位。在试验中，水流首先由循环蓄水池通过管道水泵进入静水池，流量控制系统及平衡管用于平稳水流。水流稳定后，依次经过明渠水槽的试验段、尾门等，再次稳定后进入水槽，最终回到蓄水池，完成整个循环过程。试验铺设段的长度为 3 m，在试验段长度范围内选取 5 个断面测量数据，断面 1～2 的距离为 0.76 m，断面2～3的距离为 0.74 m，断面 3～4 的距离为 0.75 m，断面 4～5 的距离为 0.75 m。水槽底部铺设有机玻璃板，板上钻孔用于放置模拟植物，采用直径为 0.003 m、高度一定的塑料棒模拟刚性植物(非淹没状态的塑料棒高度为 0.015 m、淹没状态的塑料棒高度为 0.005 m)。试验设计了带有规律钻孔的玻璃底板，用以模拟植被的下垫面，孔与孔的纵横间距均为 60 mm，水流方向与植被种植方式的夹角分别为 15°、30°、45°、90°，选择有机玻璃材料的目的是全方位地对试验的水文过程进行观察。如果进行植被淹没及非淹没水力学阻力试验，则选用水流方向与植被种植方式的夹角为 90°的有机玻璃底板。如果进行坡面阻力方向性差异研究，则可以选用水流方向与植被种植方式的夹角分别为 15°、30°、45°、90°的有机玻璃底板进行对比研究。非淹没植被模拟试验和淹没植被试验分别如图 3-4 和图 3-5 所示。

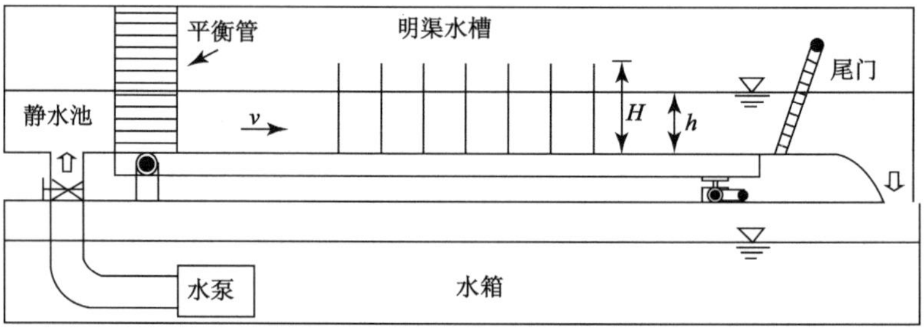

图 3-1　试验装置示意图

图 3-2　调坡装置

（a）

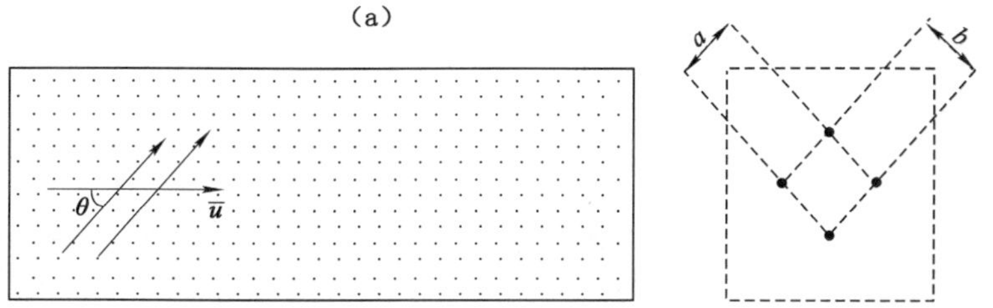

（b）

图 3-3　水槽底板示意图

图 3-4　非淹没植被模拟试验

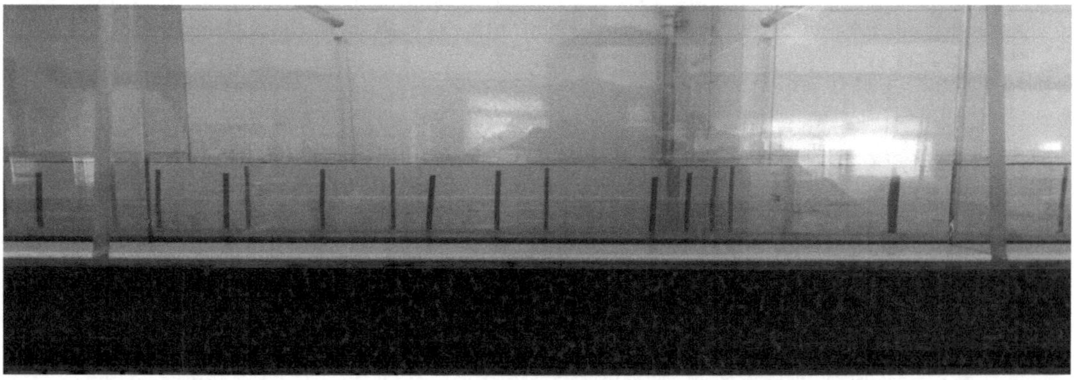

图 3-5　淹没植被模拟试验

3.4.2.2　量测仪器

试验开始时，同时启动水泵和电磁流量计(图 3-6)，然后调整所需流量的大小，待水流稳定后读取流量数据，流量变化范围为 0～0.105 m^3/s。从测压管(图 3-7)中读取试验点的测压管水位，本试验为了减少水流不稳定的影响，所以选择了 2 号断面和 4 号断面。

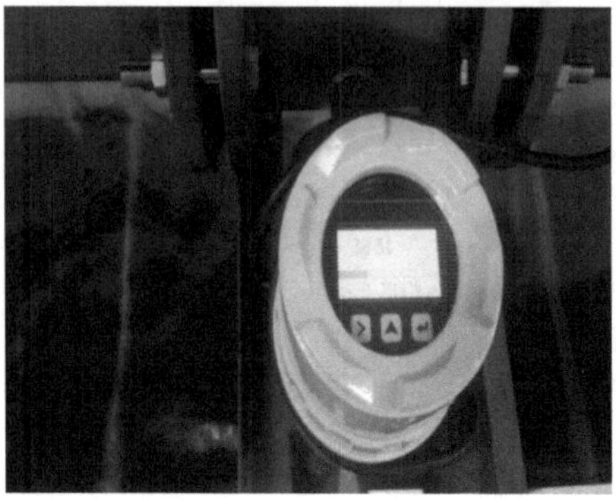

图 3-6　电磁流量计

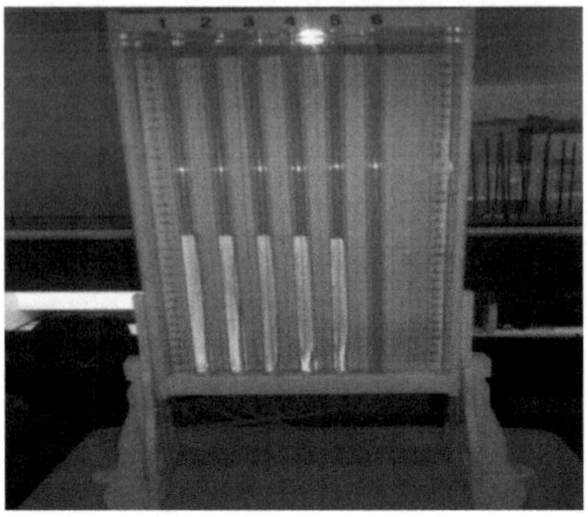

图 3-7　测压管

3.4.2.3　水流温度的测量

在每次试验的开始和结束时，分别记录稳流槽中水银温度计(精度为 0.1 ℃)的示数，并取两次数值的平均值作为该次试验的温度。

3.4.2.4　试验研究参数介绍

研究坡面水流的特征机理时，水力学参数是反映其特征机理的重要组成部分。下面对本试验所要研究的水力学参数进行简述。

雷诺数 Re：水流在不同条件下流动时，其内部结构和运动规律是不相同的，如水流的流速分布、水头损失等。雷诺发现水流存在两种形态：层流和紊流。水流中水质点的轨迹是有条不紊的，各层的水质点互不掺混，呈现有序的流动，这样的流动称为层流；当流速逐渐增大到某一定值后，水流流线开始摆动，随着流速的进一步增大，流线破碎，水流中水质点的轨迹变得极为紊乱，这样的流动称为紊流。水流由一种流态转变为另一种流态时的流速称为临界流速。雷诺数可以用于判断水流的流态。雷诺数 Re 的表达式如下：

$$Re=\frac{uR}{\nu} \tag{3-40}$$

式中　u——水流流速，m/s；

ν——运动黏性系数，m^2/s；

R——水力半径，m；

Re——无量纲数，表征惯性力与黏滞力之比。

雷诺数 Re 既反映河流水体的特性，也反映河槽的特性，同时可用于判别水流的流态(Re 大于临界值时流动为紊流，Re 小于临界值时流动为层流)。在本试验中，各组水流均为紊流。

弗劳德数 Fr 是判断明渠水流流态的重要参数，急流和缓流是明渠水流特有的两种流态，也是两种常见的水流现象。阻碍物引起的浪花或波纹在某一河段可能同时向上游和下游传播；而在另一河段，这些波纹可能仅向下游传播。因此，在明渠水流中存在着两种截然不同的流态：一种是缓流，即阻碍物的干扰波同时向上游和下游传播的流动；另一种是急流，即阻碍物的干扰波不能向上游传播的流动。水力学中常用弗劳德数 Fr 来判断明渠水流的流态，即

$$Fr=\frac{v}{\sqrt{g\bar{h}}}=v/c \tag{3-41}$$

式中　Fr——弗劳德数；

v——流速，m/s；

c——流速，m/s；

$\bar{h}$——平均水深，m；

g——重力加速度，m/s^2；

当 $Fr<1$ 时，流态为缓流；当 $Fr=1$ 时，流态为临界流；当 $Fr>1$ 时，流态为急流。

在本试验中，v 为 $v_{断面2}$ 和 $v_{断面4}$ 的平均值，$\bar{h}$ 为 $h_{断面2}$ 和 $h_{断面4}$ 的平均值。

在实际液体的运动过程中，过水断面上流速分布不均，流层之间存在相对运动，由于液体具有黏滞性，所以在运动过程中各流层之间会产生内摩擦力，这种内摩擦力在水力学中被称为水流阻力。液体克服这种阻力做功而引起的机械能损失即液体的能量损失。单位重量液体的机械能损失即水头损失。根据水流边界状况的不同，水流阻力和水头损失可分为两类：

(1) 液体流过比较平直的边界时产生的阻力和水头损失。这种阻力主要是由流层间摩擦作用所引起的，其大小与流动距离成正比，故称为沿程阻力。单位重量液体克服沿程阻力做功所引起的能量损失称为沿程水头损失，用 h_f 表示。例如，等直径直管和断面大小、形状不变的直渠中的均匀流的阻力和水头损失属于此类。

(2) 液体流过形状急剧改变的边界时产生的阻力和水头损失。由于边界形状的急剧变化，液体相应地发生急剧变形，液体质点间的摩擦和碰撞加剧，从而引起了附加的阻力。因为这种阻力产生在边界局部变化的区域，故称为局部阻力，单位重量液体克服局部阻力做功而引起的能量损失称为局部水头损失，用 h_i 表示。例如，通过管、渠的进口段、弯段、扩大段、收缩段及阀门等处的水流属于此类。

对于某一流段，其总水头损失 h_w 等于各流段沿程水头损失与局部水头损失之和，即

$$h_w=\sum(h_i+h_f) \tag{3-42}$$

试验中，水槽为矩形匀质材料，不存在局部水头损失。总水头损失即沿程水头损失。控制水体的水面线始末点的差值即控制水体沿程的总水头损失，其与控制水体长度的比值即水面坡降(J)，即

$$J=h_f/l \tag{3-43}$$

式中　h_f——沿程水头损失，m；

l——沿程距离，m。

仅用过水断面面积 A 或湿周 Z 中任何一个水力学要素来表征过水断面的水力学特征是不够全面的，只有将两者结合起来才较为合理。过水断面的面积 A 与湿周 Z 的比值称为水力半径，即

$$R=\frac{A}{Z} \tag{3-44}$$

水力半径是过水断面的一个非常重要的水力学要素，几乎在所有重要的水力学公式中都包含这个要素。水力半径的量纲是 L，常用单位为米(m)或厘米(cm)。

坡面流阻力系数是坡面流水力学的基本参数之一，它反映了下垫面对流动水体的阻力大小，是反映流体宏观整体平均特性的一个重要参数。坡面流阻力系数是反映坡面流特性的一个关键参数，其受坡面地形地貌特征、植被覆盖密度和类型以及降雨强度和持续时间等条件影响，形式颇为复杂，因而从理论上很难描述。然而，在坡面流的研究中，为解决实际问题，作为一种近似，目前仍采用二维明渠的阻力概念和表达方法：

$$\frac{\tau}{\rho v^2}=\frac{f}{8}=\frac{g}{C^2}=\frac{gn^2}{R^{1/3}} \tag{3-45}$$

式中 f——达西-魏斯巴赫阻力系数；

C——谢才系数；

n——曼宁糙率系数；

ρ——液体密度；

v——流速；

τ——剪切应力；

g——重力加速度。

达西-魏斯巴赫阻力公式为：

$$h_f=\lambda\ \frac{l}{4R}\ \frac{v^2}{2g} \tag{3-46}$$

谢才系数 C 的经验公式为：

$$C=\sqrt{\frac{8g}{\lambda}} \tag{3-47}$$

式中 λ——摩擦系数。

曼宁糙率系数的计算公式为：

$$n=\frac{1}{v}R^{\frac{2}{3}}J^{\frac{1}{2}} \tag{3-48}$$

因为不同于明渠中的糙率，此处建议将 n 称为有效糙率。并且 f、n 和 C 的取值不直接参照《水力学手册》中的明渠流，而是根据试验资料或降雨因子通过经验回归求得。在自然条件下的坡面流流态多为层流与紊流之间的一种流态，或为一种混合流态。因此，3 个阻力系数 f、n 和 C 都不是描述坡面流阻力状况的合适之选。目前对坡面流阻力仍需进一步的研究探讨。本试验对坡面流阻力的研究选用曼宁糙率系数为研究参数。

3.4.2.5 *试验原理及方法*

由于需要对渠道的底坡进行多次调节，所以在渠道底板下方架设了钢梁。将坡度调至试验所需的角度后，启动水泵及测流仪器，进行淹没植被的水力学试验。待水流稳定时，观测并记录不同坡度及不同流量下的断面水位变化。考虑水流的不稳定因素，本试验从 1～5 这 5 个观测断面中选择 2 号和 4 号断面作为试验观测段，其测压管水头分别为 H_2、H_4，根据伯努利方程算出沿程水头损失 h_f(本试验为矩形水槽，不考虑局部水头损失)。然后根据公式计算出达西-魏斯巴赫阻力系数 f、曼宁糙率系数 n，分析淹没植被水流阻力等特征。通过观测数据，对水流阻力以及流速、雷诺数等因素对水流阻力的影响进行计算和分析，从而验证水流阻力理论的正确性。试验原理如下。

伯努利方程：

$$Z_1+\frac{P_1}{\rho g}+\frac{\alpha_1 v_1^2}{2g}=Z_2+\frac{P_2}{\rho g}+\frac{\alpha_2 v_2^2}{2g}+h_w \tag{3-49}$$

$$h_f=h_w \tag{3-50}$$

$$Z_1+\frac{P_1}{\rho g}=H_1 \tag{3-51}$$

$$Z_2+\frac{P_2}{\rho g}=H_2 \tag{3-52}$$

$$\begin{aligned} h_f &=\left(Z_1+\frac{P_1}{\rho g}\right)-\left(Z_2+\frac{P_2}{\rho g}\right)+\left[\frac{\alpha_1 {v_1}^2}{2g}-\frac{\alpha_2 {v_2}^2}{2g}\right] \\ &=(H_1-H_2)+\left[\frac{\alpha_1 {v_1}^2}{2g}-\frac{\alpha_2 {v_2}^2}{2g}\right] \end{aligned} \tag{3-53}$$

$$\alpha_1=\alpha_2=1.0 \tag{3-54}$$

式中　Z_1、Z_2——流体高度；

P_1、P_2——流体在两个不同位置的压强；

Q_1、Q_2——两个不同位置的流体动能修正系数；

H_1、H_2——两个不同位置的总水头。

连续方程：

$$Q=A_1 v_1=A_2 v_2 \tag{3-55}$$

$$A_i=bh_i=b(H_i-H_{i_{底坡}}) \tag{3-56}$$

$$h_f=\lambda\ \frac{L}{4\bar{R}}\ \frac{\bar{v}^2}{2g} \tag{3-57}$$

$$\bar{v}=\frac{v_1+v_2}{2} \tag{3-58}$$

$$R=\frac{A}{Z} \tag{3-59}$$

$$Z=2h+b \tag{3-60}$$

$$\bar{R}=\frac{R_1+R_2}{2} \tag{3-61}$$

式中　Q——流量；

A_i——第 i 个截面的过水面积；

λ——水流阻力表征系数；

b——渠道宽度；

h_i——第 i 个截面的水深。

水流阻力表征系数：

$$\lambda=\frac{8h_f\bar{R}g}{L\bar{v}^2} \tag{3-62}$$

3.4.2.6　试验步骤

① 调节底坡：按照预先设定的坡度，通过调整钢梁底部的高度来实现对渠道底坡高程

的精确调整。

② 量测流量:试验开始之前进行流量调节,通过控制阀门得到所需流量。待渠道内的水流稳定后进行水温和水深的测量。

③ 量测水温:待渠道内的水流稳定后,对渠道的水温进行测量。

④ 量测水深:在水槽周围布设测压管水位计,用以观测水位变化。待渠道内的水流稳定后,使用测压管水位计对渠道底部和水面的高度进行量测,并记录相应的读数。通过比较渠道底部和水面的读数,计算得出渠道内的水深。

第 4 章 阻力与坡度共同作用下的分布式水文模型

目前，在采用分布式水文模型来模拟坡面汇流的过程中，一般都是采用单坡度因子对流向及流量分配进行处理确定。然而，现实流域坡面坡度复杂多变，并且由于流域地表状况的不断变化，坡面流阻力在不同的地表类型下具有不同的值，从而会影响水流的流向及流量分配。因此，采用单一坡度对流向及流量分配进行确定的分布式水文模型模拟结果与现实情况可能存在较大误差。这种现状使得目前的分布式水文模型能够通过对参数的修正等处理，较精确地模拟流域出口断面的径流过程，但对流域内各栅格单元间的流速场的模拟可能是失真的，甚至是错误的。因此，应对坡面流阻力及坡度对流域汇流过程的影响进行研究，分析其对流域汇流过程的具体影响机理，从而建立在阻力和坡度共同作用下的分布式水文模型。

4.1 坡面流阻力的表征

坡面流阻力是指水流在沿坡面流动过程中所受到的来自水土界面的摩擦力的阻滞作用以及水流内部质点紊动所产生的阻碍水流运动的力的总和。阻力系数是径流流态、坡面粗糙程度、断面特性、水流密度、雨滴直径和水流表面张力系数等因素的综合体现。坡面流阻力系数是反映坡面流水力学特性一个极为重要的参数，它是认识坡面流侵蚀过程及机理的基础，也是坡面流计算及土壤侵蚀模拟过程中不可或缺的参数。因此，坡面流阻力系数是坡面流水力学特性研究的核心问题之一。然而，它受坡面降水及地表状况等因素的影响，形式非常复杂，因而很难从理论上对其进行描述。现阶段，主要参照一般明渠水力学与河流水力学的阻力概念及表达方法来探求坡面流的阻力规律，主要应用 Darcy-Weisbach 公式、Chezy 公式和曼宁公式来表征坡面流阻力。

早期，由于受到室内试验条件和试验设备的限制，对坡面流阻力特性的研究主要是在野外进行的，研究对象多以细沟流（rill flow）和细沟间水流（interrill flow）为主，考察因素也仅限于雷诺数、雨强和土壤粒径等，多采用回归分析方法进行分析。但由于野外环境的复杂性和区域的不一致性，以及考察系数的不统一性，研究者之间很难形成较为一致的结论。长期的野外研究为坡面流阻力特性的考察积累了丰富的经验，许多研究者开始逐渐向室内试验发展，由经验性分析向以动力学特征为主的机理研究过渡。目前较普遍的研究方法是根据试验资料确定实际的阻力系数，并通过试验回归分析方法，研究影响阻力系数的环境因素和特征系数（如水流雷诺数、雨强、土壤粒径与坡度等），建立阻力回归方程，进而考察各影响因素对阻力的影响显著性。由于反映坡面流阻力的参数较多，如 Darcy-Weisbach 阻力系数 f、Chezy 系数 C、曼宁糙率系数 n 等，所以从不同的角度分析总会得到不同的结论和看法。

4.1.1 坡面流阻力表达公式研究进展

坡面流阻力是反映坡面流水力学特性的重要参数，其不同于传统的明渠水流阻力，在理论上很难模拟和描述。在目前的坡面流研究中，为了解决实际问题，作为一种近似计算，一般用二维明渠的阻力概念和表达方式，有所改进的只是根据实测资料来确定阻力系数，或通过经验回归分析，将影响阻力的因素如雷诺数、降水、土壤粒径和坡度等与其联系起来，建立阻力系数计算公式，然而由于试验方法、量测技术及试验条件等的差异，所建立的计算公式具有局限性，尚未达到能直接应用的程度。

水流阻力通过周界的阻力系数(包括 Chezy 系数 C、曼宁糙率系数 n 以及 Darcy-Weisbach 阻力系数 f)来反映。这些阻力系数可以通过相应的方程给出，如曼宁公式、Chezy 公式、Darcy-Weisbach 公式方程：

$$Q=(AR^{\frac{2}{3}}S_f^{\frac{1}{2}})/n \tag{4-1}$$

$$Q=ACR^{\frac{1}{2}}S_f^{\frac{1}{2}} \tag{4-2}$$

$$Q=\left(\frac{8g}{S_f}\right)^{\frac{1}{2}}AR^{\frac{1}{2}}S_f^{\frac{1}{2}} \tag{4-3}$$

式中 Q——流量；

A——转换常数；

n——糙率；

R——水力半径；

S_f——明渠的坡度；

C——谢才系数；

g——重力加速度。

这些方程通过阻力系数可以相互转化，即

$$\frac{C}{\sqrt{g}}=\frac{R^{\frac{1}{6}}}{\sqrt{g}}\frac{1}{n}=\sqrt{\frac{8}{f}}=\frac{V_A}{U^*} \tag{4-4}$$

式中 f——Darcy-Weisbach 阻力系数；

V_A——流速；

U^*——摩擦速度。

尽管这些方程可以在一定条件下互相转化，但各有优缺点。Chezy 系数 C 出现最早，应用时间最长，历史悠久，公式结构简单，但缺乏系统研究，关于 Chezy 系数的取值没有明确的讨论，只是部分学者根据实测资料给出了一些经验公式，其变化规律难以确定。曼宁糙率系数 n 一般视为常数，更适用于研究过水断面或河段的阻力损失，其优点在于取值具有明显的规律性，且与雷诺数等流态参数无关，不会因水深、雷诺数及相对粗糙度的改变而改变。传统水力学教材给出了曼宁系数与边界材料的关系，是目前明渠水流阻力研究中应用最为广泛的阻力系数。Darcy-Weisbach 阻力系数 f 与水流运动机理相关，具有一定的理论基础，但经常被误认为是纯理论系数。Darcy-Weisbach 阻力系数 f 是无量纲量，易于使用，有助于在不同流量之间进行比较。Darcy-Weisbach 方程虽然有明确的物理意义，但关于坡面水流 Darcy-Weisbach 系数 f 的取值，还没有一个可靠的方程，仅认为阻力系数 f 是雷诺数

Re、相对粗糙度 ΔR、断面形态参数 η、水流非均匀参数 N、水流非恒定参数 U 和弗劳德数 Fr 的函数。因此在应用 Chezy 公式和曼宁公式的同时，许多人接受美国土木工程师协会(ASCE)阻力系数研究组的建议，采用 Darcy-Weisbach 公式。

虽然 Darcy-Weisbach 阻力公式、Chezy 公式、曼宁公式都可用来表征坡面流阻力，且适用于不同的条件，但各自的优劣尚不明确，认识也不统一。目前，国内外学者对此进行了大量的研究，研究成果大致可分为以下三类。

第一类研究者认为，Darcy-Weisbach 阻力公式有明确的物理意义且易于使用，更适合表征坡面流阻力。例如，Abrahams(亚伯拉罕斯)等分析了前人在野草和灌木覆盖的亚利桑那州半干旱山坡的坡面流阻力研究成果，认为 Darcy-Weisbach 阻力系数优于曼宁系数，能够适用于不同流态。Cristo(克里斯多)等认为，只有 Darcy-Weisbach 公式能够应用于层流及紊流。倪晋仁等认为，阻力公式中有关曼宁糙率系数的原有意义早已丧失。

第二类研究者认为，曼宁公式取值具有明显的规律性，并且众多学者根据试验资料给出了曼宁糙率系数取值表，因此采用曼宁公式来表征坡面流阻力更为有效。例如，国外有学者研究分析了 Darcy-Weisbach、曼宁、Chezy 等阻力公式在多大程度上能适用于阻力高度空间变化的坡面流，结果表明，曼宁公式比 Darcy-Weisbach 公式、Chezy 公式更有效。还有学者结合管流 Darcy-Weisbach 阻力公式和明渠曼宁公式，建立了基于水流特性和介质特性的曼宁糙率系数表，结果表明，曼宁糙率系数在充分紊流时是独立于水流特性的定值。Noarayanan(纳拉亚南)等验证了不同水流条件、植物参数下的曼宁糙率系数，认为曼宁糙率系数是计算和描述坡面流阻力的理想工具。国内有学者经研究分析得出，曼宁公式形式简单，包含的水力学因子较少，且工程界已积累了不同边界材料及使用情况下的糙率系数取值数据，只要糙率系数取值选择恰当，就可基本满足一般问题中所要求的精度。

第三类研究者认为，可以根据地表特征的差异将坡面流阻力分为几个部分，然后将各部分叠加，得到坡面流阻力。例如，吴普特等通过对鱼鳞坑、草地、秸秆覆盖等不同坡面情况下径流调控措施的研究，认为复杂地表阻力系数由颗粒阻力、形态阻力、波阻力和降雨阻力叠加而成。蒋昌波等认为可以采用类似于明渠水力学的研究方法，根据地表特征的差异将坡面流阻力分为几个部分，然后将各部分叠加，得到坡面流阻力。

此外，还有少数学者认为曼宁公式、Darcy-Weisbach 公式、Chezy 公式都不适用于坡面流阻力。例如，Smith(史密斯)等认为由管流和明渠水流发展而来的 Darcy-Weisbach 公式、曼宁公式、Chezy 公式等传统糙率与阻力的关系不适用于自然界粗糙坡面的浅层水流，并采用粗糙床面的中值粒径、坑洼密度等 8 个指标来衡量了坡面流阻力。

由上述内容可知，目前对于坡面流阻力的表征主要有曼宁公式、Chezy 公式、Darcy-Weisbach 公式三种。但由于试验条件、试验设备以及试验的侧重点不同，到目前为止，对于 Darcy-Weisbach 阻力公式、Chezy 公式和曼宁公式具体哪一个更适合表征坡面流阻力仍未有统一的定论，众学者各执己见，出现了很多分歧。在实际研究过程中，坡面流阻力的确定又是不可避免的，从而导致出现了很多阻力系数的确定方法以及各式各样的经验公式。

4.1.2　水流阻力的确定

水流阻力是反映水流运动特性的一个重要参数，受坡面地形地貌特征、土壤质地、植被覆盖密度和类型以及降雨强度和持续时间等条件的影响，其形式颇为复杂，在理论上很难描述和模拟。大部分学者选择对 Darcy-Weisbach 阻力系数 f 进行研究，其主要原因包括：① Darcy-Weisbach 阻力系数是无量纲量，易于使用，并有助于在不同流量之间进行比较；② 该阻力系数有一定的理论基础；③ 它同时适用于层流和紊流。总的来说，目前对于阻力系数的确定主要集中于以下几种方法。

4.1.2.1 阻力经验公式

Sadeghian（萨德吉安）等于 1990 年根据野外小区试验资料，给出了一个考虑粗糙床面的阻力公式：

$$f = 298.18\frac{(V_*/V)^{2.24}\left(\frac{q}{IL_z}\right)^{0.9}}{\left(\frac{h}{\mathrm{GRI}}\right)^{0.75}} \tag{4-5}$$

式中 V_*——剪切流速，m/s；

V——平均流速，m/s；

q——单宽流量，m^2/s；

I——雨强，mm/min；

L_z——水流方向的降雨强度，mm/min；

h——水深，m；

GRI——颗粒糙度，m。

Shen（沈）等通过试验验证了 Yoon（尹）的结论，并把 $Re<900$ 时的 Darcy-Weibasch 阻力系数 f 表示为无降雨时的阻力系数 f_0 与降雨增加条件下的阻力系数 f_R 之和，即

$$f = f_0 + f_R \tag{4-6}$$

通过回归分析得到：

$$f_R = \frac{27.162I^{0.407}}{Re} \tag{4-7}$$

f_0 取用光滑矩形水槽层流的表达式，即

$$f_0 = \frac{24}{Re} \tag{4-8}$$

当 $Re>2\ 000$ 时，阻力系数可表示为：

$$f = 1.048f_0 \tag{4-9}$$

当 $900>Re>2\ 000$ 时，作为近似估算，Shen 采用内插的方法得到：

$$f = 0.039\ 2\left(\frac{Re}{2\ 000}\right)^{-1.251\ln(0.68+0.77I^{0.407})} \tag{4-10}$$

式中 f——Darcy-Weisbach 阻力系数；

f_0——无降雨时的阻力系数；

f_R——降雨增加条件下的阻力系数；

I——雨强；

Re——雷诺数。

姚文艺对坡面浅层水流的阻力问题进行了试验研究，得到了考虑降雨情况的阻力系数关系式，当 $Re<800$ 时，有

$$f=\frac{24+34.453(1+1.359\sqrt{\Delta})S_0^{0.403}I^{0.743-0.315\sqrt{\Delta}}}{Re} \tag{4-11}$$

当 $Re>2\ 000$ 时，陡坡情况下（$S_0>3°$）有：

$$f=\frac{(1.340+3.514)S_0^{0.465}}{Re^{0.5}} \tag{4-12}$$

缓坡情况下（$S_0\leqslant 3°$）有：

$$f=\frac{0.285}{Re^{0.25}} \tag{4-13}$$

式中　I——雨强，mm/min；

S_0——坡度；

Δ——糙高，mm。

Limerinos（利梅里诺斯）收集了大量的河道实测资料，通过对这些数据进行分析，认为糙率系数与水力半径和床沙粒径有关，并得到如下表达式：

$$n=\frac{0.112\ 9R^{0.167}}{1.16+2.0\lg\left(\frac{R}{d_{84}}\right)} \tag{4-14}$$

式中　R——水力半径，m；

d_{84}——特征粒径，m。

Bray（布雷）采用卵石河道资料对式（4-14）中的系数进行了修改。与此同时，Hey（海伊）采用英国一些河流的实测资料得到了卵石河道阻力系数的计算式：

$$\frac{1}{\sqrt{f}}=2.03\lg\left(\frac{aR}{3.5d_{84}}\right) \tag{4-15}$$

式中　a——可变系数，取值范围为 11.1～13.46，与横断面形状有关。

考虑底坡所形成的水流阻力，最直接的方法就是将底坡加入阻力计算式。Rickenmann（里克曼）通过分析实测流速及流量数据，联立求解河宽关系式和曼宁公式，在坡度大于 0.6％的情况下，得到了如下形式的水流阻力关系式：

$$\frac{1}{n_{\text{tot}}}=\frac{0.56g^{0.44}Q^{0.11}}{S^{0.33}d_{90}^{0.45}} \tag{4-16}$$

对于坡度大于 0.8％的情况，则采用回归分析得到其糙率系数计算式：

$$\frac{1}{n_{\text{tot}}}=\frac{0.97g^{0.41}Q^{0.19}}{S^{0.19}d_{90}^{0.64}} \tag{4-17}$$

式中　n_{tot}——河道总阻力，N；

g——重力加速度，m/s^2；

Q——流量，m^3/s；

S——底坡坡度；

d_{90}——特征粒径，m。

Smart（斯马特）等进行了大量的阻力研究，其试验河道最大底坡达 20％，通过对试验结果进行分析，Smart 提出如下形式的阻力系数表达式：

$$\left(\frac{8}{f}\right)^{0.5}=5.75\left[1-\exp\left(-0.05\left(\frac{R}{d_{90}}\right)\left(\frac{1}{S^{0.5}}\right)\right)\right]^{0.5}\lg\left(8.2\frac{R}{d_{90}}\right) \tag{4-18}$$

Palt(帕尔特)以床面泥沙阻力研究结果为基础，通过分析这部分阻力与河道总体阻力之间的关系，得到了如下形式的水流阻力关系式：

$$\frac{n_r}{n_{tot}}=0.13S^{-0.28}\left(\frac{h}{d_{90}}\right)^{0.21} \tag{4-19}$$

在缺少河道横断面资料和水位的情况下，Palt 推荐用下式来估算水流阻力：

$$\frac{n_r}{n_{tot}}=0.1S^{-0.6} \tag{4-20}$$

式中　n_r——床面泥沙阻力，N；

h——断面平均水深，m。

这种研究思路是以 n_r 计算正确为前提条件的，虽然避免了直接计算的难度，但也增加了结果的不确定性。

Buffington(巴芬顿)等曾根据实测资料，提出一个计算河岸切应力的经验公式：

$$\frac{\tau_w}{\tau'}=2.55\left(\frac{w}{h}\right)^{1.1}\left(\frac{z_{ob}}{z_{ow}}\right)^{0.21} \tag{4-21}$$

式中　τ_w——河岸切应力，Pa；

τ'——河底切应力，Pa；

w——河宽，m；

z_{ob}——河底粗糙度，m；

z_{ow}——河岸粗糙度，m。

目前，由于缺乏有效的测量手段，尚难以量化河岸粗糙度与河底粗糙度的比值，上式的正确性和实用性均有待检验。

4.1.2.2　坡面流阻力的划分

对水流阻力进行划分，其实质就是根据紊动产生的根源对水流阻力进行合并归类，化繁为简。阻力划分对于所有的水流阻力研究均具有适用性。Cowan(考恩)认为河道阻力包括五部分：① 顺直河道中的基础阻力(系数 n_b)；② 描述床面不规则的阻力(糙率系数 n_1)；③ 描述横断面大小和形状变化的阻力(糙率系数 n_2)；④ 河道中障碍物的阻力(糙率系数 n_3)；⑤ 水流流态和植物所造成的阻力(糙率系数 n_4)。由此得到水流综合糙率系数的表达式为：

$$n=(n_b+n_1+n_2+n_3+n_4)m \tag{4-22}$$

式中，m 为修正系数，以考虑河道的蜿蜒性对阻力的影响。Cowan 仅给出划分思路和各单元阻力的取值范围，并未对各项进行具体研究。

阻力划分思想具有相对清晰的物理意义，尤其是在一些较为复杂的水流及地形情况下，更能显示出其化繁为简的优势，目前这一方法已在坡面流阻力和山区河道水流阻力研究中得到应用。不同的学者往往有不同的划分方法，例如，同是针对河流阻力，钱宁等的划分方式与 Cowan 的划分方式存在较大差别，但阻力合成中则基本都采用线性叠加方式。

Wilcox(威尔克斯)等在模型河道上研究了具有阶梯、深潭特征的山区河道水流阻力，将总阻力系数划分为三个部分：床面颗粒阻力(系数 f_{grain})，泄流阻力(系数 f_{spill})以及水流中浮木引起的阻力(系数 f_{debris})。假设水流总阻力系数表达式为：

$$f_{total}=f_{grain}+f_{spill}+f_{debris} \tag{4-23}$$

在上式成立的前提下，可通过已知单元的阻力系数 f_{grain} 和 f_{spill} 和实测总阻力系数，反推出未知阻力系数 f_{debris}。Wilcox 等指出，由于划分后各单元阻力之间存在协同作用，所以总阻力往往大于各单元阻力代数相加之和。

蒋昌波等认为有推移质运移的光滑床面上的坡面流，其阻力 f 由颗粒阻力 f_{g} 以及推移质运移阻力 f_{bt} 组成。即

$$f = f_{\text{g}} + f_{\text{bt}} \tag{4-24}$$

粗糙床面水流阻力主要由颗粒阻力 f_{g}、形态阻力 f_{f}、和波阻力 f_{w} 组成，即

$$f = f_{\text{g}} + f_{\text{f}} + f_{\text{w}} \tag{4-25}$$

Abrahams(亚伯拉罕斯)等认为坡面流阻力主要由颗粒阻力 f_{g}、形态阻力 f_{f}、波阻力 f_{w} 和降雨阻力 f_{R} 组成，并且认为这些阻力是可以相加的，即

$$f = f_{\text{g}} + f_{\text{f}} + f_{\text{w}} + f_{\text{R}} \tag{4-26}$$

综上所述，阻力划分虽然为水流阻力研究提供了一种思路，但如何划分阻力，阻力划分后如何厘清各单元阻力之间的相互关系等问题并未得出统一的结论。

4.1.2.3　坡面水流阻力模型

基于前述研究，本小节着重对比分析 4 个典型坡面水流阻力模型：Gilley(加利)和 Finkler(丁克勒)模型、Hirsch(赫尔希)模型、Lawrence(劳伦斯)模型以及 Hu 模型。

① Gilley 和 Finkler 分别利用曼宁糙率系数 n 和 Darcy-Weisbach 阻力系数 f 与地表的随机粗糙度 RR 和水流雷诺数 Re 之间的关系，建立了 Gilley 和 Finkler 模型，即

$$f = 6.30\,\frac{\text{RR}^{1.75}}{Re^{0.661}} \tag{4-27}$$

$$n = 0.172\,\frac{\text{RR}^{0.742}}{Re^{0.282}} \tag{4-28}$$

② Hirsch 在对颗粒阻力、形态阻力和波阻力在总坡面水流阻力中所起的作用进行系统研究后，建立了 Hirsch 模型。对于紊流中的颗粒阻力，采用下式进行计算：

$$f_{\text{g}} = 3.19Re^{-0.45} \tag{4-29}$$

Hirsch 得到的计算形态阻力的方程如下：

$$f_{\text{f}} = 4C_{\text{d}}\sum\frac{A_i}{A_b} \tag{4-30}$$

式中　A_i——第 i 个粗糙单元的面积；

A_b——床面的总面积。

将颗粒阻力与形态阻力相结合，可得：

$$f_1 = f_{\text{g}} + f_{\text{f}} = 3.19Re^{-0.45} + 4C_{\text{d}}\sum\frac{A_i}{A_b} \tag{4-31}$$

采用迭代法求解上述方程，假定拖曳力系数的初值为常量 $C_{\text{d}} = 1.2$。该模型能够准确预测 f-Re 关系中的斜率，但预测的 f_1 值通常比实际结果偏小。进一步的分析表明，实际 f 与 $f_{\text{g}} + f_{\text{f}}$ 之间的差值应该是波阻力 f_{w}。基于此，Hirsch 得到了一个更为全面的水流阻力模型：

$$f_{\text{g}} = \left[3.19Re^{-0.45} + \frac{4C_{\text{d}}\sum A_i}{A_{\text{b}}}\right]\text{e}^{6.45C_{\text{r}}} \tag{4-32}$$

式中 C_r——床面粗糙单元的覆盖率。

由于模型中拖曳力系数为变量，所以 Hirsch 对模型进行了改进，改进后的模型如下：

$$f = f_g + \frac{4\sum A_i(1.2 + \exp(-2.4 + 1.9C_r))Fr^2}{A_b} \tag{4-33}$$

试验数据分析显示，当床面粗糙单元的覆盖率较高($C_r = 0.239$)时，波阻力 f_w 占总阻力 f 的 64%～81%。当 C_r 和 Re 都较小时，波阻力仍占主要部分，但当 Re 增加至 8 000 后，f_f 便占主要部分。Hirsch 的研究表明，在自然山坡上，水流阻力的主要来源是波阻力。然而，Hirsch 模型是基于清水定床试验得出的，因此其成果有一定的局限性。

③ Lawrence 基于淹没度的概念研究了水流阻力模型，得到了 Lawrence 模型。淹没度 λ 是水深 h 和坡面粗糙单元粒径 k 的比值。基于淹没度的概念，将坡面流分为：部分淹没、临界淹没和完全淹没。

当 $h/k \geqslant 10$ 时，为完全淹没，此时利用紊流基本方程计算阻力，结果表明，随着淹没度的减小，摩擦阻力也逐渐减小。

$$\frac{1}{\sqrt{f}} = 1.64 + 0.803\ln\left(\frac{h}{k}\right) \tag{4-34}$$

此方程是基于紊流理论得出的，但不能很好地描述过渡水流的情况。事实上 Lawrence 发现，当雷诺数小于 1 000 时，并不能通过淹没度来预测摩擦阻力。因此，对于层流来说，淹没度是否是影响摩擦阻力的一个关键因素尚未完全明确。

当 $2 < h/k < 10$ 时，为临界淹没，随着水深的增加，摩擦阻力大幅减小；当 $h/k \leqslant 2$ 时，为部分淹没，水流阻力与淹没度 λ 和 C_r 呈正相关关系。

另外，Lawrence 基于粗糙、粒状的表面坡面流模型，通过试验研究了波阻力模型。

$$f_w \approx \frac{16C_r gh(\Delta z)}{\pi k u^2} \quad (h < k) \tag{4-35}$$

$$f_w \approx \frac{4C_r gh(\Delta z)}{u^2} \quad (h > k) \tag{4-36}$$

式中 u——流速；

Δz——水位最大差值。

此模型的主要挑战在于水位差的测量，尤其是在坡面水流中难以获得准确的数据。

④ Hu 采用阻力分割的方式对坡面流系数进行了研究，结果表明，含沙水流中存在清水坡面流所没有的动床阻力 f_m。f_m 与含沙量呈正相关关系，含沙量对其产生的作用仅次于 Fr 和表征床面粗糙单元的覆盖率 C_r。采用含沙水流动床试验研究坡面流阻力时，Hu 将含沙水流的阻力系数分为表面阻力 f_s、形态阻力 f_f、波阻力 f_w 和动床阻力 f_m 四部分，分别研究了每一部分的关系式，并得到了总的坡面水流阻力的计算模型，即

$$f = \frac{8\tau_s}{\rho {u_s}^2} + \frac{16}{\pi}C_d\frac{h}{D_r}C_r + 0.63Fr^{-2} \tag{4-37}$$

式中 τ_s——床面粗糙度；

u_s——水流速度；

D_r——相对粒径。

综上所述，关于水流阻力问题的研究已取得了不少成就，但由于问题的复杂性，人们

还尚未完全掌握其内在规律。大多成果都是在特定的试验条件下获得的，不具有普遍性，因此，掌握坡面流阻力的内在规律，目前仍然缺乏具有普遍性的阻力系数确定方法。研究具有普遍性的坡面流阻力模型，仍是今后的研究重点。阻力划分方法可以将复杂的阻力问题简化，但现有的阻力划分及叠加方法缺乏物理基础和理论依据。因此，解决问题的根本在于厘清水流阻力的形成机制和物理来源，在此基础上，将总阻力划分为具有明确物理意义单元阻力，并厘清各单元阻力之间的叠加关系，这是从数值上量化水流阻力的有效途径。

4.2　阻力对坡面流的影响

坡面流阻力规律是研究坡面流水力学特性的重要内容，在坡面产流过程研究中起着基础性作用，同时也是坡面流模拟试验研究中的重要考察内容。然而，在坡面水流复杂的水力学特性影响下，想要完全掌握坡面流阻力规律是很困难的，因此也就长期存在着采用近似计算方法来获得坡面流阻力的情况。

20 世纪 70 年代以来，学者们通过室内或野外模拟降雨、放水冲刷试验，在坡面流阻力研究方面积累了大量的经验。众多学者在不同坡面上对坡面流阻力规律进行了试验研究，陈国祥等、郑良勇等分别计算了特定条件下的阻力系数，但由于试验方案、测量方法、土壤特性和地形条件之间的差异，因此所获得的坡面流阻力系数也不尽相同，在实际研究中缺乏可比性。但是这些学者都认为，坡面流阻力变化规律对于坡面汇流的研究有着重要的影响，其阻力大小将直接影响坡面流汇流模拟的结果。

研究坡面流阻力系数与各影响因子之间的关系，是坡面流阻力研究中的重要内容，包括阻力系数与雷诺数、阻力系数与淹没比（淹没比为平均水深与坡面平均糙率深度的比值）、阻力系数与弗劳德数、阻力系数与含沙量的关系，研究最多的是阻力系数与雷诺数的关系，即 f-Re 关系。大多数学者认为，二者之间呈幂函数形式：$f=aRe^{-b}$（a、b 均为系数）。姚文艺进行了一系列降雨情况下的坡面流阻力试验，其坡度最大达 20°，结果表明，坡面流阻力与雷诺数、坡度、雨强和地表粗糙度等因素密切相关。究其原因可能是坡面流阻力不单纯是由颗粒糙度和黏性力引起的颗粒阻力，而是同时包括颗粒阻力、形态阻力、波阻力和降雨阻力。还有学者运用阻力分割的方式将阻力系数分为细沟阻力、卵砾石物质阻力、地表植物残茬阻力和耕地作物阻力等。坡面流阻力对流域汇流的影响主要体现在以下几个方面。

4.2.1　阻力对坡面流流速的影响

流速是坡面流水力学特性研究中十分重要的参数，坡面流流速主要受坡面边界状况、坡度、坡面流量以及水流阻力等因素的影响。坡面流水深很浅，边界条件极其复杂，即使是边界微小的变化也会引起水流阻力产生较大变化，从而导致流速沿程多变。当水流流经地表时，地表阻力会对坡面流流速产生显著影响。地表经常会被草被或树叶、小树枝、土壤、沙砾等覆盖，当水流经过时，一些细小覆盖物会被水流冲刷携带。在当水流挟带的泥沙量大于水流挟沙能力时，水流中的部分泥沙会重新堆积在地表，而这些地表覆盖植被以及重新堆积下来的覆盖物，对地表径流具有阻延、拦蓄、过滤作用，并会引起地表阻力的增大,使坡面水流流速减小,从而改变坡面的水文过程。Guy(盖伊)等进行了大量关于坡面流流速的试验研究,并进行了系统分析,认为不同的水流比例和阻力系数也会对坡面流流速产生一定的影响。

当植被覆盖于流域下垫面时,不仅能够有效防止水土流失,而且会增大水流阻力,降低坡面水流流速,延缓坡面水流汇流时间。一般认为,水流经过时,植被的形状、刚柔性、密度以及分布形式等都会使坡面流阻力发生变化,进而使坡面流流速发生改变。关于这方面的研究已有很多,并且已得到相对成熟的研究结论。有研究表明,水流阻力会随植被密度的增加而增加,从而会导致流速减小。吴长文等对比分析了林地坡面与裸地坡面的汇流时间差异,结果表明,前者约为后者的1.8～7.7倍,这表明林地阻延径流的作用十分明显。

由于Darcy-Weibasch阻力系数公式的表达具有良好的物理意义,且易于使用,因此其为目前表征坡面流阻力最常用的公式。其表达式为:

$$f=\frac{8ghS}{v^2} \tag{4-38}$$

式中 v——坡面水流流速,m/s;

h——坡面水流水深,m;

S——坡度;

g——重力加速度,m/s^2。

由Darcy-Weibasch阻力系数公式可以看出,坡面流阻力对坡面流流速有显著影响,随着坡面流阻力的增大,坡面流流速一般呈减小趋势。众多学者的研究已证实这一点。姚文艺等采用0、30%、50%、70%和90% 5种草被覆盖比进行了室内放水冲刷试验,结果表明,随着草被覆盖比的增加,阻力系数增大,坡面流流速减小。潘成忠等通过室内模拟降雨试验,研究了不同草地盖度的坡面流阻力变化,结果表明,草地坡面的Darcy-weisbach阻力系数和曼宁糙率系数随草地盖度的增大而增大,其值均大于裸地坡面相应的阻力系数,流速随着草地盖度的增大而减小。吴忠东等的研究表明,在传统的地面灌溉中,阻力对灌溉水流的推进速度影响较大。

由上述内容可以看出,坡面流阻力对流速的变化具有重要影响。坡面流阻力的影响因素众多,在坡面汇流过程中,由于受不同地表类型以及植被覆盖度的影响,坡面流阻力在不同情况下也不同,进而会影响坡面流流速,其变化规律大致为:流速随着阻力的增大而减小。

4.2.2 阻力对流向及流量分配的影响

地表径流是在重力作用下沿地表流动的水流。坡面流流经的地表边界表面总是粗糙不平的,从而导致水流流动形态不一致,多半呈现为无数细小水流的状态。有时这些细小水流汇集形成成片的集流,有时在水面抬高的影响下,这些集流又分散地向各个方向流去。

坡面流漫流于流域地表,在重力作用下,一般从坡度高的流域向坡度低的流域流动。因此,坡面流的流向主要集中在较低的流域,坡度越低,所分配的流量也就越多。但在相同或相近的坡度下,坡面流的流向及流量分配主要受坡面流阻力作用的影响,水流一般向阻力较小的流域流动,且该方向分配流量较多。潘沛等的研究证实糙率是影响径流量的主要参数,径流对糙率比较敏感,糙率变小会使径流量变大。王东坡等的研究证实糙率变化对于径流量、洪峰及水流冲刷能力等都有显著的影响。

田面灌溉时，水流进入田间并沿着田面推进，同时伴随着土壤入渗。在水流推进过程中，植被的耕种排列方式或田间筑起的田埂增加了田面水流的阻力，降低了灌溉水流推进的速度，延缓了水流推进过程，并改变了灌溉水流的漫流方向，使灌溉水流向阻力较小的田面流动，进而影响了不同流向上的流量分配。因此，田面阻力是影响田面灌溉过程的一个关键因素，其大小直接影响田间灌溉水流的推进过程和入渗过程，并会对田间灌溉水流的利用率及灌水均匀度造成影响，最终影响田间灌溉的节水效果和作物产量。有研究者指出，耕作方向会导致阻力发生变化，这种阻力变化会使研究区域内的径流流向、土壤侵蚀及其空间分布状况发生变化。刘作新等指出，灌溉水流阻力的大小取决于田面的光滑和平整程度以及作物的疏密和长势情况，其对灌溉水流推进过程及灌溉流量分配有重要的影响。王升等的研究证实，植被覆盖度的增加会提高平均坡面糙率，从而会影响坡面径流的流量、流速及土壤侵蚀量。

大量研究表明，坡面流阻力对地表径流的流向及流量分配有显著影响。在实际应用中，坡面流阻力是一个难以直接测量的参数，因为它受多种因素影响，包括坡面的粗糙程度、断面形状、地表覆盖及土地利用类型等。即使在相同的植被覆盖下，坡面流阻力也可能不同。坡面流阻力对流向及流量分配的影响可概括为：在相同或相近坡度的流域中，坡面流的流向以及流向上的流量分配受坡面流阻力大小的影响，水流一般流向阻力较小的方向，并且该方向流量分配较多。

综上所述，坡面流阻力对坡面汇流有着重要的影响，是坡面流模拟时不可或缺的参数。在坡面汇流模拟过程中，应考虑阻力作用对流向及流量分配的影响，分析坡面流阻力对坡面汇流的具体影响机理，以使坡面汇流的模拟结果更接近现实状况，精确模拟坡面汇流过程，为流域防洪减灾、水土治理、水资源规划及水利工程建设等提供科学依据。

4.3　分布式水文模型对阻力作用的处理

分布式水文模型模拟的核心是从大气降水到陆地产流的产流过程模拟和从陆地产流到河道出口的河道汇流过程模拟。经过多年的发展，分布式水文模型已经相对成熟。地理信息系统技术的不断发展与完善，为描述流域下垫面因子的空间分布特性提供了强有力的工具；同时，计算机技术和数值分析理论的进一步发展，为采用数值方法求解描述流域产汇流过程的偏微分方程组奠定了基础；雷达测雨技术和卫星云图技术的进步，为提供降水量的实时空间分布情况创造了条件。在这些技术的支持下，分布式流域水文模型可以尽可能真实地模拟流域产汇流过程的空间变化。然而，由于分布式水文模型结构复杂，参数众多，对资料的要求较高，许多模型在具体应用时仍存在诸多问题，这使得分布式模型在实际应用中受到很大限制。

在利用分布式水文模型来模拟流域水文过程时，大多数模型会忽略阻力作用对坡面径流的影响，少数模型虽然考虑阻力作用，但处理方法均较为简单。这些处理方法难以满足人们对水文效应研究的需求，下面详细介绍几个常用分布式水文模型对阻力作用的处理方法。

4.3.1　SHE 模型对阻力作用的处理

SHE 模型通过数值分析来建立相邻栅格单元之间的时空关系，为研究人类活动对流域产流、产沙及水质等的影响提供了有效的分析工具，这类模型也称为紧密耦合型分布式水文模型，即人们通常所说的具有物理基础的分布式水文模型。经过改进，SHE模型已发展出多个版本，其中较有代表性的有MIKE SHE模型等。作为一个综合性、确定性且具有物理意义的分布式水文模型，MIKE SHE模型能够模拟陆地水循环中的所有主要水文过程，包括水流运动、水质和泥沙输移等。与最初的SHE模型相比，MIKE SHE模型在地表水和地下水系统的描述上变化不大。

SHE模型及其扩展模型(MIKE SHE)具有很强的物理机制，模型的很多参数都有明确的物理意义，需要通过大量的实测数据进行确定。SHE模型需要大量的时间序列数据和广泛的参数范围，主要包括气象数据的时间序列(如降水与影响蒸发的数据)、用于模型率定和验证的变量时间序列(如径流、产沙量、井水位)以及驱动模型的特定流域参数(如土壤、植被、地形、泥沙特征)。所有的参数都应基于空间分布，但在研究区域中，并非所有参数都能直接测量，通常通过查阅文献或相关机构提供的数据获得，但其准确性无法确定。由于许多国家和地区水文基础资料的缺乏，SHE模型在推广过程中遇到诸多挑战。

总的来说，SHE模型具有以下优点：模型参数具有物理意义，可根据流域的特征来确定它的物理基础；计算的灵活性使其适用于多种条件。该模型可用于水资源的管理，如供水、流域规划、灌溉与排水以及气候变化与土地利用改变后的水文响应，也可用于环境规划，如工农业污染物迁移研究、土壤侵蚀研究、湿地生态保护研究等，并已在很多地区得到应用和验证。然而，由于模型按规则矩形格网对流域下垫面进行划分，所以其在精度和计算量上较难取得平衡。对于较大流域，其计算量过大，可能存在"过参数化"等难以解决的问题。

目前，无论是SHE模型还是MIKE SHE模型，在模拟坡面漫流和河道汇流时均采用圣维南方程组进行求解。其方程如下：

$$\frac{\partial h}{\partial t}+\frac{\partial(uh)}{\partial x}+\frac{\partial(vh)}{\partial y}=q \tag{4-39}$$

$$\frac{\partial h}{\partial x}=S_{o_x}-S_{f_x},\quad 沿\ x\ 方向 \tag{4-40}$$

$$\frac{\partial h}{\partial x}=S_{o_y}-S_{f_y},\quad 沿\ y\ 方向 \tag{4-41}$$

式中 h——过水断面水位，m；

t——时间，s；

x、y——坐标轴；

u、v——x 方向和 y 方向的流速，m/s；

q——净雨减掉下渗量，mm；

S_{o_x}、S_{o_y}——x 方向和 y 方向的坡度；

S_{f_x}、S_{f_y}——x 方向和 y 方向的摩擦比降。

此时，用Manning(曼宁)-Stricker(斯特里克)公式来计算水流阻力，通常采用显式有限差分方法进行求解。

河道水流的一维方程为：

$$\frac{\partial A}{\partial t}+\frac{\partial(Au)}{\partial x}=q_L \tag{4-42}$$

$$\frac{\partial h}{\partial x}=S_{o_x}-S_{f_x} \tag{4-43}$$

式中　A——过水断面面积，m^2；

S_{o_x}——河床坡度；

q_L——蒸发、降水、侧向入流及出流、河流与含水层之间交换的源汇项。

此时，用 Manning-Stricker 公式来计算水流阻力，通常采用隐式有限差分方法进行求解。

由上述可知，在模拟坡面漫流和河道汇流的过程中，均用到了 Stricker 粗糙系数，该系数能够影响模拟水文过程线的时间和形状，因此在特定流域应用中，需要对该参数进行率定。SHE 模型在模拟坡面汇流的过程中考虑了阻力作用，但对阻力作用的具体影响机理认识不足，通常假设同一流域面的阻力取同一值，即认为坡面流阻力在相同流域面内是均一不变的。然而，在现实流域中，由于存在植被覆盖、农田耕作等诸多因素，不同地表类型下的阻力作用是不一样的，这可能导致 SHE 模型模拟结果与实际情况不符。

4.3.2　SWAT 模型对阻力作用的处理

SWAT 模型属于比较典型的分布式水文模型，即在每个栅格单元（或子流域）上应用传统的概念性模型来计算净雨量，然后进行汇流演算，最后求得出口断面的流量。这与 SHE 模型有显著不同，它主要应用数值分析来建立相邻栅格单元之间的时空关系。在模拟流域水文过程时，SWAT 模型一般分为两大部分：水循环的陆面部分（即产流和坡面汇流部分）和水循环的水面部分（即河网汇流部分），前者控制着每个子流域内主河道的水、沙、营养物质和化学物质等的输入量，后者决定着水、沙等物质从河网到流域出口的输移过程，因此，径流和泥沙模拟是 SWAT 模型应用最广泛的领域之一。

SWAT 模型通过将流域离散化[一般基于 DEM（数字高程模型）]来响应降水、气温等气候因素和土地利用等下垫面因素的空间变化，同时也考虑了人类活动对流域水文循环的影响。目前，许多研究者已经利用 SWAT 模型对流域径流进行了模拟，基本上以地表径流模拟为主。李硕等总结了空间离散化方法，并将 SWAT 模型成功应用于江西省潋水河流域。刘昌明等应用 SWAT 模型对黄河河源区的年径流进行了模拟，获得了较好的效果。

在利用 SWAT 模型模拟地表径流时，可以用改进的 SCS 曲线数方法进行计算。SCS 曲线数方法是由美国农业部土壤保持局提出的，最初用于预测在农业用地小型流域降雨所累积的径流深度。

SCS 曲线数方法中，地表径流的经验公式为：

$$Q_{\text{surf}}=\frac{(R_{\text{day}}-I_{\text{a}})^2}{(R_{\text{day}}-I_{\text{a}}+S)} \tag{4-44}$$

式中　I_{a}——初损量，包括填洼、截留等，mm；

R_{day}——日降水量，mm；

S——截留量，mm。

初损量一般假定为 $0.2S$，截留量则随着土壤属性、土地覆盖和利用、田间管理和坡度等因素的变化而变化。在时间上，截留量随着土壤含水量的变化而变化。截留量的计算公式为：

$$S = 25.4\left(\frac{1000}{\mathrm{CN}} - 10\right) \tag{4-45}$$

式中　CN——曲线数。

CN 值的大小与土壤渗透性、土地覆盖和利用及前期土壤湿润程度有关，CN 值越大，说明流域的截留量越小，地表径流产流量越大。

SWAT 模型已被广泛应用于全球不同区域，多数是为了满足政府部门的需要。具体来说，SWAT 模型在流域水量平衡、长期地表径流以及日平均径流模拟等方面得到了广泛的应用，在产沙量模拟、农药输移过程研究、非点源污染过程研究等方面也得到了初步的应用。然而，SWAT 模型也有其局限性。在模拟坡面流时，SWAT 模型没有考虑阻力作用的影响，这可能会导致 SWAT 模型的模拟结果不准确。此外，SWAT 模型通常不考虑小面积的陆地覆盖类型，如未硬化的路面，小面积裸地、建筑用地等，这些区域的阻力特性与其他区域不同，忽略它们可能导致 SWAT 模型的模拟结果不准确。

4.3.3　TOPMODEL 模型对阻力作用的处理

TOPMODEL 模型是一个以地形为基础的流域水文模型。在 TOPMODEL 模型中，地形指数的频率分布曲线反映了流域土壤含水量的空间分布，是利用模型进行产汇流计算的基础。地形虽然不是影响流域水文过程的唯一因素，但是地形指数能帮助人们理解流域水文规律和水文现象时空分布的不均匀性。

该模型基于 DEM 推求地形指数，并利用地形指数来反映下垫面的空间变化对流域水文过程的影响，应用地形指数相对频率曲线来解释流域产流规律，为研究局部水文相似性提供了理论基础。TOPMODEL 模型将全流域按照 DEM 格网划分为若干块，每一个栅格称为一个水文单元，相对较大的流域又可分成若干个子流域(或称为单元流域)。在对单元流域进行产汇流计算时，并不是每个栅格都必须进行计算。TOPMODE 模型假定地形指数相同的栅格内具有相同的水文响应，并使用“地形指数-面积分布函数”来描述水文特性的空间不均匀性，该函数表示具有相同地形指数的流域部分面积占全流域面积的比例。因此，只需计算那些水文响应不相同的栅格，对于地形指数相同的栅格，仅需计算一次。通常通过 DEM 提取格网的地形指数，然后采用统计方法计算得出地形指数的面积分布函数。在模型计算中，首先根据地形指数进行分类，并对每类地形指数对应的栅格进行产汇流计算。根据地形指数对应的面积比例，即可计算出某一类地形指数对应的所有栅格的产流量。将每一类地形指数对应面积上的产流量进行累加，即可计算出某时段内单元流域的产流量。计算出的地面径流和地下径流在空间上被视为相等，可通过等流时线方法进行汇流演算，求出单元流域出口处的流量过程。

地形指数定义为 $\ln(\alpha/\tan\beta)$，其中 α 为流经坡面任一点 i 处单位等高线长度的汇水面积，$\tan\beta$ 为该点处的坡度。在计算 α 时，首先应对径流路径进行分析，以确定进入一个栅格单元的总上游坡面面积 A 以及与流向垂直的有效等高线长度 C，并据此计算 $\alpha(=A/C)$；坡度 $\tan\beta$ 也应根据径流路径分析结果进行计算。

计算地形指数通常采用单流向法和多流向法(D8 法)。这两种方法都需要先计算 α 和 $\tan\beta$，然后计算 $\ln(\alpha/\tan\beta)$。单流向法的思路相对简单，它假定坡面流始终沿着最陡的坡度流动，即 tan β 等于最陡的坡度。多流向法认为，水流可以按不同的分配系数流向高程小于计算中心栅格高程的相邻八个栅格，分配系数由高程差和两个栅格中心的距离来确定，这样能够有效地模拟平坦地区的发散水流。

无论是单流向法还是多流向法，其数学内核都是以坡度单因子来决定栅格单元间的径流流向及流量分配的，并未考虑阻力作用对坡面水流的影响，这导致 TOPMODEL 模型在模拟坡面汇流时忽略了阻力因素的影响，从而可能导致 TOPMODEL 模型对流域汇流过程的模拟与现实流域状况不完全吻合，产生模拟误差。

4.4　考虑阻力作用的流向及流量分配算法

随着计算机技术、空间技术、遥感技术的广泛应用，地表径流和流域坡面汇流的研究越来越倾向于与地理信息系统结合，通过利用数字高程模型来提取流域内众多重要的水文特征参数。在分布式水文模型中，DEM 原理如图 4-1 所示。

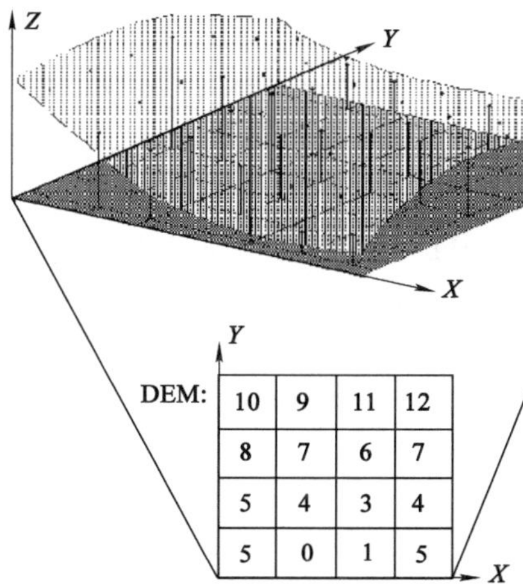

图 4-1　DEM 原理

在基于 DEM 的分布式水文模型中，汇流计算的关键问题是栅格单元内径流方向的确定。实际上，分布式水文模型中栅格单元内径流方向的确定包括地表径流方向的确定以及栅格单元间的流量分配两个方面。目前关于径流方向确定的方法，可以归纳为三类：单流向法、多流向法和 TOPMODEL 模型地形指数法。

对于单流向法，每个栅格单元的地表径流只有一个流向（图 4-2 和图 4-3），即汇向坡度最陡的方向。图 4-2 中，栅格单元内的数字为高程，线段指向为流向。同时，栅格单元的累积径流是上游汇集并流经该栅格的径流量，如图 4-3 所示，栅格单元内的数字为向该栅格汇集径流的上游栅格单元的数量。显然，这种方法在处理径流路径时简单且粗糙，在决定流量向下游栅格单元的分配时显得机械且缺乏合理性。例如，当一个高程较高的栅格周围各栅格高程相同时，此时向各个方向的坡度都相同，单流向法坡度最陡理论将不再适用，从而无法判别流向。实际上，高程较高的栅格单元和高程较低的各个栅格单元之间都有流量分配，而不仅仅向高程最低的栅格单元提供流量。

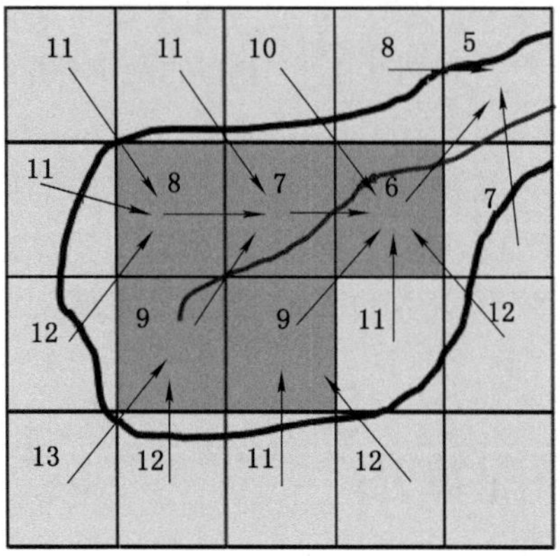

图 4-2　单流向法地表径流流向示意图

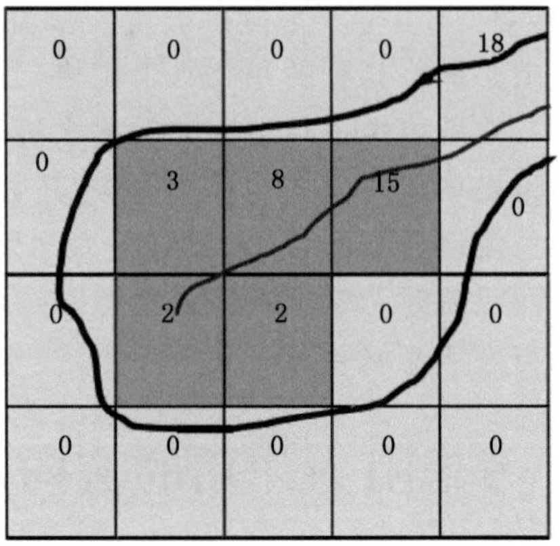

图 4-3　单流向法累积地表径流示意图

多流向法根据梯度比来分配从较高栅格单元到相邻较低栅格单元的流量，其常见计算公式如下：

$$f_{ij}=\frac{s_{ij}^{p}}{\sum s_{ij}^{p}} \tag{4-46}$$

$$s_{ij}=\frac{Z_i-Z_j}{\sqrt{(x_i-x_j)^2+(y_i-y_j)^2}} \tag{4-47}$$

式中　f_{ij}——从栅格单元 i 分配给栅格单元 j 的流量；

p——无量纲常数；

s_{ij}——从栅格单元 i 到栅格单元 j 的坡面坡度；

x_i, y_i——栅格单元的平面直角坐标；

Z——栅格单元的高程。

TOPMODEL 模型利用地形指数 $\ln(\alpha/\tan\beta)$ 来反映径流在任意位置的累积趋势和重力促使径流沿坡面移动的趋势。在模拟流域面超饱和径流汇流过程时，目前通常使用以下公式来计算参数 α 和 $\tan\beta$：

$$\alpha=A/L,\quad \tan\beta=\frac{Z_i-Z_j}{l_{ij}} \tag{4-48}$$

式中　α——进入一个栅格单元的总上游坡面面积，m^2；

L——与流向垂直的有效等高线长度，m；

l_{ij}——栅格单元 i 中点到栅格单元 j 中点的距离，m。

由上述内容可知，无论是单流向算法、多流向算法还是 TOPMODEL 模型的地形指数法，其数学内核都是以坡度单因子来决定栅格单元间的径流流向及流量分配的，这是一种坡度决定论的观点，没有考虑坡面流阻力及其空间变异对坡面径流不同流向上流量分配的影响。这些方法在确定径流汇流方向时具有一定的科学性，但由于这些方法均没有考虑流域坡面糙率因素对地表径流汇流过程的影响，所以它们在计算相邻栅格单元间的流量分配时存在不合理之处。因此，应建立一个考虑阻力因素的坡面流多流向流量分配算法，改进水力学中使用单一流向明渠水流模拟坡面流阻力的方法。

4.4.1 考虑阻力影响模型的建立

流域坡面相邻栅格单元间的地表径流运动可以通过一维圣维南方程中的运动波微分方程组来近似模拟：

$$\frac{\partial h}{\partial t}+v\frac{\partial h}{\partial x}+h\frac{\partial v}{\partial x}=r(t) \tag{4-49}$$

$$q=\frac{1}{n}h^{\frac{5}{3}}S_f^{\frac{1}{2}} \tag{4-50}$$

式中 h——坡面径流深度，m；

q——单宽流量，m^3/s；

$r(t)$——净雨通量，mm；

x——地表坡长，m；

t——时间，s；

S_f——能坡（比降）或摩阻坡度；

v——坡面径流流速，m/s；

n——坡面曼宁糙率系数。

式(4-50)直接应用了水力学中的 Chezy 公式和曼宁公式，根据此式，单宽流量 q 与坡面径流平均深度 h 之间的关系如下：

$$h=\left(\frac{nq}{\sqrt{S_f}}\right)^{\frac{3}{5}} \tag{4-51}$$

在采用运动波只传播不扩散的近似假设下，坡面水流的重力作用与阻力作用达到平衡，因此坡面径流摩阻坡度 S_f 近似等于坡面坡度 s，则有：

$$h=\left(\frac{nq}{\sqrt{s}}\right)^{\frac{3}{5}} \tag{4-52}$$

对于流域坡面栅格单元 j，在某一时刻其地表径流深度 h_j 是唯一确定的，则向下游相邻栅格单元分配的流量 q_{ji} 应满足：

$$\begin{cases}\left(\dfrac{n_{ji}q_{ji}}{\sqrt{s_{ji}}}\right)^{\frac{3}{5}}=\left(\dfrac{n_{j(i+1)}q_{j(i+1)}}{\sqrt{s_{j(i+1)}}}\right)^{\frac{3}{5}} \\ q_j=\sum\limits_i q_{ji}\end{cases}\quad(1\leqslant i\leqslant 8) \tag{4-53}$$

式中 q_j——栅格单元 j 产生的可供分配的总流量，m^3/s；

q_{ji}——栅格单元 j 分配到相邻较低栅格单元 i 的流量，m^3/s；

s_{ji}——栅格单元 j 到栅格单元 i 的坡面坡度；

n_{ji}——栅格单元 j 到栅格单元 i 的地表曼宁糙率系数。

于是有：

$$q_{ji}=\frac{s_{ji}^{\frac{1}{2}}/n_{ji}}{\sum\limits_i(s_{ji}^{\frac{1}{2}}/n_{ji})}q_j \tag{4-54}$$

若定义 $f_{ji}=q_{ji}/q_j$ 为较高栅格单元 j 分配到相邻较低栅格单元 i 的地表径流量，则可以得到以下方程：

$$f_{ji}=\frac{s_{ji}^{\frac{1}{2}}/n_{ji}}{\sum_{i}(s_{ji}^{\frac{1}{2}}/n_{ji})} \tag{4-55}$$

式(4-55)即利用一维圣维南方程的运动波原理建立的栅格单元间径流流向及流量分配的数学模型。由该模型可以看出，除坡度外，坡面地表糙率因子也对栅格单元间地表径流量的分配有影响。

4.4.2 新建模型与传统模型的对比分析

在以往的分布式水文模型中，栅格单元的参数通常被均化处理，这意味着栅格单元的糙率被认为是不变的，然而，不同栅格单元之间由于地形、植被、人类活动等各种因素的影响，应该具有不同的糙率取值，如图 4-4 所示。但在确定地表径流的方向及栅格单元间流量的分配时，目前的分布式水文模型处理方法大多采用传统的集总式水文模型，忽略了不同栅格单元之间曼宁糙率系数的不同，即在全流域所有栅格单元中应用一个统一的糙率系数。

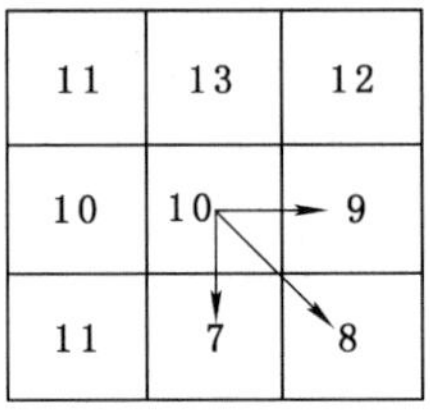

图 4-4　考虑糙率影响的栅格单元径流分配示意图

在利用本书建立的栅格单元间径流流向及流量分配数学模型处理图 4-4 所示的情况时，首先根据各栅格高程确定流向，然后在确定地表径流量分配时引入矢量糙率的概率。例如，按照从上到下、从左到右的顺序，图 4-4 中的第 5 个栅格单元的高程为 10，则第 5 个栅格单元的地表径流向相邻高程较低的第 6、8、9 个栅格单元汇流。假设栅格尺寸为 100 m×100 m，第 5 个栅格单元为人工刺槐林，第 6、8、9 个栅格单元分别为草地、农田和裸土，根据相关文献，其曼宁糙率分别为 $n_5=0.1203$，$n_6=0.1170$，$n_8=0.1100$，$n_9=0.1020$，则各路径方向上的糙率分别为：

$$n_{5,6}=\frac{n_5+n_6}{2}=0.119,\quad n_{5,8}=\frac{n_5+n_8}{2}=0.115,\quad n_{5,9}=\frac{n_5+n_9}{2}=0.111 \tag{4-56}$$

各路径方向上的坡面坡度分别为：

$$s_{5,6}=\frac{Z_5+Z_6}{D}=0.010,\quad s_{5,8}=\frac{Z_5+Z_8}{D}=0.030,\quad s_{5,9}=\frac{Z_5+Z_9}{\sqrt{2}D}=0.014 \tag{4-57}$$

根据式(4-55)，考虑糙率影响的流量分配比例如下：

$$f_{5,6}=0.339,\quad f_{5,8}=0.333,\quad f_{5,9}=0.328 \tag{4-58}$$

在常用的多流向法中，各方向的流量分配比例如下：

$$f_{5,6}=0.256,\quad f_{5,8}=0.442,\quad f_{5,9}=0.302 \tag{4-59}$$

由以上分析可以看出，本书建立的考虑糙率对汇流过程影响的栅格单元间径流流向及流量分配数学模型，与目前常用的多流向法相比，在计算当前栅格单元向高程较低的相邻下游栅格分配的流量时，显示出较大的差异。

4.4.3 新建模型的应用

南窑沟流域属无定河二级支流，位于陕西省北部无定河中游的左岸，流域出口径流站的控制面积为 0.732 km^2，主沟长度为 1.74 km，沟底比降为 6.0%，流域内相对高差为 155 m，沟壑密度为 7.78 km/km^2，表土干容重为 1.35 g/cm^3。流域内设有 7 个雨量站和 10 个土壤水分站，拥有连续的流域降水量、洪水要素、土壤分布、微地形、坡度分布、植被分布等同步观测资料。

在 1958 年 8 月 23 日 14 时 28 分至 16 时 10 分，南窑沟流域发生了一次降水过程(以下简称“58.08”降水)，在 1.7 h 的时间段内，流域平均降水量达 25 mm，并在流域出口断面形成了明显的径流过程。同时，还选择了本流域另外两次降水过程进行径流模拟，分别是 1958 年 8 月 2 日和 1958 年 8 月 24 日的降水过程。由于时间间隔较短，流域下垫面因子变化较小。在利用模型模拟时，假定流域下垫面的地形地貌、植被覆盖、土地利用等是均一不变的。

采用分布式水文模型的研究方法，将流域划分为 100 m×100 m 的正方形格网，利用超渗产流模式计算各栅格单元内的地表径流。在模拟坡面栅格单元间地表径流向出口断面汇流的过程时，分别采用了多流向法(不考虑糙率影响)和本书建立的考虑糙率影响的流向及流量分配模型(考虑糙率影响)。

使用 C++程序实现分布式水文模型对这 3 次降水径流过程的模拟。模拟结果与实测径流过程的比较结果见图 4-5～图 4-7。

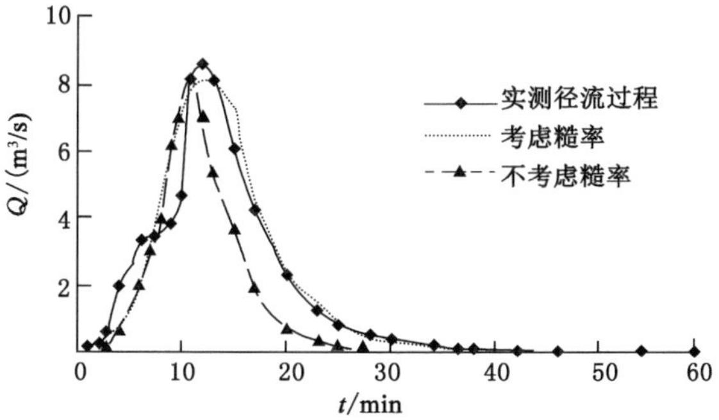

图 4-5　“58.08”降水径流过程模拟示意

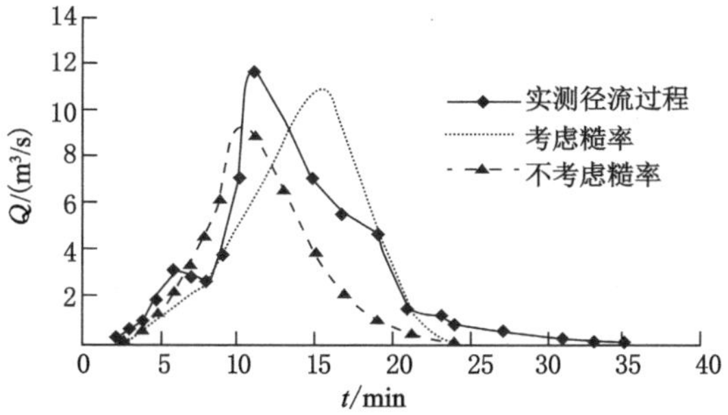

图 4-6　1958 年 8 月 24 日降水径流过程模拟示意

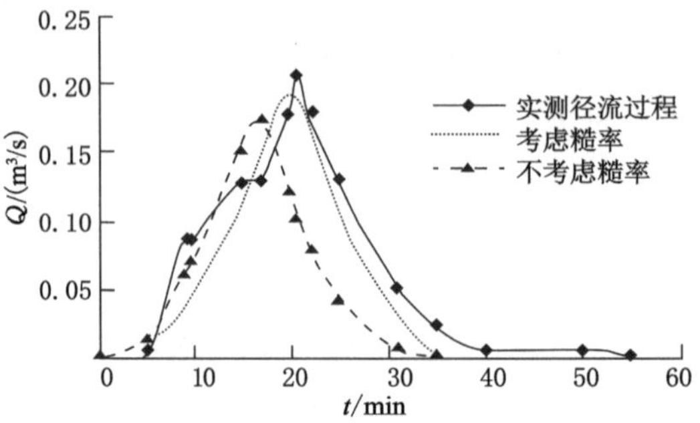

图 4-7　1958 年 8 月 2 日降水径流过程模拟示意

由图 4-5～图 4-7 可以看出，考虑阻力作用的径流分配模型在模拟降水径流过程时，其模拟洪峰值、径流消退过程、径流历时等都比多流向法的模拟结果更接近实测径流过程，模拟精度有明显提高。

第 5 章　非淹没植被的水流阻力研究

在健全的生态系统中，人与自然和谐共存，水体与生物群落相互依存、互相作用，共同形成了水体的自净能力。人类改造自然的活动在满足人们各种不同需求的同时，还应确保水生态系统的完整性、依存性，恢复与维持洁净的水环境。一个完整健康的水资源生态系统不仅可以净化水质、提供动物栖息地及食物、稳定河床、减小水土流失，而且可以为人类提供生活和生产用水，美化环境。不健康的水资源生态系统则可能导致环境污染、水生动植物灭绝以及洪涝灾害等。因此，保持河流生态系统的健康与完整对于解决当前社会面临的水资源匮乏和水污染问题至关重要。

5.1　非淹没植被研究概述

随着社会的发展和人类对自然界认知的深化，人们对水资源的要求已由单一的水安全逐渐提升到水安全、水生态与水文化三位一体的高度。在全球范围内，人们在非淹没水流的管理上越来越重视生态修复及恢复自然的可持续发展。非淹没植被不仅是生态系统的重要组成部分，而且是水流动力系统的基本要素之一。它是生物食物和营养物质的重要来源，还保护了坡面、明渠及河道等，避免了地表土壤的水土流失。研究非淹没植被对水流阻力的影响，对于解决流域土壤侵蚀及产砂、泥沙灾害等问题均具有重要的科学意义。作为水力学的一个特殊分支，非淹没植被的研究也将推动水力学理论的发展和实践应用的完善。

5.1.1　研究意义

近年来，随着我国社会经济的快速发展，洪涝灾害频发和水环境污染加剧的问题日益凸显。为了保障社会的可持续发展，我国越来越重视生态环境的建设，提倡人与自然和谐相处，注重地表及流域生态、生物修复技术的研究与应用。因此，开展非淹没植被研究具有重要的经济和社会价值。本书对非淹没植被的研究主要从坡面流、明渠及河道等方面进行。

草地、农田、林地、城市绿地等是维持坡面流生态系统健康完整不可或缺的部分。坡面上的植被群落不仅能够储存水分，还能增加对水流的阻力，增大水流能量损失，影响水流分布，降低流速，延缓渠道汇流时间。对于明渠、河道而言，植被的存在不但可以恢复河流的生态功能，还能保证汇流河道的输水与行洪安全，使水利建设在维持传统的防洪、排涝功能的同时，兼具生态学功能。

植被占据河道的部分底部面积，并且植被之间和植被群落之间都具有一定的间隙，植物的这个生长特点使得河流生态系统的空间由一个连续的空间变为一个部分连续的空间，水流与植被的接触面变得更加复杂，植物对水流结构和能量传递耗散的影响也变得更加复杂。传统水力学方法没有考虑或直接简化了这些影响，难以全面解释含植被水流的机理，因此需要在传统水力学方法的基础上发展能更好揭示其机理的理论。国内外的学者在含植被水流的阻力特性、水流结构和能量影响等方面进行了大量研究，深入探讨了植被与水流相互作用的机理，得出了一些重要的结论，这些结论在农业灌溉、人工湿地建设、动植物栖息地保护、水体富营养化控制、河流及湖泊生态修复等方面起到了一定的指导作用。

5.1.2 研究背景

自 20 世纪 20 年代后期开始，陆续有学者根据实际需要，对含有非淹没植被的水流问题开展了相关的研究工作。然而，由于问题的复杂性，无论是国内还是国外，相关研究都相对较少，且不够深入，迫切需要更深入的探索。与一般的明渠水流相比，坡面流受土壤类型、植被覆盖、土地利用类型、降雨特征及其扰动、含沙量、流量等天然或人工因素的影响，因此其运动规律及水力学特性非常复杂。对于含有非淹没植被的坡面流的研究，许多学者是在可变坡的明渠水槽中设置不同的下垫面进行试验研究，通过小尺度模拟来得出结论并进行验证的。也就是说，坡面流的研究是在明渠水流研究理论的基础上进一步深化的。

我国对含植被水流阻力特性的研究起步较晚，国内对含非淹没植被坡面水流影响的研究和分析大多数基于经验或半经验的方法，同时借鉴了国外学者的研究成果。对含非淹没植被坡面水流阻力的研究，主要有两种研究方法：一种是通过对植被进行受力分析来确定植被的阻力特性，如拖曳力参数的引入；另一种是通过增大表示地表粗糙度的糙率系数（如曼宁系数 n、达西-魏斯巴赫系数 f 和谢才系数 C）来确定植被的阻力特性。随着研究的深入，许多学者发现植物的生物特性，如植物的柔韧性、直径、密度以及分布等，对水流阻力的影响有很大的差异，因此他们开始研究植物生物特性与水流的关系，并尝试建立植物学属性与水力学参数之间的联系。随着计算机技术的发展，一些学者开始尝试采用数值模拟方法，通过求解含植被运动的微分方程来研究植被对水流的影响。

5.1.2.1 通过糙率系数对水流阻力进行的研究

水流阻力是反映水流特性的关键参数，受地形地貌特征、植被覆盖密度和类型以及降雨强度和历时等条件的影响，形式颇为复杂。非淹没植被水流的水力计算是水利工程计算的一个重要组成部分，而糙率是水力计算中的重要敏感参数，受众多因素影响。准确选用和标定糙率绝非易事，如果确定不准，往往会给计算结果带来很大的误差。长期以来，人们对糙率系数的研究从未间断，对糙率系数的特性以及其与一些水力学要素之间的关系也有了一定的认识，但基础性研究尚不够系统，导致研究成果难以得到推广。因此，对糙率系数进行系统的基础性研究是十分必要的。

糙率系数能有效衡量地表、渠道的粗糙程度以及边壁形状不规则引起的水流阻力，目前对糙率系数的研究，主要集中在糙率系数的估算、对 n-VR（VR 为平均速度与水力半径的乘积）曲线的修正以及糙率系数与植被属性的关系上。1933 年，德国水力学家尼古拉兹通过将均匀的沙粒粘贴在管道内壁上，制成不同粗糙度的管道，开启了对壁面沿程阻力系数变化规律的系统研究。根据试验结果，他绘制了著名的尼古拉兹曲线，显示不同流态和流区的阻力系数变化规律。钱宁利用黄河下游九个水文站的实测资料，讨论了水力学要素及泥沙与糙率系数的关系，并从物理原因出发，把这些单值因素统一在一个参变数内，找出了其与曼宁系数之间的关系。吴学鹏等收集了数百个水文站的资料，通过对实测资料进行整理，编制了适用于我国的糙率系数表，并指出天然河道的糙率不仅受各种水力学因素的影响，也受天然水流流态与谢才-曼宁公式假定的均匀流态之间差别的影响。蔡晓明提出通过建立数学模型和河网计算程序模拟真实河道的流动,以实现对糙率的迭代收敛。Wu 等将橡胶马毛垫作为试验材料,研究了含植物水流中植物糙率系数与水深的关系,结果表明,在非淹没条件下,植物的糙率系数随着水深的增加而降低;在淹没条件下,植物糙率系数在水深较小时随着水深的增加而增大,而当水深增加到一定程度时,植物糙率系数接近某一个常数。还有研究指出曼宁系数不是常数,其与水深有密切的联系,拖曳力与断面平均流速存在线性关系。为了将植被阻力系数理论更好地应用于实践,学者们开始在野外大尺度上研究植被糙率系数的变化。Green(格林)通过野外试验确定了 35 条河流的阻水参数(即横断面上植被湿周围成的面积所占的比例),并将这一比例与植被阻力进行回归分析,建立了一个经验模型,探讨了植物占据的横截面积比例与阻力系数之间的关系。杨岑对 3 种不同粗糙度的人工加糙渠道进行了试验,总结了水力条件变化时糙率系数的变化规律,并根据试验资料拟合了相应的糙率公式。

5.1.2.2　通过植物的生物特性对水流阻力进行的研究

非淹没植被的类型很多,包括低矮的草、密集的灌木、坚硬的大树、形形色色的农作物等。植被的存在显著改变了原来水流的内部结构,增加了地表、岸滩、渠道的糙率,影响了汇流的行洪能力。

Ree(蕾)等指出,植被的柔韧度和密度是决定植被弯曲程度的关键因素,这种弯曲程度直接影响植被对水流的阻力。他们还指出,植被弯曲时,边界糙率会降低,所以水流流经柔性植被实质上是一个动边界问题。Li 等通过在矩形渠道中用圆柱体的木墩模拟大树研究了树木对水流的阻力作用,得出种植密度与排列方式影响水流速度,水流阻力随植物密度的增加而增加,糙率系数与平均流速和水力半径之积存在一定的函数关系的结论。陈德春等根据室内水流试验和波浪槽试验资料,详细分析了人工水草的缓流和消波特性,结果表明,人工水草草坪的疏密度、排距、相对草高和草场长度对缓流和消波效果有明显影响;适当提高水草疏密度、减少排距、增加草场长度,可获得较好的缓流及消波效果。由于植物生物特性参数的确定在具体实际应用中存在困难,所以一些学者直接采用真实植被进行试验。Stephan(史蒂芬)等采用 3 种天然植被作为试验材料,用等价粗糙度以及确定对数流速分布曲线的基准位置的方法来研究植物对水流的阻力,指出植物的平均弯折高度可以很好地表示出植物对水流的阻力。Jarvem(贾维姆)采用天然水草、莎草科植物以及柳枝进行试验,研究了植物的类型、密度、格局以及水深和流速对阻力系数的影响,指出在不同的植物组合下,决定阻力系数的因素不同,柳树的叶子对阻力系数的影响很大。相关研究发现,对水流阻影响较大的植物生物特性主要有植物密度、单株植物的迎水面积、植物茎秆的柔韧性等。Stone(斯通)等采用圆木棒作为试验材料进行试验发现水流阻力与植株密度、植株长度和植株的直径都有关系。拉尼亚通过对人工模拟的菖蒲进行试验,研究了非淹没植被条件下水流流速的分布特性以及紊流特性。结果表明,阻力系数与植被密度有关;与无植被明渠流动相比,河道糙率系数随水深的增加而增加;平均流速和紊动流速均与植被形态有关。此外,杨克君等分别选取塑料吸管、鸭毛和塑料大草模拟乔木、灌木和野草,通过水槽试验探讨了不同滩地植物作用下的漫滩水流紊动特性。还有学者采用安置在宽浅水槽中的钢棒来模拟洪泛区中刚性非淹没植被的作用机理,研究了水深、流速、钢棒半径以及不同形式分布下的长宽间距之间的作用关系。结果表明,水深和流速作用的符号是相反的,且摩擦因子按照非线性关系随水深增加而增加，随流速增加而非线性减小；植被密度对流速的影响十分明显。

本书的试验是用刚性塑料棒来模拟坡面植被并分析植被的走向、种植密度、底板坡度等因素对水流阻力影响的。然而，目前大部分的研究仍着重于特定植被、特定工况条件下的研究，这些因素只能得到一些定性的结果及经验公式，无法得到精确描述水流和植被之间的相互作用机制。因此，量化这些因素对水流的影响仍需要进行大量研究。

5.1.2.3　通过绕流阻力理论对水流阻力进行的研究

含植被河道中，植被对水流的阻力作用与传统水力学中的绕流阻力作用类似，因此一些学者直接借用传统水力学中的绕流阻力理论来研究含植被水流的阻力，即通过对植被在水流中的受力情况来研究植被对水流的阻力。通过分析植被与水流之间的相互作用机制，得到最基本的阻力系数的计算公式为：

$$C_D = 2F/(\rho ALV^2) \tag{5-1}$$

式中　C_D——拖曳系数；

F——植被阻力，N；

ρ——水流密度，kg/m^3；

A——植被的迎水面积，m^2；

L——植被段长度，m；

V——水流流速，m/s。

在此基础上，通过精确测量植被阻力和植被的迎水面积来确定植被对水流的拖曳系数，并进一步将拖曳系数与糙率系数联系起来。Petryk（彼得里克）等提出了含植被水流的力学平衡公式：

$$n_{\mathrm{veg}} = k_n R^{2/3} \sqrt{(C_D \sum A_i)/(2gAL)} \tag{5-2}$$

式中　n_{veg}——平均糙率；

k_n——无量纲系数；

R——水力半径；

A_i——植物迎水面积之和。

拾兵等尝试推导了树丛水流的基本方程，还建立了水流中树木变形、能量耗散及模型比尺的计算关系。与其他学者不同，他们没有将植物作为整体来进行考虑，而是将其分散在水流中进行考虑，计算单株树木的体积、占河床面积和阻水面积，从而推导出相应的公式。虽然这些公式还需进一步的研究和试验验证，但它们为研究植物对水流的阻力问题提供了新的思路。Wu 等基于力学平衡原理，将植被曼宁系数与拖曳系数联系起来，得到了非淹没条件下植被曼宁系数与拖曳系数的关系式：

$$n_b = \frac{D^{2/3}}{\sqrt{2g}} \sqrt{C'_D} \tag{5-3}$$

以及淹没条件下植被曼宁系数与拖曳系数的关系式：

$$n_b = \frac{D^{1/6} T^{1/2}}{\sqrt{2g}} \sqrt{C'_D} \tag{5-4}$$

式中　D——水深，m；

T——植被高度，m。

还有学者同样以含植被水流中的力学平衡为基础，推导出了等价曼宁系数与拖曳系数的关系式：

$$n_b=\left[\frac{C_D\sum A_iR_i^{\frac{4}{3}}J}{2gB(h_1^2-h_2^2)+2gB\int_0^L(i-J)f(x)dx}\right]^{1/2} \tag{5-5}$$

式中　h_1、h_2——水深，m；

B——渠道宽度，m；

R——水力半径，m；

i——渠底坡度；

J——水力坡度。

Nepf(内尔夫)指出，植物会将平均动能转化为湍动能，这一能量转化过程对植物的阻力和湍流强度有着显著影响，他在此基础上建立模型研究了非淹没植物的拖曳力、湍流及扩散特性，并通过引入植被拖曳系数 C_D 来扩展圆柱模型的应用。Stone 等通过将圆柱形木块交错排列于渠道底部，进行了测定圆柱形物体糙率系数的试验。在试验中，他们将茎秆面积与截面面积的比值 λ 引入力学平衡分析，得到

$$\tau_{\mathrm{w}}=\rho gSh(1-\lambda i^*) \tag{5-6}$$

式中　i^*——茎秆高度与水深的比例；

S——渠底坡度；

h——水深；

τ_{w}——剪切应力。

与其平衡的是圆柱上表面的摩擦力及圆柱迎水面的阻力，其中，圆柱迎水面的阻力可利用绕流阻力方程求解：

$$\tau_{\mathrm{v}}=\rho C_DNdlV_{\mathrm{c}}^2 \tag{5-7}$$

式中　N——圆柱的数量；

d——圆柱的直径；

l——圆柱的长度。

表面摩擦力可用式(5-8)来求解：

$$\tau_{\mathrm{B}}=\frac{\rho V_l^2 f_{\mathrm{B}}(1-\lambda)}{8}=\rho gV_l^2(1-\lambda)/C_{\mathrm{B}}^2 \tag{5-8}$$

式中　V_l——流速；

f_{B}——底部摩擦系数；

C_{B}——底部阻力系数。

茎间流速和断面平均流速之间的关系为：

$$V_i=V_{\mathrm{c}}(1-d\sqrt{N}) \tag{5-9}$$

式中　V_{c}——茎间流速，m/s；

V_i——断面平均流速，m/s。

这样通过对非淹没条件下圆柱体的水深、流速、圆柱数量、茎面积比等参数的精确测定，即可得到绕流阻力系数。

倪汉根等对芦苇在非淹没水流条件下的阻力特性进行了试验，利用恒定非均匀流水力学参数的基本关系，通过实测水面线来计算芦苇的底面等效切应力，进而确定等效曼宁系数。结果表明，非淹没芦苇的等效曼宁系数和水深呈线性关系，它和流速的大小基本无关。同时，他们还给出了达西-魏斯巴赫系数与水深的关系。

然而，由于植被的柔韧度、植株形态和植被叶子形状等生物特性的复杂性，对天然植被的力学特性研究面临着重大挑战。目前，多数研究对植被进行了简化处理，但植被生物特性的复杂性是未来研究必须解决的关键问题。因此，直接采用力学分析的方法来进一步研究植被和水流的相互作用机制具有较大的难度。

5.1.2.4　通过数值模拟对水流阻力进行的研究

随着计算机技术的不断发展，一些学者开始尝试采用数值模拟方法，通过求解含植被运动的微分方程来研究植被对水流的影响。Noat(诺特)等应用三维代数应力模型(ASM)将连续方程、紊动能量方程和动量方程联立(动量方程包含紊动项和植物对水流的拖曳项)起来，研究了河岸带生长有植被的宽浅矩形复式断面河道水流的水力学特性。拾兵尝试推导了树丛水流的基本方程及其脉动形式，建立了水流中树木变形、能量耗散及模型比尺的计算关系。程莉从流体力学中的不可压缩流体三维水流基本方程(N-S方程)出发，推导得出了模拟宽浅水域沿水深积分平均的二维流动方程。宿晓辉等建立了关于浅水问题的大涡模拟运动 k-l(LEs)模型，在控制方程中，亚网格项可通过亚网格紊流脉动能 k 和特征长度 l 进行假设。Helmio(赫尔米奥)建立了一个一维模型来解决复合渠道中种植植物的问题，该模型考虑了植物引起的阻力以及主河道和植被区域交界处的附加阻力。他利用莱茵河的数据对模型进行了验证，结果表明，植被密度和漫滩区宽度对主河道和漫滩区的水流运输能力有较大影响，当水流遇到漫滩植被时，摩擦系数会明显增大，渠道的排洪能力会明显下降。Wilson(威尔逊)等建立了一个三维数值模型，并通过与标准 k-s 湍流模型的对比分析，研究了柳树对水流的影响。他们强调，准确确定植物在水流中的弯曲程度对于理解植被与水流的相互作用机制至关重要。罗晶等采用三维数值模拟的方法研究了湿地刚性植物对水流结构的影响，结果表明，随着植物的生长，不同断面水流的水位、平均流速与植株的直径之间存在密切关系。Mattis(马蒂斯)等采用数值模拟的方法研究了不同雷诺数条件下植物对水流拖曳力的影响，他们发现，当雷诺数较低时，可以采用达西公式进行计算；当雷诺数较高时，应采用纳维-斯托克斯模型进行计算；当雷诺数非常高时，应采用大涡模拟的方法进行计算。

在含植被的渠道中，水流经过植物群时会产生漩涡或尾流，植物区域和非植物区域的水流相互混合，使得水流动量和能量的消耗规律变得更加复杂。植物的存在将水流由一个连续的空间转变为一个部分连续的空间，使得水流的紊流状态变得更加复杂，因此通过研究植被对水流结构的影响来确定含植被水流的运动机理存在较大挑战。

5.1.2.5　存在的问题

虽然上述的几种研究方法均有一定的局限性，但它们也证明了，在特定环境下，非淹没植被对水流阻力的影响小于先前的预期。由于野外实地测量的局限性，对有植被的地表、明渠及河道水流结构的研究主要是在室内水槽中进行的，已有的室内研究结果表明，有植被区域的水流结构远比我们所认识到的复杂。由于以往量测仪器的局限性，早期的研究主要集中于估算平均流速和糙率系数，而植被区域的水流结构并没有得到详尽的描述、分析和理解，对这些水力学特性在防洪、泥沙运动中的意义的研究也不够充分。对于渠道而言，迄今为止，对有植被的水流试验研究，无论是单式断面渠道还是复式断面渠道，都仅限于顺直河道，未考虑断面形状对水流的影响。因此，对有植被的弯道水流进行研究是有必要的。

5.2　非淹没植被的水流阻力

对水流阻力的研究是掌握和解决水力学及河流动力学问题的关键。对含植被水流阻力的机理进行研究，对于农田灌溉、人工湿地建设、动植物栖息地保护、水体富营养化控制、河流及湖泊生态修复等，都起到了重要的指导作用。本章的试验以曼宁系数 n 为研究参数，针对非淹没植被状态下的坡面流、明渠水流和渠道水流进行水流阻力的研究。

5.2.1　坡面糙率系数的研究

5.2.1.1　坡面水流糙率的研究意义

随着社会文明的发展，在人类活动的影响下，原始的地形地貌被不断地开发利用。人类开始在土地上进行深层次的人工改造，加上自然变迁的影响，原始的地貌已不复存在，取而代之的是错综复杂的农田、铺设沥青的硬化公路、人工规划的草地及林地等。这些地表的巨大变化直接影响了水文循环的整个过程，对植被生长、水分蒸发、大气环流、大气降水、地表下渗、地表汇流及地下径流等都有极大的影响。因此，研究地表坡面流对于解决流域土壤侵蚀及产砂、泥沙灾害等问题均具有重要的科学意义。

5.2.1.2　坡面糙率的发展历程

关于坡面流，早期的研究主要从宏观方面对其进行定性描述或半定量的统计分析。而后逐渐从水文角度对其进行分析，使坡面流水力学特性的研究由定性描述过渡为定量分析。随着该学科的深入发展，国内外许多学者开始借鉴明渠水力学的经典理论和研究方法，通过室内模拟降雨试验和数值模拟技术，对坡面流水力学特性进行了系统性研究，逐步从经验性分析过渡到以动力学特征为主的机理研究。经过几十年的发展，国内外已发表大量关于坡面糙率的研究文献，可以将当前国内外学者对坡面糙率的研究归纳为三个层次。第一个层次的研究显示，糙率因素对地表径流的流量、流速、洪峰以及水流冲刷能力等具有明显的影响，但由于研究目的和需要，这些研究未涉及糙率因素的空间变异性，仅对糙率进行了概化处理；第二个层次的研究证实了坡面糙率的空间变异性，承认在不同土地利用、地表覆盖条件，甚至耕作方式下，糙率存在差异，但由于地势条件的复杂性，尚未对坡面糙率的空间变异性进行定量化研究；第三个层次的研究以土地利用类型或栅格为单元，对坡面糙率因素的空间变异性进行了简单处理。

5.2.2　明渠及渠道糙率系数的研究

5.2.2.1　明渠及渠道糙率的研究意义

糙率的确定是研究明渠及河道水流阻力的一个核心问题，对于明槽泄流能力、水库壅水高度、回水末端位置的确定起着关键性的作用。天然河道的水流阻力由床面阻力、边壁阻力以及河槽形状的局部阻力组成，并受水流条件、河槽边界形状及河床组成等因素的影响，这些因素常随时间与空间的变化而变化。糙率这一敏感性较强的水力学参数在水利工程建设、水库及河道的治理、防洪抢险中的洪水演算、水资源调配中的输水损失计算等方面起着不可替代的作用。

5.2.2.2 明渠及渠道糙率的影响因素

为了探索糙率系数的取值范围和取值规律，为水力计算提供依据，人们进行了大量的研究工作。早期，人们认为糙率系数是表征壁面粗糙度的系数，因此，他们整理了糙率系数与壁面条件的关系，形成了所谓的糙率系数表。在一般的水力学著作中，都附有糙率系数表供人们参考。在糙率系数表中，给出了人工渠道或天然河道在不同规模、不同河床和岸坡材料、不同粗糙程度和植被情况、不同断面形状、不同河道弯曲程度等条件下的糙率系数取值范围。应该承认，这些糙率系数表是基于大量实测数据形成的，有相当高的参考价值，人们可凭借经验从中确定糙率系数。但由于糙率系数的影响因素十分复杂，在一些工程设计和水力计算中，选用的糙率系数可能与实际情况不符，导致误差较大，其最大相对误差可达58%。由此可见，确定糙率系数的难度之大。经过长期的研究和总结，人们认识到影响糙率系数的因素是多种多样的，其主要的影响因素如下。

河流和渠道的壁面粗糙度是决定糙率系数的主要因素之一。在一般的水力学计算手册中，都是据此给出糙率系数参考值的。根据一般的力学概念，壁面的粗糙度会导致水流产生摩阻力，且粗糙度和摩阻力的大小呈正比关系。

明渠断面形状和水力半径也是影响糙率系数的重要因素。由于壁面粗糙度被视为造成水流摩阻力的主要因素，湿周的大小显然对糙率系数有影响。对于相同的过水断面面积，不同的断面形状通常具有不同的湿周，因此断面形状对糙率系数有影响。特别是对于复式断面的河流，当水深较小时，水流主要在主槽流动；当洪水到来水深增大时，水流会漫上两侧滩地，此时主槽和滩地的水深完全不同，过水断面的形状会发生显著变化，对糙率系数产生明显影响。水力半径是过水断面面积与湿周的比值，显然对糙率系数有影响。

水位和流量的变化会引起水力半径和断面平均流速的变化，从工程的实际情况来看，这对糙率系数有影响。

虽然人们对影响糙率系数的因素有了一定认识，但要确定这些因素各自对糙率系数的贡献并非易事。因此，人们不断地从不同的侧面、不同角度对糙率系数问题进行研究和探索。

5.2.2.3 明渠水流糙率系数的计算公式

从18世纪开始，西方的许多学者通过大量的试验和实测资料，试图找到描述明渠水流运动的数学模型。经过漫长的时间，各国学者陆续提出了许多明渠水流的计算公式，其中谢才公式和曼宁公式得到了比较广泛的应用。明渠水流糙率系数的计算公式具体见第2.1.2.1小节。

5.2.2.4 渠道糙率系数的计算公式

（1）美国垦务局提出的计算公式

当$R \leqslant 1.2$ m时，糙率系数n为0.014；当$R > 1.2$ m时，按下式确定n值。

$$n = \frac{0.0565R^{\frac{1}{6}}}{\lg(9711R)} \tag{5-10}$$

式中 R——水力半径，m。

该公式的适用范围为水深较大的粗糙区明渠水流。

（2）明渠水力学公式

$$\frac{n}{K_s}=\frac{\dfrac{K_n}{(8g)^{\frac{1}{2}}(R/K_s)^{\frac{1}{6}}}}{2.0\lg[12R/K_s]} \tag{5-11}$$

式中　K_s——系数。

在公制单位中，$K_n=1.0$。该公式是通过曼宁公式和达西-魏斯巴赫系数的关系推导得出的，因此适用于粗糙区。

(3) 美国陆军工程兵团公式

$$n=\frac{R^{1/6}}{19.56+18\lg[12R/K_s]} \tag{5-12}$$

式中　K_s——边界壁面的等效粗糙度。

该公式是通过粗糙区的谢才系数与相对等效粗糙度的关系推导得出的，因此同样适用于粗糙区。

5.2.3　冲积河流糙率系数的研究

在洪水期间，河床泥沙会随水流运动，导致河床出现冲刷和淤积现象，河道断面也随之不断变化，这种现象被称为冲积作用。对于冲积河流，在计算水流阻力时，应考虑泥沙的影响。冲积河流的阻力由多个部分组成，这些部分被称为阻力单元，具体包括沙粒阻力、沙波阻力、河岸及滩面阻力、河槽形态阻力和人工建筑物的外加阻力。从理论上讲，要得到冲积河流的综合糙率，首先要弄清楚每个阻力单元在不同的水流条件下是如何起作用的，然后再进一步推敲这些阻力单元是如何联系在一起的（由于问题的复杂性，要做到这一点十分困难）。由于各阻力单元在总阻力中的作用程度不同，根据具体的水流情况，往往对问题进行一定程度的简化，重点考虑主要的阻力单元，从而得出总阻力的变化规律。

周国栋研究了河床泥沙的非均匀性对水流阻力的影响，并分析了糙率系数 n 与非均匀系数 e 的关系。结果表明，在一定的非均匀系数范围内，非均匀性对糙率系数的影响是剧烈变化的，当 $e=2.0$ 时，其影响达到最大。

喻国良分析比较了各种床面阻力公式，通过分析影响床面阻力的水沙因子，利用泥沙试验数据建立了一个新的具有较高精度的床面阻力公式。

程进豪分析了黄河山东段的河床糙率，发现随流量变化，糙率系数 n 会发生很大变化，其最大值可达最小值的 3 倍。此外，他认为含沙量对糙率系数 n 的影响基本可以忽略。

钱宁等利用黄河下游 9 个水文站的资料，对糙率系数进行了推算，其研究结果表明，对于特定的河槽，糙率系数不是常数，而是水流条件的函数。黄河的糙率系数变化范围很大，枯水季节实测的最大糙率系数可达 0.045，而随着水位的上升，糙率系数逐渐减小，最低可降为 0.007。此外，他们在同一流量下研究了含沙量对糙率系数的影响，结果表明，两者之间不存在任何关系。

赵连军综合考虑了水沙因素、沙波尺度和沙波波速，通过引入水力摩阻厚度的概念，建立了一套计算黄河下游河道糙率系数的方法，该方法既能反映水力泥沙因子变化的影响，又能反映天然河道中各种附加糙率的影响。

万兆惠的研究表明，对于冲淤河流，沙波尺度对糙率系数有显著影响，而含沙量对糙率系数的影响则不明显。由于河床泥沙对水流条件的变化非常敏感，因此水流条件的变化会导致糙率系数的显著变化。

5.2.4 糙率系数率定方法研究

目前人们对糙率系数的研究还不够充分，确定糙率系数时还必须依靠经验。在许多情况下，人们甚至无法确定坡面流、明渠、河道的糙率系数，但在实际的水力计算中，又需要选择合适的糙率系数。为了解决这一难题，一些学者将糙率系数视为参数，对自动率定糙率系数的技术进行了研究。

金忠青等在复杂河网的水力计算中，采用最优化方法中的复合形法来求解糙率系数，从而显著减小了调试糙率系数的工作量。

姜志群等以实测水位和计算水位误差绝对值之和最小为目标函数，运用修正后的Newton-Raphson(牛顿-拉弗森)迭代法来校准河道洪水演进的有限差分模型参数。他们不断改进初始糙率系数 n 与流量 Q 的关系，以获得最佳的 n-Q 关系。结果表明，通过优化得到的 n-Q 关系基本符合 n 的实际分布情况。

董文军等对一维圣维南方程中的曼宁糙率参数识别问题进行了研究与计算，根据最小二乘逼近的思想建立了最优模型的目标函数，并通过 Frechet(弗雷歇)微分的概念和协态方程的构造，进一步明确了目标函数的下降方向。

蔡晓鸣等根据已知水文资料，在一维明渠非恒定流的计算过程中，通过迭代方法推算出了河段的糙率系数。他们发现，在地形变化剧烈的河段，由迭代方法求得的糙率系数与用曼宁公式反算出来的糙率系数存在一定差异。研究认为，对于地形变化剧烈的河段，用曼宁公式计算时，河段过水断面面积、水力半径等要素的平均值取法较为粗糙，这可能是误差产生的原因。

糙率系数在明渠水流和管流的计算中得到了广泛应用，在其他情况下，如对暴雨漫流时的耕地、林地、坡面草地等的水流进行研究时，也需要确定相应的糙率系数。Mohamoud(穆罕默德)通过场地试验研究了耕地的糙率系数，分析了作物残留、坡度、耕作方法和地表糙度对糙率系数的影响，结果表明，作物残留对 n 值的影响最大。此外，他还给出了不同情况下糙率系数的取值范围。

糙率系数是反映水流阻力的一个参数，是具有平均意义的参数。一些学者从总流的观点出发，在研究糙率系数的变化规律时，将糙率系数与总流的水力学要素联系起来，如与流量、断面平均流速及水深等建立联系。但也有学者尝试从水流的流速分布出发，建立阻力系数的计算公式。早在 1913 年，Blasius(布莱修斯)根据实测资料，提出了光滑管道中紊流阻力系数的计算公式。随后，普朗特在已知管道平均流速分布的基础上，推导出了一个适用范围更大的计算公式。在研究紊流粗糙区平均流速分布的基础上，Karman(卡曼)首先给出了紊流粗糙区的阻力系数计算公式。怀特等提出了适用于紊流过渡区、光滑区和粗糙区的阻力系数计算公式。这些公式经大量试验数据验证，已成为管流领域普遍认可的计算公式。以这样的思路出发，窦国仁在研究河流紊动结构的基础上，提出了包括紊流光滑区、过渡区和阻力平方区在内的平均流速分布的统一公式。

5.3　非淹没植被的试验分析

从流体力学的角度分析，每株植物都是一个极为复杂的扰动单元，水流阻力的增加来自植被的阻力面积和植被的物理形态所提供的阻力，而植被间的相互作用则更为复杂。基于上述情况，本试验采用塑料棒模拟植被，进行了多组室内水槽试验，并通过实测数据深入分析了非淹没植被对水流阻力的影响。

本试验旨在观察水流流态、材料表面微观粗糙特性以及坡度对水流阻力的影响规律，探究非淹没植被在坡面、明渠及河道中的水力学机理。为了便于全方位观察试验水文过程，试验铺设的底板及水槽(宽为 0.6 m，长为 5 m)均采用有机玻璃板制成，试验底板表面有呈一定行列距的钻孔，钻孔直径为 0.3 cm，钻孔间的纵横间距均为 60 mm，对于林地等大型植株的模拟，采用缩尺模型进行。针对非淹没植被的水流研究，本试验采用粗为 3 mm、高度为 15 cm 的塑料棒来模拟植被。当水槽底部铺设固定后，通过调整水槽供水流量，模拟坡面浅层水流状况，并测定记录水槽内的流速、流量、水深等水流要素。

非淹没植被水流阻力的试验装置、试验原理、计算公式及试验步骤等已在第 3.4 节进行了详尽的介绍。

5.3.1　试验数据及分析

对底坡为 0、走向角为 90°、间距为 60 mm×60 mm 的非淹没植被进行模拟试验，试验参数数据见表 5-1，具体数据分析如下。

表 5-1　坡度为 0、走向角为 90°、间距为 60 mm×60 mm 的试验参数数据(非淹没条件下)

序次	平均水深 h	水流流量 Q	水流速度 v	水头损失 h_f	雷诺数 Re	弗劳德数 Fr	糙率系数 n	阻力系数 f
1	0.009 35	0.000 406	0.110 103	0.001 995 7	4 095.206 5	0.363 730 7	0.014 256	0.076 809
2	0.014 30	0.000 698	0.122 78	0.001 963 3	6 824.982 4	0.327 980 4	0.016 575	0.090 813
3	0.020 85	0.001 126	0.135 284	0.001 729 8	10 641.348	0.299 281 8	0.017 797	0.093 26
4	0.027 30	0.001 677	0.153 808	0.002 005 5	15 391.649	0.297 360 6	0.019 789	0.106 415
5	0.034 25	0.002 327	0.170 07	0.002 284 6	20 718.32	0.293 551 1	0.021 778	0.120 702
6	0.042 40	0.003 21	0.189 517	0.002 740 7	27 619.872	0.294 003 3	0.024 123	0.139 5
7	0.062 20	0.005 525	0.222 296	0.003 675 7	43 936.59	0.284 723 2	0.029 181	0.184 422
8	0.070 00	0.006 535	0.233 61	0.003 865 9	50 462.512	0.282 051 8	0.030 214	0.191 946
9	0.084 75	0.008 629	0.254 747	0.004 517 1	63 172.461	0.279 528 5	0.032 837	0.216 521
10	0.098 85	0.010 756	0.272 236	0.004 894 5	75 027.222	0.276 595 1	0.034 318	0.228 312

5.3.1.1　流态分析

水流流态的判断是分析水流属性、研究水流冲刷和泥沙输移的前提，也是流速计算、水流紊动强度评估、河流水面线计算等的重要先决条件。作为坡面水流的基本水力学特性，水流的流态一直是研究的热点问题之一，弗劳德数 Fr 及雷诺数 Re 是判别水流流态的重要参数且在水力研究方面应用较为广泛，因此，研究这两个参数的特征及其变化规律对于理解相关的水力学参数具有重要的指导意义。

图 5-1 所示为 Fr-h 曲线，由图 5-1 可以看出，所有试验点的弗劳德数均小于 1，这表明本次试验的水流流型为缓流。随着流量的增加和水位的升高，弗劳德数呈不断减小的趋势，这可以解释为，随着流量的增加，模拟植被的阻水能力逐渐增强，从而导致弗劳德数逐渐减小。

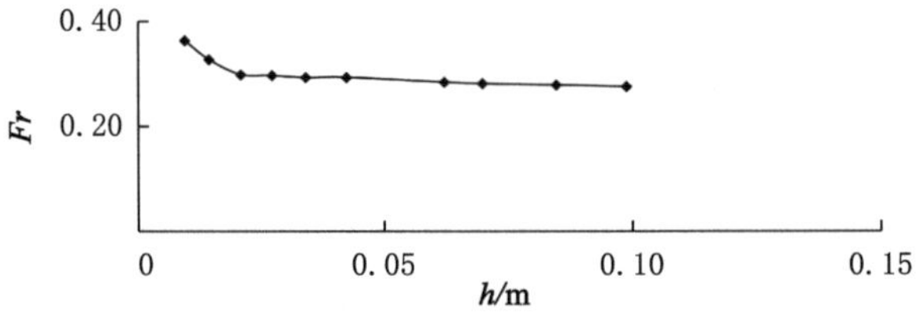

图 5-1　Fr-h 曲线

图 5-2 所示为雷诺数 Re 与水深 h 的关系曲线，由图 5-2 可以看出，所以试验点的雷诺数均大于 4 000，这表明试验中的水流流态为紊流。随着水深的增加，雷诺数呈不断增大的趋势。

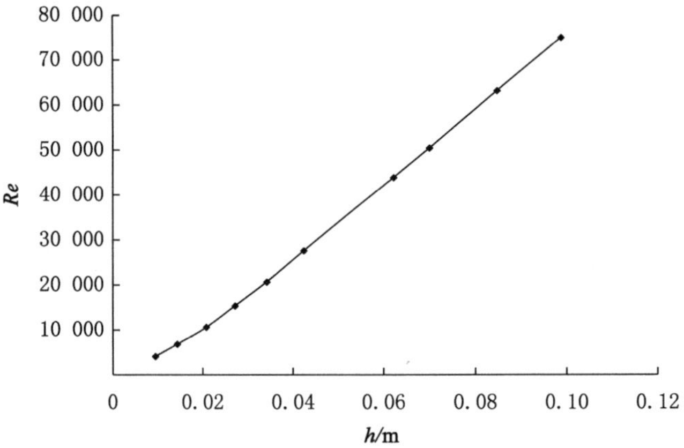

图 5-2　雷诺数 Re 与水深 h 的关系曲线

根据试验数据及流态分析结果，划分本试验的流态分区：临界过渡区内无试验点，前六个试验点位于临界过渡区和紊动光滑及过渡区，后四个试验点则处于绝对粗糙区，如图 5-3 所示。

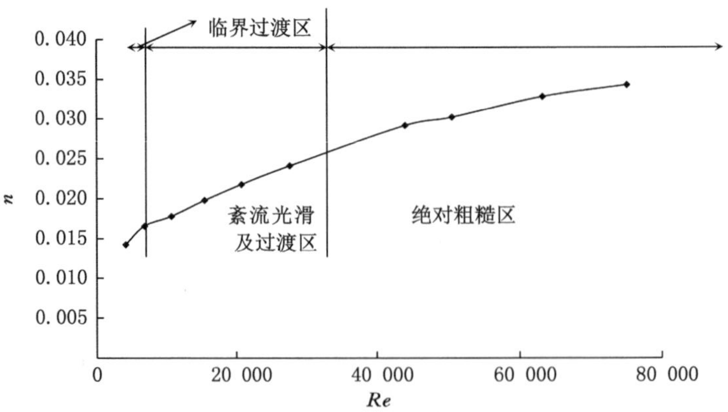

图 5-3　试验点所处流区划分结果

由图 5-3 可以看出，曼宁糙率在绝对粗糙区较大，随着雷诺数的增大，曼宁糙率呈逐步增大的趋势。

5.3.1.2　水流阻力分析

一般认为，植被坡面水流的流动阻力（综合阻力）主要由地表阻力或颗粒阻力、水流流经植被时产生的绕流阻力组成。对于大多数有植被覆盖的坡面，植被粗糙单元产生的绕流阻力是主要的阻力来源。因此，植被水流综合阻力可用植被阻力来近似代替。

图 5-4 所示为有、无植被时的 h-Q 关系对比情况，由图 5-4 可以看出，在相同流量（Q）下，有非淹没植被条件下的水深大于无植被条件下的水深，这说明植被具有阻水作用，从而导致水位升高。

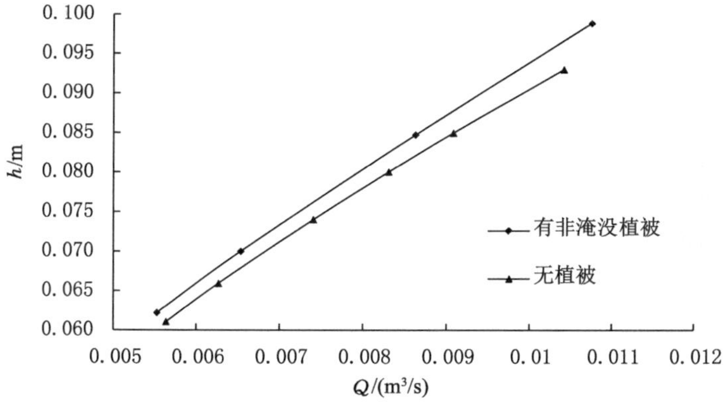

图 5-4　有、无植被时的 h-Q 关系对比示意图

水头损失 h_w 分为沿程水头损失 h_f 和局部水头损失 h_j，在本试验中，由于不存在形状或大小急剧变化的情况，所以局部水头损失 h_j 可以不考虑。图 5-5 所示为非淹没植被的 h_f-h 曲线，由图 5-5 可以看出，在小流量条件下，沿程水头损失 h_f 的变化并不明显；在大流量条件下，随着水位的持续升高，沿程水头损失 h_f 是不断增大的。

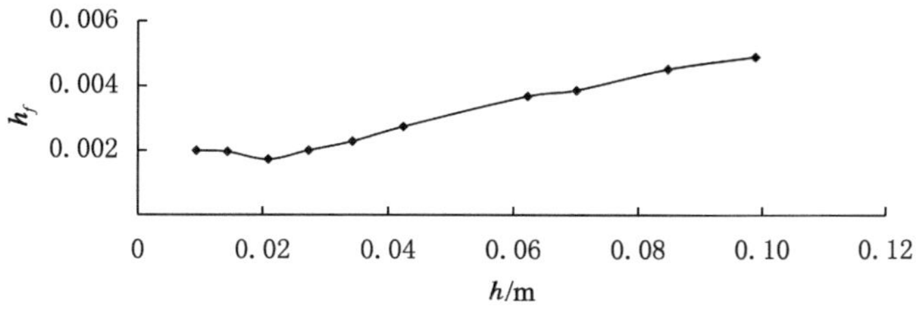

图 5-5　非淹没植被的 h_f-h 曲线

图 5-6 所示为地表糙率 n 与流量 Q 的关系曲线，由图 5-6 可以看出，随着流量的增加，地表糙率呈现增大的趋势。图 5-7 和图 5-8 分别为非淹没植被的 n-h 曲线、n-v 曲线，由图 5-6～图 5-8 可以看出，这三幅图中的关系曲线十分相似。

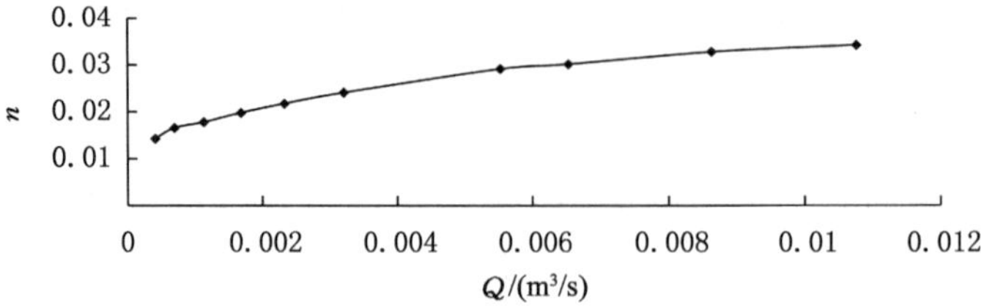

图 5-6　非淹没植被的 n-Q 曲线

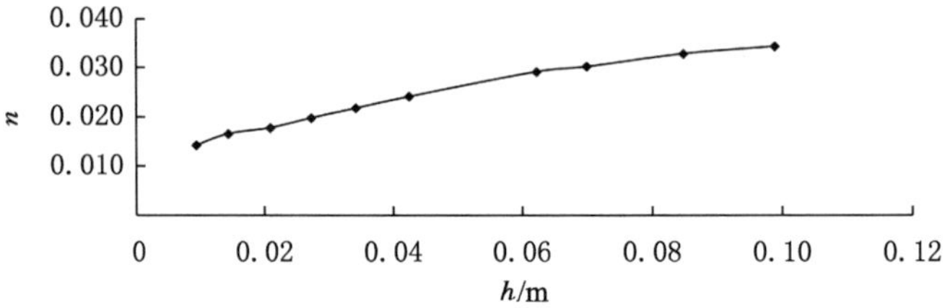

图 5-7　非淹没植被的 n-h 曲线

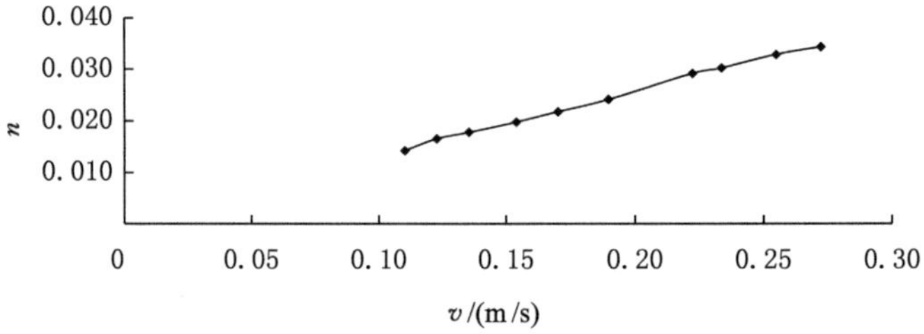

图 5-8　非淹没植被的 n-v 曲线

5.3.2　坡度对水力特性的影响

不同坡度下的水力学参数数据见表 5-2。

表 5-2　不同坡度下的水力学参数数据(非淹没条件下)

坡度 /%	序次	平均水深 h	水流流量 Q	水流速度 v	水头损失 h_f	雷诺数 Re	弗劳德数 Fr	糙率系数 n	阻力系数 f
0	1	0.009 35	0.000 406	0.110 103	0.001 995 7	4 095.206	0.363 730 7	0.014 256	0.076 809
	2	0.014 30	0.000 698	0.122 78	0.001 963 3	6 824.982	0.327 980 4	0.016 575	0.090 813
	3	0.020 85	0.001 126	0.135 284	0.001 729 8	10 641.35	0.299 281 8	0.017 797	0.093 26
	4	0.027 30	0.001 677	0.153 808	0.002 005 5	15 391.65	0.297 360 6	0.019 789	0.106 415
	5	0.034 25	0.002 327	0.170 07	0.002 284 6	20 718.32	0.293 551 1	0.021 778	0.120 702
	6	0.042 40	0.003 21	0.189 517	0.002 740 7	27 619.87	0.294 003 3	0.024 123	0.139 5
	7	0.062 20	0.005 525	0.222 296	0.003 675 7	43 936.59	0.284 723 2	0.029 181	0.184 422
	8	0.070 00	0.006 535	0.233 61	0.003 865 9	50 462.51	0.282 051 8	0.030 214	0.191 946
	9	0.084 75	0.008 629	0.254 747	0.004 517 1	63 172.46	0.279 528 5	0.032 837	0.216 521
	10	0.098 85	0.010 756	0.272 236	0.004 894 5	75 027.22	0.276 595 1	0.034 318	0.228 312

表5-2(续)

坡度 /%	序次	平均水深 h	水流流量 Q	水流速度 v	水头损失 h_f	雷诺数 Re	弗劳德数 Fr	糙率系数 n	阻力系数 f
0.5	1	0.005 425	0.000 393	0.182 316	0.007 093 9	4 105.562	0.790 7	0.011 438	0.058 905
	2	0.014 425	0.001 303	0.228 871	0.005 341 3	13 120.49	0.608 722 2	0.014 741	0.071 647
	3	0.019 325	0.001 712	0.223 364	0.004 835 2	16 774.02	0.513 263 4	0.017 205	0.089 203
	4	0.027 175	0.002 509	0.232 007	0.004 378 2	23 657.42	0.449 575 8	0.019 327	0.101 654
	5	0.035 275	0.003 418	0.242 861	0.004 422 8	31 044.7	0.413 057 7	0.021 575	0.117 483
	6	0.053 325	0.005 566	0.261 135	0.004 884 9	46 875.86	0.361 231 9	0.026 445	0.157 61
	7	0.065 425	0.007 179	0.274 399	0.005 376	57 682.68	0.342 686 9	0.029 332	0.183 96
	8	0.071 625	0.008 014	0.279 769	0.005 7 174	62 916.65	0.333 928 8	0.031 033	0.201 343
	9	0.082 375	0.009 708	0.294 668	0.005 9 775	73 312.86	0.327 960 9	0.032 226	0.209 926
	10	0.089 275	0.010 756	0.301 232	0.006 3 296	79 287.23	0.322 050 3	0.033 68	0.225 033
1.0	1	0.003 75	0.000 392	0.263 406	0.014 278 4	4 228.741	1.374 030 7	0.008 829	0.039 587
	2	0.010 35	0.001 413	0.341 367	0.014 944 7	14 653.31	1.071 861	0.013 427	0.065 962
	3	0.014 35	0.001 987	0.347 393	0.014 658 9	20 284.97	0.926 363	0.016 043	0.084 986
	4	0.024 8	0.003 46	0.360 684	0.010 717 5	34 601.67	0.731 624 9	0.018 396	0.094 698
	5	0.031 8	0.004 372	0.353 934	0.008 441 3	42 215.42	0.634 009 7	0.019 237	0.096 304
	6	0.040 35	0.005 32	0.336 231	0.006 830 6	49 109.59	0.534 691 5	0.020 85	0.105 742
	7	0.051 4	0.006 841	0.335 772	0.007 293 4	59 802.69	0.473 097 1	0.024 624	0.138 055
	8	0.062 5	0.008 381	0.336 817	0.007 892 9	69 902.32	0.430 368 4	0.028 278	0.173 014
	9	0.073 45	0.010 073	0.343 955	0.007 964 2	80 549.73	0.405 408 8	0.030 149	0.188 9
	10	0.077 6	0.010 77	0.347 862	0.008 341 1	84 790.88	0.398 899 4	0.031 332	0.201 32
1.5	1	0.004 675	0.000 393	0.210 237	0.022 362 3	4 282.627	0.982 212 9	0.015 989	0.120 797
	2	0.010 425	0.001 478	0.354 63	0.022 477	15 668.86	1.109 492 4	0.015 924	0.092 557
	3	0.012 025	0.001 811	0.376 897	0.022 504 1	19 063.19	1.097 910 6	0.016 406	0.093 917
	4	0.022 125	0.003 847	0.435 743	0.022 082 7	38 700.97	0.935 784 4	0.020 46	0.121 071
	5	0.035 575	0.006 581	0.487 305	0.017 232 1	6 203.03	0.725 306	0.021 238	0.113 805
	6	0.044 575	0.006 995	0.409 893	0.010 996 1	66 200.63	0.620 171 3	0.022 866	0.123 893
	7	0.052 325	0.008 015	0.393 757	0.010 245 9	72 494.7	0.549 871 2	0.025 073	0.142 603
	8	0.057 725	0.008 696	0.383 955	0.010 556 5	76 443.44	0.510 487 2	0.027 498	0.167 101
	9	0.064 925	0.009 803	0.383 102	0.010 233	83 505.65	0.480 280 6	0.028 823	0.178 129
	10	0.071 075	0.010 763	0.383 466	0.009 688 3	89 449.68	0.459 468 4	0.029 314	0.180 137

表5-2(续)

坡度 /%	序次	平均水深 h	水流流量 Q	水流速度 v	水头损失 h_f	雷诺数 Re	弗劳德数 Fr	糙率系数 n	阻力系数 f
2.0	1	0.003 7	0.000 394	0.266 085	0.029 609 5	4 310.458	1.397 355 5	0.012 478	0.079 405
	2	0.006 95	0.000 887	0.320 421	0.030 256 7	9 595.759	1.227 767 3	0.015 777	0.103 441
	3	0.008 5	0.001 276	0.375 272	0.029 800 0	13 644.48	1.300 241 6	0.015 215	0.090 176
	4	0.013 7	0.002 414	0.441 998	0.030 528 2	25 266.49	1.206 276 4	0.017 679	0.104 699
	5	0.021 95	0.004 381	0.499 24	0.029 942 8	44 032.13	1.076 412 5	0.020 698	0.124 192
	6	0.029 5	0.005 561	0.479 664	0.028 207 6	54 881.08	0.892 099 1	0.024 87	0.164 412
	7	0.038 55	0.007 043	0.477 005	0.023 476 2	68 352.22	0.776 063 7	0.026 509	0.173 288
	8	0.046 8	0.008 704	0.495 938	0.018 948 7	83 066.23	0.732 303 3	0.025 418	0.151 245
	9	0.051 95	0.009 675	0.498 512	0.016 133 2	90 680.03	0.698 667 0	0.024 652	0.138 408
	10	0.057 85	0.010 817	0.496 745	0.013 930 5	98 372.4	0.659 734 4	0.024 329	0.131 038

① 坡度对 Fr 的影响分析

图 5-9 所示为不同坡度下的 Fr-h 曲线，由图 5-9 可以看出，在同一水深 h 下，坡度越大，对应的 Fr 值越大。随着试验坡度的增加，水流流态从缓流逐渐过渡为急流。本试验的研究结果与张宽地等通过人工模拟试验得到的关于坡度对水流流态变化影响的结论一致。

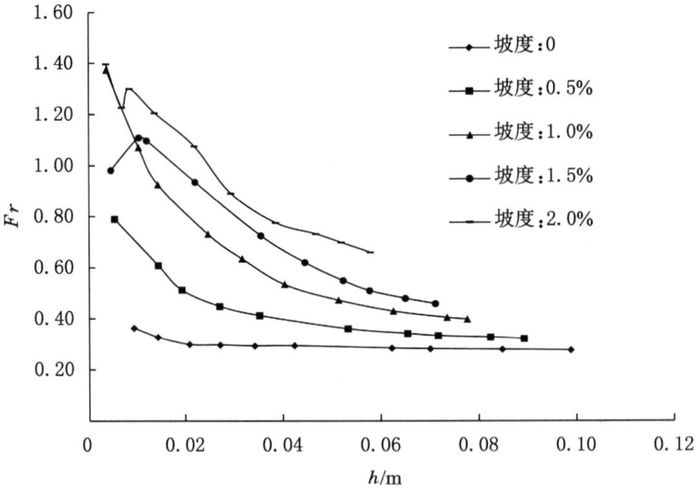

图 5-9　不同坡度下的 Fr-h 曲线

② 坡度对 Re 的影响分析

雷诺数 Re 反映了黏性流体的运动状态，是惯性力和黏性力在平衡状态下的比值，这个比值用来判断流体的流动类型。图 5-10 所示为不同坡度下的 Re-h 曲线，由图 5-10 可以看出，随着坡度的增加，Re 值的取值范围越大；在同一水深下，坡度越大，对应的 Re 值也越大。这表明坡度对 Re 的取值范围具有决定性的作用。

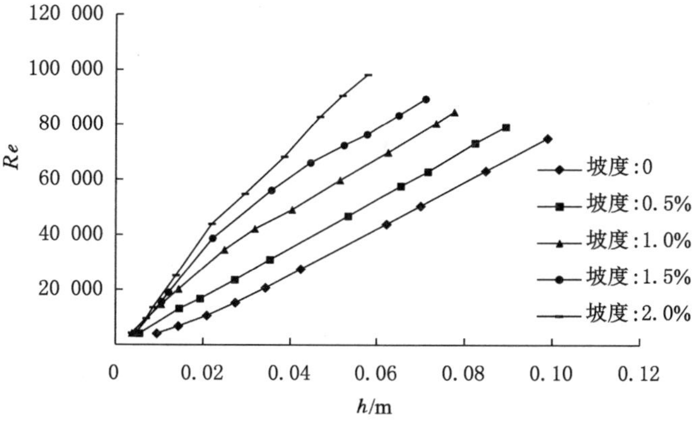

图 5-10　不同坡度下的 Re-h 曲线

③ 坡度对 h_f 的影响分析

图 5-11 所示为不同坡度下的 h_f-h 曲线，由图 5-11 可以看出，在平缓坡度条件下，随着水深的不断增加，h_f 基本呈缓慢上升的趋势；在小坡度条件下（如坡度为 0.5%和 1.0%），随着水深的不断增加，h_f 呈现先减小后增加的趋势；在大坡度条件下（如坡度 1.5%和 2.0%），在小流量时，h_f 趋于一个稳定值，随着水深的不断增加，h_f 呈现下降的趋势。这些观察结果也表明，随着坡度的增大，水流过程中消耗的能量增多，从而导致沿程水头损失 h_f 不断增大。

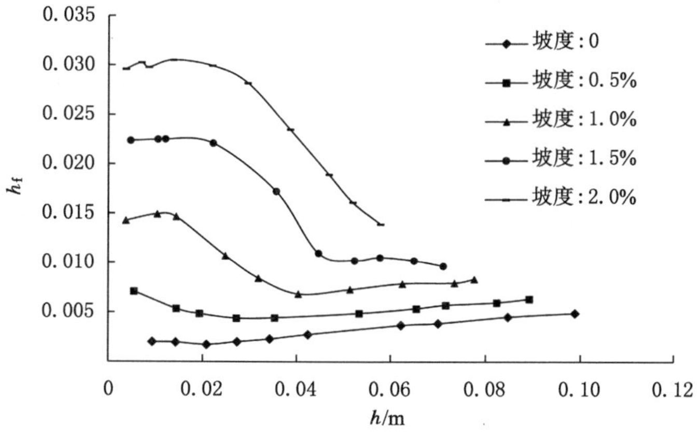

图 5-11　不同坡度下的 h_f-h 曲线

④ 坡度对 n 的影响分析

图 5-12 所示为不同坡度下的 n-h 曲线，由图 5-12 可以看出，不同坡度下的 n 值基本随着 h 值的增大而增大，且不同坡度下的 n-h 曲线并没有表现出明显的规律，所以本试验的坡度变化对糙率系数 n 的取值影响不大。

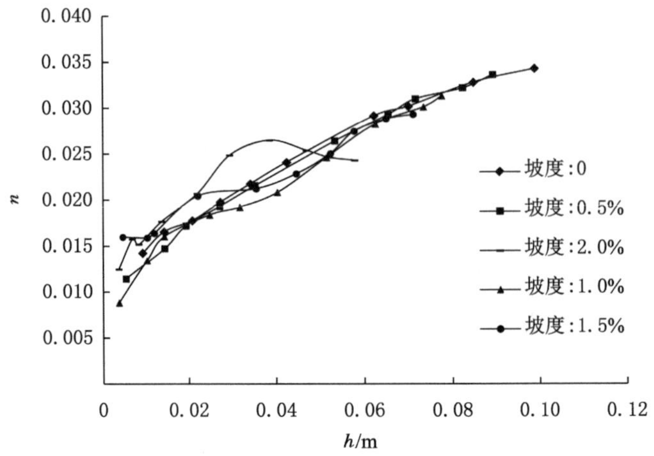

图 5-12　不同坡度下的 n-h 曲线

5.4　研究结论与展望

5.4.1　研究结论

本章试验以非淹没植被为研究对象，探讨其水流阻力，并得出以下结论：

(1) 水流流态的试验点主要分布在紊流光滑及过渡区和绝对粗糙区，且糙率系数 n 随着雷诺数 Re 的增大而增大。

(2) 在非淹没状态下，本试验通过研究糙率系数 n 来探究水流阻力，试验结果表明，随着流量的增加，地表糙率系数呈现增大的趋势，n-h、n-v 的关系曲线也呈现相似的规律。

(3) 在不同坡度下，水力学要素与坡度之间的关系为：① 随着坡度的增加，弗劳德数 Fr 的取值范围是不断增大的，水流流态从缓流向急流转变。② 在同一水深下，随着坡度的增加，雷诺数 Re 是不断增大的。③ 在平缓坡度、小坡度、大坡度条件下，h_f 的变化规律是不同的，坡度对 h_f 的取值有显著影响。④ 不同坡度下的 n 值均随 h 值的增大而增大，且坡度的变化对糙率系数 n 的取值影响不大。

5.4.2　研究展望

(1) 本章选用了塑料棒来模拟植被，但该模型在柔韧性上与天然植物有一定的差异。自然界的植物种类繁多，生长环境和生长方式各不相同，因此，如何更加合理有效地设计试验，使其更加符合自然界的情况，是需要重点解决的问题。

(2) 在天然坡面、明渠及河道中，植物通常以束状或丛状形式存在，呈现不均匀且杂乱的分布状态，其绕流情况十分复杂。本试验对实际情况进行了简化。

(3) 本章仅通过 n 值来研究水流阻力，不能充分反映非淹没植被阻力特性的所有规律。其他特征参数也很有代表性，但由于当前的测量技术限制，相关数据难以获取，因此未被纳入考虑范围。今后需改进试验思维和装置，以深入研究水流阻力。

（4）现阶段对坡面流的研究主要还是借助明渠水流的基本理论、公式和推断，因此，若要建立起完整的坡面流水力学理论，还需要发展新的适合坡面流特殊性质的假说、推论和判断。另外，由于坡面流的复杂性，许多问题仍处于定性阶段，在基本理论、测验技术和数学模拟等方面还需要进一步的研究和探索。

第6章 完全淹没植被的水流阻力研究

完全淹没植被有多种类型，包括人为种植的农田、自然草地、城市绿地及介于陆地与河流、湖泊、溪流或水塘之间的过渡地带。河流、明渠、渠道中存在各种各样的陆生、水生植物，这些植物完全没于水流，形成完全淹没植被。完全淹没植被区是一个易受人类干扰的生态脆弱区。自20世纪70年代以来，人类往往忽视其存在的必要性和重要性，也没有将其作为一个生态系统来对待。

6.1 淹没植被研究概述

随着社会经济的发展，完全淹没植被水流环境问题逐渐成为社会关注的焦点，完全淹没植被水流的破坏对水资源生态环境的干扰和影响也越来越受到重视。完全淹没植被水流的破坏对生态环境的影响主要表现在陆地表面植被的破坏及河流水、沙输移等河流动力过程的变化，这些变化会引发一系列生态环境问题。农田、自然草地、城市绿地及水生植物是生态系统和生态环境的重要组成部分，而完全淹没植被水流动力过程是影响河流产、汇流的重要影响因素。我国地势辽阔复杂，生态环境变化对人类的生存和发展有着重要的影响。为了实现可持续发展，近年来我国越来越重视耕地、城市绿地等植被修复技术的研究和应用。因此，研究完全淹没植被对水流结构及水力学特性变化的影响规律具有重要的经济和社会意义。

6.1.1 研究意义

我国地势复杂辽阔，人口众多，人们因地制宜，根据不同的地势地形、水分、节气种植不同的植被，形成了具有地域民俗特征的种植差异，如坡度、种植间距、密度、走向等不同特征因素的种植习惯。久而久之，形成了如平原耕地、丘陵耕地、沟壑区耕地、坡耕地、梯田等与地势有密切关系的耕地。土地在自然条件及人为改造下，不同土壤的蓄水能力不同，不同程度的降水流入不同的地势上会对不同类型的农作物进行不同程度的淹没，其对土壤的冲刷、地形的塑造、农作物的生长具有决定性影响。

植被是生态环境的关键因子，植被与河流水、沙输移等动力过程的耦合作用是生态环境演化的关键过程。植被的存在和种群结构变化对河流的水流结构、泥沙侵蚀和沉积等有着重要的影响；植被的存在影响了水流紊动特性，改变了坡底的粗糙程度，影响了水流运动的阻力，影响了泥沙在此区域的运动规律。与没有植被的坡面流和明渠水流相比，有植被的水流结构更加复杂。其不仅与河床形态、水位流量等要素有关，还与植被的种类、形状、密度、相对高度(淹没程度)及柔韧性等有关。因此，开展植被对水流的紊动规律研究，可以为净化水质、设计行洪实施方案、修复河流生态系统、治理环境污染等实际工程提供科学依据，具有深刻的实际工程意义。

总体而言，早期对水流的研究仅限于无植被水流，而现实中的坡面及明渠往往生长着许多植被。对于柔性低矮植被，如低矮灌木和草类，当其高度小于过水水深时，可将植被对水流的影响纳入水流阻力的范畴。天然河流、河口和湿地生长的植被往往会导致水位的抬升、水流阻力的增大，这会降低坡面及河道的泄洪能力。植被的存在也会改变水流在垂线上的分布，减小植被层乃至整个水体的流速，从而会促进泥沙的淤积，这对河道治理、边滩保护、水质净化等都起着一定的积极作用。因此，开展含淹没植被水流阻力的研究具有重要的现实意义。

6.1.2 研究背景

20世纪早期，大部分含植被河流水力学特性的研究工作是由农业工程师进行的，他们主要关注阻力系数的确定、阻力计算方法的建立、植被对水流结构变化的影响。现阶段对坡面流的研究主要还是借助明渠水流的基本理论、公式和推断，因此若要建立起完整的坡面流水力学理论，还需要产生新的适合坡面流特殊性质的假说、推论和判断。

6.1.2.1 植被条件下的水流阻力

(1) 通过生物特性研究水流阻力

Ree(雷)等指出，水流流经含柔性植被的渠道问题实际上是一个动边界问题，流动的水及植物柔韧度是决定含植被水流阻力的主要参数。Palmer(帕尔默)曾将植被可能遇到的流动情况分为三种：低速水流(low flows)，水流穿过植被的茎和叶而不折弯或淹没它们；中速水流(intermediate flows)，完全淹没植被且水流阻力随流量的变化而急剧变化，此时植被被压弯且向底面倒伏；高速水流(high flows)，水流强迫植被处于俯卧或近似俯卧的状态，植被的茎叶运动对水流的影响完全可以忽略不计。从以往的研究情况看来，试验研究和实际应用中涉及的大部分流动情况属于Palmer所提到的中速水流。有学者用缩小比例的塑料棒来代替真实植物得到了不同种植密度柔性植物的阻力特性，测得了淹没状态下的垂向流速分布，并获得了柔性植物的偏离高度和流速场之间的关系，发现植物顶部区域水流紊动扩散强烈。还有学者以室内水槽试验所得的数据为基础，推导出了一个与剪切雷诺数、水深-植被高度比(相对水深)和变形程度相关的含淹没柔性植被的水流流动阻力方程。其观测了三种不同植被密度下水流的阻力特征，发现在植被密度和水深-植被高度比(相对水深)不变的情况下，流动阻力随底坡的减小而增大；而在其他条件一定时，流动阻力一定程度上随植被密度的增加而减小。随着科技的进步，相继出现了先进的测试仪器(如ADV、LDV)和测量技术(如PW)，这些先进仪器和技术使得研究人员能够从宏观上对含植被水流的紊流机理进行全流场的测量和研究，为河流生态修复提供了科学依据，也为含植被水流的精细数值模拟积累了宝贵的资料。此外，还有学者研究了不同尺寸和密集度的淹没和非淹没刚性圆棒对水流阻力的影响。试验结果表明，明渠中刚性植被造成的水流阻力是水深、植被密度、植物长度和直径的函数。

(2) 通过水力学特性研究水流阻力

唐洪武等通过使用刚性圆柱棒进行水槽试验，对植物在非淹没和淹没条件下的曼宁糙率系数进行了计算和比较，他们基于水流阻力等效原则提出了等效水力学参数的概念，建立了等效综合曼宁糙率系数和等效植物附加曼宁糙率系数的计算公式。同时，他们还对用水深作为水力半径的合理性进行了判别。吴福生将河道中含柔性植被的水流视为充分发展的紊流，在试验中用特定材料模拟柔性植被，分析了含淹没柔性植被明渠水流的水力学特性及阻力特性，并得到了曼宁糙率 n 的变化规律。倪汉根等对非淹没水流条件下芦苇的阻力特性进行了水槽模型试验，试验结果表明，曼宁系数与水深呈正比关系。Kouwen（寇文）基于大量水槽试验，提出了含淹没柔性植被的水流阻力计算关系式：

$$V/u^* = C_0 + C_1\lg(h/h_s)$$

式中 V——断面平均流速，m/s；

u^*——剪切流速，m/s；

h——水深，m；

h_s——植物弯曲后的高度，m；

C_0、C_1——反映植物刚度、偏转高度等力学特性的经验系数。

6.1.2.2 植被条件下的水流结构

(1) 通过应用模型研究水流结构

Noat（诺特）等应用三维代数应力模型（ASM），将连续方程、紊动能量和动量方程联立（动量方程中包含紊动项和植物对水流的拖曳项）起来，研究了河岸带生长有植被的宽浅矩形复式断面河道的水力学特性。他们将研究情况分为三种：第一种是植物分布在矩形河道的一边且高度超出水面；第二种是植物分布在矩形河道的一边，但淹没在水中；第三种是植物分布在复式渠道的河漫滩上。结果表明，在第一种情况下，当植物密度小于一定值时，植物带相当于加糙了堤岸，随着植物密度的增加，植物带内的水流逐渐被堵塞，河道中的最大流速也逐渐偏离植物带。在第二种情况下，当植物密度处于某个范围内时，植物带内的部分水流被阻滞，植物带的作用相当于复式断面中的光滑河漫滩；当植物密度超出一定值时，植物带内的水流基本被堵塞，植物带的作用则相当于复式断面中的加糙河漫滩。在第三种情况下，随着植物密度的增加，主槽一侧的二次流速逐渐加大，导致主槽内纵向最大流速逐渐偏离植物带；当植物密度达到一定程度时，滩地植物带形成阻塞区域，其纵向流速逐渐趋于均匀。在这三种植物情况下，紊动能均随着植物密度的增大先增大后减小，且最大值逐渐向主槽偏移。但是，就像传统模型一样，这种三维紊流代数应力模型无法对水平大尺度涡旋连续结构及其动态发展进行模拟，也不能反映不同几何形态河道水流的紊流运动。还有学者建立了一个一维的数学模型来描述有 HAV（高等水生植物）存在的明渠紊动水流的垂向结构。但该模型无法准确描述有植被明渠紊动水流的垂向结构，有待进一步的改进和发展。时钟通过室内水槽试验测量了海岸盐沼植物冠层水流的平均流速分布，试验结果揭示了冠层上、下水流明显的三层结构，即冠层底部、过渡层、冠层上部水体层。在冠层底部存在一个平均流速梯度反转值，且不同种属的植物流速反转梯度出现的位置不同。在冠层之上，垂向平均流速分布呈“J”形，随着冠层的高度减小，其变得更加明显。

(2) 通过生物特性研究水流结构

程艳等在活动玻璃水槽内，采用装饰用的塑料树模拟柔性植物，探讨了植物对水流及泥沙运动的影响以及植物“柔性坝”布置方式对水流的影响。结果表明，植物“柔性坝”布置方式能够阻缓水流，且其阻力作用随着种植密度和坝长的不同而有所差异。王忖在黄本胜等的研究基础上对河滩植物复式断面渠道的水流特性进行了试验研究，着重研究了滩地种植密度、排列方式对水流的影响，通过使用 ADV（声学多普勒测速仪）对滩地种树前后滩槽交界区域的流速场进行测量，分析了滩槽交界区域的垂线流速、紊动强度和雷诺应力的变化。李艳红等选取了 0～76 株/m^2 不同种植密度的植物，根据水生植物水槽试验中 71 个断面上的测点流速及水深、流量，研究了流速垂线分布。

由此可见，对含植物水流的研究主要集中在水流结构与水流阻力两个方面。目前，研究方法主要以模型试验为主。水流阻力受植物参数（如植物的种类、高度、是否有叶子等）和周围环境（如水流条件、水深、床面形态等）影响。植物的存在无疑增加了床面糙率，改变了原始的流速分布。

6.1.2.3　*存在问题*

随着人们对生态和环境重要性认识的不断深入，含植被水流特性的研究在国内外越来越受到重视。尤其是国外在该领域的研究已经得到了较好的发展，但在很多方面依然存在一些问题，有待进一步深入研究。

（1）现实世界中的植物种类繁多，形状极其复杂，不同区域生长的植物科属也不尽相同。目前，只是对有限的几种植物进行了试验水槽内的原型测试。

（2）由于生长条件的限制，使用天然植物进行反复长期的试验存在困难，往往采用塑料模型来模拟植物进行试验。与真实植物相比，模拟植物与真实植物的紊流力学相似性问题尚未得到很好的解决。

（3）在坡面流研究中，为解决实际问题，作为一种近似，目前仍采用二维明渠的阻力概念和表达方法，此类问题尚未得到很好的解决。天然河道蜿蜒曲折，如何针对天然河道的情况进行试验研究，仍需进一步解决。

（4）含植物水流中污染物及水流泥沙的运动规律有待进一步深入研究。

（5）为解决坡面、明渠及河道工程修复中的实际问题，需要进一步发展精细数值模拟方法，计算模拟含植物的水力学运动机理。

6.2　淹没植被的水流阻力

完全淹没的植被群落不仅能够改善水质、稳定河道，而且会增加对水流的阻力，导致水流能量损失增大，影响水流分布，降低流速，产生壅水现象，从而增大洪水期洪涝灾害的风险。因此，在认识到植物对维持河流健康与完整性的积极作用的同时，也要认识到水生植物对水流运动特性的影响，以及可能导致的洪涝灾害。近年来，合理重建植被，恢复坡面、河流及渠道的生态功能，确保其输水与行洪安全，使水利建设在保持传统防洪、排涝功能的同时，兼具生态学功能，已成为当代生态水资源工程学的焦点问题。淹没植被水流阻力的研究已有上百年的历史，初期的研究主要以野外观测和经验分析为主。近几十年来，研究逐渐从经验性分析转向以动力学特征为主的机理研究。

6.2.1　完全淹没植被概述及分类

提及完全淹没植被，人们往往会想到河流、湖泊中常见的水生植物，但淹没植被实际上包括更多方面，如陆面及水中（如河流、渠道）的植被。大多数学者集中于河流及渠道淹没植被的研究，却忽略了陆面淹没植被的研究。

陆面植被是一个广泛的概念，农田就是陆面植被之一，我国种植的农作物种类繁多，不同地域有着各自的种植特色。例如，北方以种植小麦为主，南方以种植水稻为主。即便是在同一块农田中，一年内根据不同的季节也会种植不同的作物。此外，即便是同一季节的农作物，从播种到收获，其生长过程中遇到不同情况的降水，淹没程度及植被特性也会有所不同。这些都增加了研究的难度。对农田进行淹没植被水流阻力的研究，不仅可以了解作物的阻水和排水能力，还有利于农作物的增产等。对于城市而言，所谓的陆面植被主要指的是城市绿地，在城市中天然地貌已难以寻觅，人类不断改造着城市的地貌，硬化公路成为城市的主要标志，这彻底改变了城市的水文循环过程。城市是人类生活的重要场所，因此，我们更应该关注城市水文的建设，减少城市水灾害的发生。

除了陆面植被外，还有生长在河流、湖泊及渠道中的水生植物。典型的水生植物一生都依赖水环境，常见的水生植物有水葫芦、金鱼藻、水生花卉、水稻、大萍、荷花、香蒲、浮萍等等。根据水生植物的生活方式，一般将它们分为以下几大类：挺水植物、浮叶植物、沉水植物和漂浮植物。

6.2.2 完全淹没植被研究的意义

生态系统的相对稳定是保障人类生存与发展的必要条件。维持生态平衡，促进生态系统的良性循环和健康发展，是关系人类前途和命运的重大课题。然而，自 20 世纪以来，随着科学技术的进步和社会生产力的提升，人类正以前所未有的规模和强度影响着赖以生存的环境，全球生态系统的稳定受到了严重威胁。

目前，恢复和重建受损的生态系统已引起环境保护、水利及交通等相关部门的高度重视，同时也对生态学理论的实践和发展提出了新的挑战。大量文献表明，植物具有吸附沉积物、抑制浮游藻类繁殖、减轻水体富营养化、提高水体自净能力等重要功能，同时还能为动物、微生物提供栖息地和食物，维持陆面及水岸带的物种多样性。利用植物的重要功能，实现生态系统的良性循环是当前环境领域的研究热点。

目前，国内外的学者在植被的阻力特性、水流结构和能量影响等方面进行了大量研究，深入探讨了植被与水流之间的相互作用机理，得出了一些重要结论。这些研究对于陆面地貌的保护、人工湿地的建设、水生动植物栖息地的保护、水体富营养化的控制、河流及湖泊生态的修复以及河道的管理和整治等方面起到了一定的指导作用。然而，大部分研究仍侧重于特定植被、特定工况条件下的研究，且多数只得到一些定性结果或经验公式。揭示含植被水流中普遍适用的规律，以更精确地描述水流和植被之间的相互作用机制，仍然需要进行大量的研究。研究含植被水流和植被的相互作用机制，不仅能够为生态修复与自然建设提供科学依据，而且对生态水力学的发展具有重要的理论意义。

6.2.3 明渠水流阻力的研究

人工渠道和天然河道统称为明渠。在恒定明渠均匀流中，水流的能坡、断面平均流速、水力半径以及反映边界粗糙程度的摩阻系数这四个变量能够构成一个阻力方程，即恒定均匀流的断面平均流速公式，该公式可描述水流的阻力损失或摩阻特性。水力摩阻或阻力损失问题是水力学及河流动力学中最为重要的课题之一，自 18 世纪以来，众多学者对该课题进行了大量研究。为便于评述，将 1950 年之前的成果作为早期研究，将 1950 年至今的成果作为近期研究。从研究重点来看，早期研究侧重于定床条件下水流阻力公式的建立，近期研究则侧重于浑水动床条件下的糙率研究。

法国工程师安托万·谢才对明渠均匀流进行了深入研究，并于 1775 年总结出了断面平均流速与水力坡度的经验公式：

$$V = C\sqrt{RJ} \tag{6-1}$$

式中　V——平均流速，m/s；

C——谢才系数，$m^{0.5}/s$；

R——水力半径，m；

J——能坡或比降。

杜博推断，水流阻力应同流速的平方呈正比关系，并且阻力与水流方向的重力分力相等。在得到与谢才公式形式类似的等式后，杜博通过多次试验，提出了如下的公式：

$$V = \frac{15.61\sqrt{g}(\sqrt{R} - 0.1)}{\sqrt{1/J} - \lg\sqrt{1/J + 1.6}} - 0.3(\sqrt{R} - 0.1) \tag{6-2}$$

显然，杜博的公式与谢才公式的假设基础几乎相同，它们在 18 和 19 世纪对水力学科产生了巨大影响。然而，由于杜博公式形式复杂，适用范围有限，其影响力逐渐减弱。19 世纪初，许多学者应用库仑(Coulomb)的阻力定律来计算水流和沟渠水流，认为库仑的阻力定律是无穷级数的一部分。其中，Eytelwein(艾特尔温)提出的公式可以简化为谢才公式的形式，即

$$V = 50.9\sqrt{RJ} \tag{6-3}$$

在 19 世纪 30 年代至 50 年代，系数约为 50 $m^{\frac{1}{2}}/s$(相当于谢才系数 C 等于 50 $m^{\frac{1}{2}}/s$)的式(6-3)在工程界应用颇为广泛。不过，后来大量试验和实测资料表明，系数 C 并非常数，而是与过水断面形状、壁面粗糙情况以及雷诺数等因素有关。

达西和魏斯巴赫在其出版的《工程力学》中提出了适用于管流流动的达西-魏斯巴赫公式，随后，达西又通过试验进一步完善了这一公式。

由伯努利能量方程可推导出适用于明渠的阻力公式：

$$h_f = \lambda \frac{lv^2}{2Rg} \tag{6-4}$$

式中　h_f——沿程水头损失，m；

l——河段长度，m；

R——水力半径，m；

v——水流流速；

g——重力加速度；

λ——阻力系数。

由于阻力系数 λ 是无量纲的，所以达西-魏斯巴赫公式在理论上比谢才公式或后来的曼宁公式严谨。

达西和巴赞通过分析试验资料，提出了达西-巴赞(Darcy-Bazin)公式：

$$RJ = \left(a + \frac{b}{R}\right)V^2 \tag{6-5}$$

式中　V——流速。

式(6-5)中存在两个待定系数 a、b，从而限制了达西-巴赞公式在实际中的应用。而刚吉耶和库特尔认为，只要确定一个反映河道特征的粗糙度系数 C，式(6-5)就具有广泛应用的基础。于是他们提出一个综合 C 值参数(国内学者通常把该参数 C 称为谢才系数)，即

$$C=\frac{41.65+0.002\,81/J+1.811/n_1}{1+\left[(41.65+0.002\,81/J)n_1/\sqrt{R}\right]} \tag{6-6}$$

式中　n_1——反映河道粗糙程度的系数。

尽管式(6-6)的形式十分复杂，但他们认为，任何足以得到广泛应用的公式，必然是非常复杂的。巴赞于 1865 年又提出只有一个变量系数的巴赞公式(英制单位)：

$$C=\frac{157.6}{1+(1.81n_2/\sqrt{R})} \tag{6-7}$$

式中　n_2——反映河道粗糙程度的系数。

高克勒于 1867 年提出了如下两个通用公式：

$$V=\lambda_1 R^{\frac{4}{3}}J \quad (J<0.000\,7) \tag{6-8}$$

$$V=\lambda_2 R^{\frac{2}{3}}J^{\frac{1}{2}} \quad (J>0.000\,7) \tag{6-9}$$

式中　λ_1、λ_2——系数。

另外，Hagen(哈根)也得出了与式(6-9)形式相同的公式，其在使用中对河道的坡度没有限制。更值得注意的是，爱尔兰工程师曼宁根据达西-巴赞的试验资料，采用 2/3 作为指数的近似值，此后又通过大量的观测资料进行了检验，并于 1890 年公布了他独立得出的公式：

$$V=cR^{\frac{2}{3}}J^{\frac{1}{2}} \tag{6-10}$$

式中　c——系数。

实际上，式(6-10)的形式与高克勒提出的第二个公式完全相同，曼宁当时也意识到了这个问题。也许正是出于这个原因，加之公式的因次不和谐，曼宁并没有对该式有过高的期望，而是试图寻求既能适用于管道又能适用于明渠的通用公式。在考虑大气压力影响和河床特征系数后，他提出了第二个阻力公式(本书称其为曼宁第二公式)：

$$V=34J^{1/2}\left(R^{1/2}+\frac{R}{4}-0.07\right) \tag{6-11}$$

该式同历史上曾经影响很大的杜博公式一样，都具有不需要调整参数的优点。取比降等于 0.001 进行比较后发现，这两个公式对水流阻力规律的描述相差较大，但反映在图上，其趋势却基本一致。从客观上讲，从学术和工程实际上都无法评判早期这些公式哪个最好。

后来有学者引入曼宁糙率系数 n，将式(6-10)改写为如下国际单位制形式：

$$V=\frac{1}{n}R^{2/3}J^{1/2} \tag{6-12}$$

仍取比降等于 0.001，对巴赞公式与曼宁公式进行反复比较，结果表明，如果将巴赞公式所含河道粗糙程度系数取为曼宁糙率系数平方的 2 000 倍，则两者的计算曲线较为接近。这表明当时只要积极建立粗糙特征系数数据库，就可满足一般水流的阻力计算要求。

同谢才公式进行比较，相当于谢才系数 C 由下式表示：

$$C=\frac{1}{n}R^{1/6} \tag{6-13}$$

巴普洛夫斯基根据渠道的观测资料，将式(6-13)修正为：

$$C=\frac{1}{n}R^{y} \tag{6-14}$$

式(6-14)中的指数 y 和水力半径 R、糙率 n 有一定关系，即

$$y=2.5\sqrt{n}-0.13-0.75\sqrt{R}\,(\sqrt{n}-0.10) \tag{6-15}$$

大量资料表明，对于糙率小于 0.03 的沙质渠道来说，一般认为采用曼宁公式或巴普洛夫斯基公式并无显著的不同。

曼宁公式形式简单，包含的水力学因子较少，且工程界已积累了不同边界材料及使用情况下的糙率系数 n 取值表格，有的资料还列出了同一河槽特性下不同水深所对应的 n 值，美国地质调查局甚至对 50 条已确定了 n 值的河流出版了彩色照片并配有描述性资料。综上所述，曼宁公式之所以流行，正是由于工程界对糙率系数 n 积累了丰富的资料。

6.2.4　坡面水流阻力的研究

坡面流是指由降雨形成的，在重力作用下沿坡面运动的浅层水流。当降雨量超过土壤入渗及地面洼蓄能力时，坡面流便会产生，并通过地表汇入河道，成为河道水流的主要组成部分。有时，坡面流也被称为片流或漫流。坡面流是污染物迁移、土壤侵蚀及产沙的主要动力因素，因此，研究其阻力规律对于认识坡面汇流过程、土壤侵蚀及产沙的机理具有极其重要的意义。

6.2.4.1　坡面水流阻力的发展历程

坡面水流阻力的发展历程详见第 4.1.1 节。

阻力公式的不同从根本上来说是水流在一定边界条件下运动时能量耗散变化的反映，因此，今后应从能量耗散规律入手研究各类条件下的阻力变化。对水流运动的完整描述应包括开放水流系统在运动过程中的质量守恒、动量守恒和能量守恒。将谢才公式推广应用后，水流运动方程中的糙率系数已不再具有原有的清楚物理意义，其由常数变成了与不同方向运动速度、地物甚至地形有关的变量，继续采用这类研究方法不利于深入认识各类条件下的水流阻力特性。未来，我们应探索不同流动条件下对应的“谢才公式”，这种公式应能反映地物、地形起伏、运动维数、非恒定流特性及其他因素的影响，又具有明确的物理意义。如果在这方面取得进展，将会对水力学的发展起到极大的推动作用。

现有的关于坡面流阻力的研究大多是在定床和缓坡条件下的试验总结，很少有陡坡原型动床条件下的试验成果。同时，定床和动床条件下坡面流阻力的区别也未研究清楚。此外，我国有大量自然山坡属于陡坡类型，随着坡度的增加，坡面流阻力会发生显著变化，甚至在形成机理上也可能发生变化，因此，今后加强陡坡条件下坡面流阻力特性的研究显得尤为重要。现有研究尚未明确推移质运移阻力的形成机理，泥沙运动对水流阻力的影响在研究中也较少涉及，这些方面都需要进一步深入探讨。

6.2.4.2　水流阻力取值的确定

水流阻力取值的确定详见第 4.1.2 节。

6.3　淹没植被的试验分析

为了探究淹没植被的水流阻力和水力学特性，需要对一些关键的水力学要素进行测

量。为此，本书构建了一套以水泵、平衡管、静水池、流量控制系统、调坡装置、蓄水池等为主体，包含水深、流速测量仪器的试验量测系统（详见第 3 章）。淹没植被试验的设备、试验方法、计算公式、试验步骤与非淹没植被的水流阻力研究基本相同，两者之间的主要区别在于用于模拟植被的塑料棒的高度，在非淹没条件下其高度为 15 cm，在淹没条件下其高度为 5 cm。

6.3.1 试验数据及分析

对底坡为 0、走向角为 90°、间距为 60 mm×60 mm 的淹没植被进行模拟试验，试验参数数据见表 6-1，具体数据分析如下。

表 6-1 坡度为 0、走向角为 90°、间距为 60 mm×60 mm 的试验参数数据（淹没条件下）

序次	平均水深 h	水流流量 Q	水流速度 v	水头损失 h_f	雷诺数 Re	弗劳德数 Fr	糙率系数 n	阻力系数 f
1	0.056 65	$9.783\ 8\times10^{-5}$	0.200 93	0.000 835	31 906.79	0.269 669	0.014 669	0.047 733
2	0.059 5	0.000 190 69	0.205 78	0.000 928	33 943.99	0.269 483	0.015 487	0.052 532
3	0.061 45	0.000 283 47	0.211 465	0.001 204	35 755.9	0.272 498	0.017 453	0.066 174
4	0.064 95	0.000 376 38	0.219 437	0.001 573	38 698.73	0.275 047	0.019 766	0.083 691
5	0.066 95	0.000 469 16	0.224 46	0.002 125	40 496.76	0.277 109	0.022 807	0.110 578
6	0.069 15	0.000 561 96	0.230 976	0.002 121	42 690.13	0.280 581	0.022 499	0.106 755
7	0.074 15	0.000 655 01	0.242 029	0.002 116	47 092.83	0.283 922	0.022 198	0.102 149
8	0.085 9	0.000 748 69	0.260 843	0.002 024	56 380.53	0.284 296	0.021 604	0.093 426
9	0.089 1	0.000 841 58	0.268 336	0.002 02	59 494.88	0.287 162	0.021 342	0.090 397
10	0.093 5	0.000 934 58	0.275 664	0.001 285	63 177.67	0.287 979	0.016 938	0.056 314

6.3.1.1 流态分析

图 6-1 所示为 Fr-h 曲线，由图 6-1 可以看出，所有试验点的弗劳德数均小于 1，变化幅度不大，这表明本次试验的水流流型为缓流。随着流量的增加和水位的升高，弗劳德数呈缓慢增大的趋势，但总体呈平稳状态。在完全淹没试验中，弗劳德数随水深 h 变化的曲线与非淹没试验中弗劳德数随水深 h 变化的曲线呈现出不同的趋势。

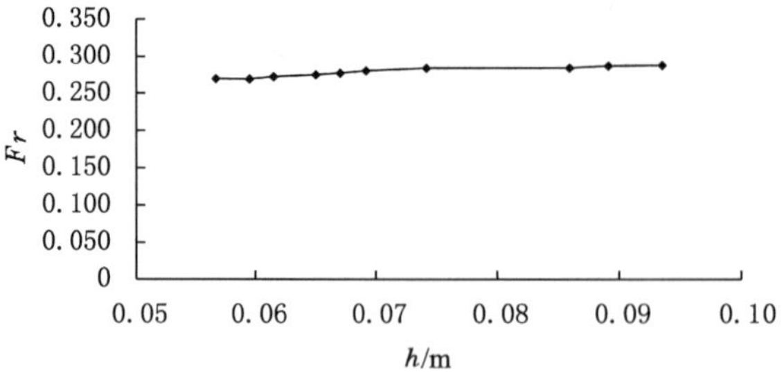

图 6-1 Fr-h 曲线

图 6-2 所示为雷诺数 Re 与水深 h 的关系曲线，由图 6-2 可以看出，所以试验点的雷诺数均大于 2 300，这表明试验中的水流流态为紊流。随着水位的增加，雷诺数 Re 呈不断增大的趋势。这一变化规律与非淹没试验中的一致。

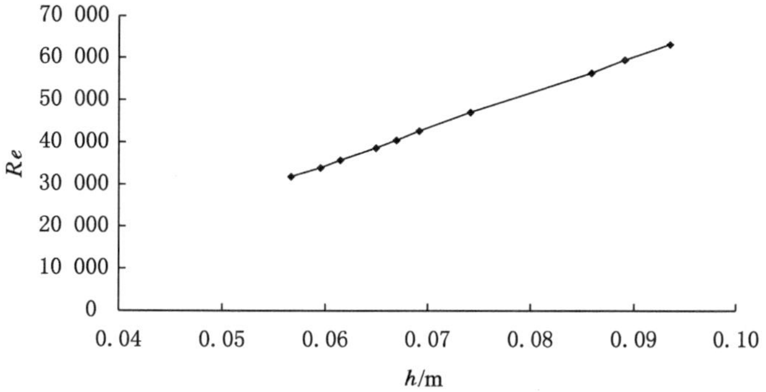

图 6-2　Re-h 曲线

根据试验数据及流态分析结果，划分本试验的流态分区图(图 6-3)：临界过渡区、紊流光滑及过渡区内均无试验点，所有试验点均处于绝对粗糙区。

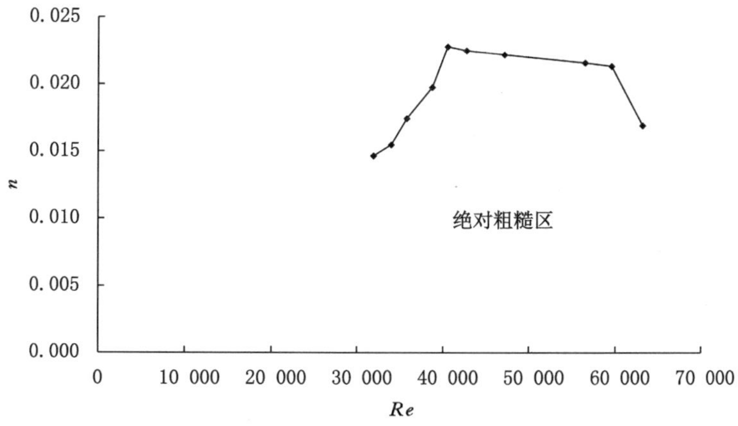

图 6-3　试验点所处流区划分结果

由图 6-3 可以看出，曼宁糙率取值在绝对粗糙区内的变化较大。随着雷诺数的增大，曼宁糙率取值先呈现逐步增大的趋势，然后趋于平稳，最后呈现下降的趋势。

6.3.1.2　水流阻力分析

本试验通过对沿程水头损失、阻力系数 f 等数据进行分析，研究了水流阻力的变化关系。

(1) 沿程水头损失的变化

图 6-4 所示为淹没植被的 h_f-h 曲线，由图 6-4 可以看出，在小流量条件下，淹没植被的沿程水头损失 h_f 变化十分明显，随着水深的增加，沿程水头损失 h_f 呈现迅速增大的趋势；然后，随着水深的增加，沿程水头损失 h_f 趋于稳定但有小幅度的下降趋势；随着水深的再增加，由于水流的惯性作用，沿程水头损失 h_f 呈现明显的下降趋势。

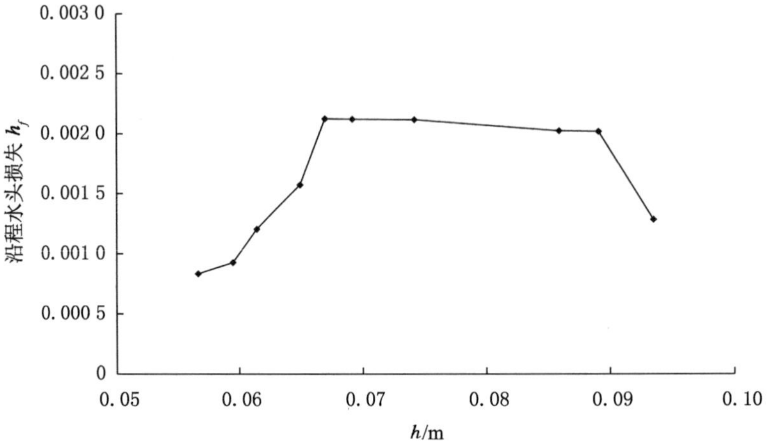

图 6-4 h_f-h 的关系曲线

（2）水流阻力参数分析

图 6-5 所示为淹没植被的 f-h 曲线，图 6-6 所示为淹没植被的 n-h 曲线，图 6-7 所示为淹没植被的 n-h/h_0（淹没程度）曲线。由图 6-5～图 6-7 可以看出，这 3 幅图中的关系曲线十分相似，均呈现先快速增大后趋于平缓且有小幅度下降再明显下降的趋势。

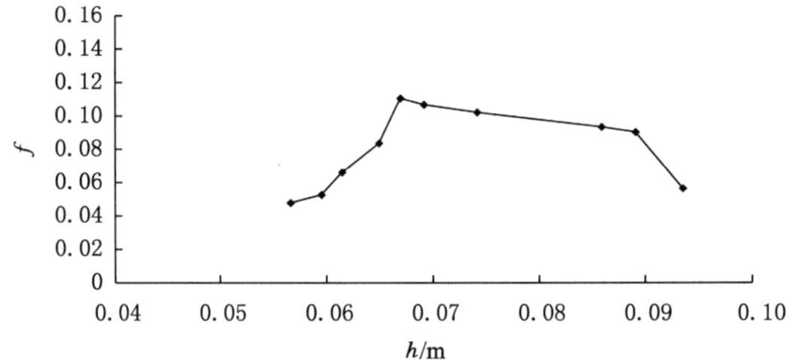

图 6-5 淹没植被的 f-h 曲线

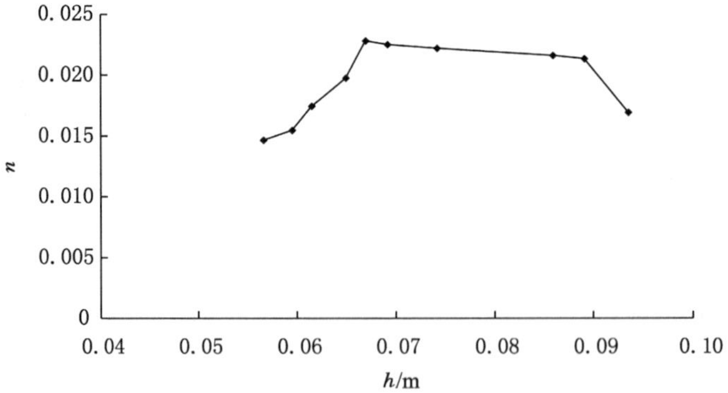

图 6-6 淹没植被的 n-h 曲线

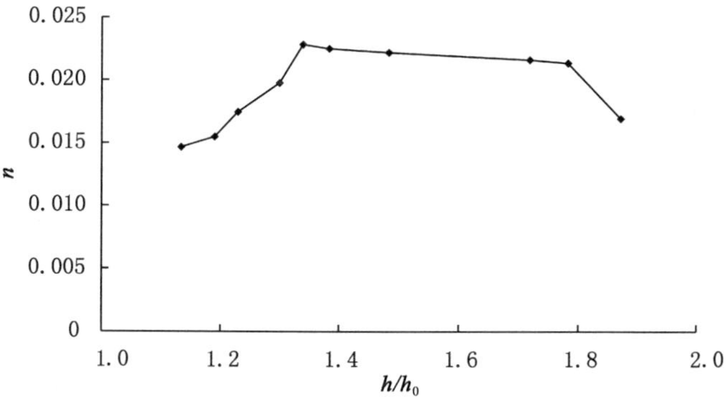

图 6-7　淹没植被的 n-h/h_0 曲线

6.3.2　坡度对水力特性的影响

为了研究不同坡度对水力特性的影响，本试验设置了 3 种不同的坡度，并收集了不同坡度下的水力学参数数据，如表 6-2 所示。

表 6-2　不同坡度下的水力学参数数据(淹没条件下)

坡度/%	平均水深 h	水流流量 Q	水流速度 v	水头损失 h_f	雷诺数 Re	弗劳德数 Fr	糙率系数 n	阻力系数 f	h/h_0
0.0	0.056 6	0.004 6	0.200 9	0.000 8	31 907	0.269 7	0.014 7	0.047 7	1.133 0
	0.059 5	0.004 9	0.205 8	0.000 9	33 944	0.269 5	0.015 5	0.052 5	1.190 0
	0.061 5	0.005 2	0.211 5	0.001 2	35 756	0.272 5	0.017 5	0.066 2	1.229 0
	0.065 0	0.005 7	0.219 4	0.001 6	38 699	0.275 0	0.019 8	0.083 7	1.299 0
	0.067 0	0.006 0	0.224 5	0.002 1	40 497	0.277 1	0.022 8	0.110 6	1.339 0
	0.069 2	0.006 4	0.231 0	0.002 1	42 690	0.280 6	0.022 5	0.106 8	1.383 0
	0.074 2	0.007 2	0.242 0	0.002 1	47 093	0.283 9	0.022 2	0.102 1	1.483 0
	0.085 9	0.009 0	0.260 8	0.002 0	56 381	0.284 3	0.021 6	0.093 4	1.718 0
	0.089 1	0.009 6	0.268 3	0.002 0	59 495	0.287 2	0.021 3	0.090 4	1.782 0
	0.093 5	0.010 3	0.275 7	0.001 3	63 178	0.288 0	0.016 9	0.056 3	1.870 0
0.5	0.054 0	0.005 7	0.262 3	0.003 6	40 094	0.360 7	0.022 7	0.115 3	1.079 5
	0.057 7	0.006 2	0.267 2	0.003 8	43 042	0.355 2	0.023 8	0.125 2	1.154 5
	0.062 5	0.006 9	0.274 4	0.003 6	47 008	0.350 6	0.023 6	0.120 0	1.250 5
	0.064 7	0.007 2	0.277 6	0.003 6	48 824	0.348 6	0.023 7	0.120 1	1.294 5
	0.068 1	0.007 7	0.283 7	0.003 6	51 849	0.347 2	0.023 7	0.119 4	1.362 5
	0.071 5	0.008 3	0.289 2	0.003 5	54 768	0.345 5	0.023 5	0.116 0	1.429 5
	0.072 9	0.008 5	0.292 3	0.003 4	56 174	0.345 7	0.023 2	0.112 4	1.458 5
	0.076 0	0.009 1	0.298 0	0.003 4	59 048	0.345 3	0.023 2	0.111 4	1.520 5
	0.079 1	0.009 6	0.302 7	0.003 5	61 699	0.343 9	0.023 6	0.113 8	1.581 5
	0.084 8	0.010 5	0.309 4	0.003 2	66 280	0.339 4	0.022 9	0.105 4	1.696 5

表6-2(续)

坡度/%	平均水深 h	水流流量 Q	水流速度 v	水头损失 h_f	雷诺数 Re	弗劳德数 Fr	糙率系数 n	阻力系数 f	h/h_0
1.0	0.055 8	0.007 2	0.326 1	0.005 9	51 048	0.441 1	0.023 9	0.127 1	1.115 0
	0.056 8	0.007 4	0.329 7	0.006 0	52 384	0.442 0	0.024 0	0.128 0	1.136 0
	0.059 2	0.007 7	0.330 1	0.005 5	54 154	0.433 4	0.023 3	0.119 3	1.184 0
	0.060 3	0.007 9	0.329 9	0.005 4	54 895	0.429 2	0.023 5	0.120 3	1.206 0
	0.063 4	0.008 5	0.338 1	0.005 3	58 427	0.429 1	0.023 3	0.117 1	1.267 0
	0.066 4	0.009 0	0.342 6	0.005 2	61 344	0.424 7	0.023 3	0.115 4	1.328 0
	0.070 1	0.009 6	0.344 9	0.005 0	64 306	0.416 1	0.023 2	0.112 9	1.402 0
	0.071 4	0.009 9	0.349 0	0.005 1	65 964	0.417 2	0.023 5	0.115 8	1.428 0
	0.073 2	0.010 2	0.350 5	0.004 9	67 514	0.413 7	0.023 0	0.110 5	1.465 0
	0.075 0	0.010 5	0.353 7	0.004 6	69 306	0.412 6	0.022 5	0.104 4	1.500 0

注:h_0 表示模拟植被的高度,其高为 0.05 m。

(1) 坡度对水流流态的影响

图 6-8～图 6-10 所示分别为 3 种不同坡度下的 *Fr-h* 曲线、*Re-h* 曲线、*Fr-Re* 曲线,由图 6-8～图 6-10 可以看出,坡度对弗劳德数 *Fr*、雷诺数 *Re* 这些对流态具有决定性作用的水力学要素有着明显的影响。

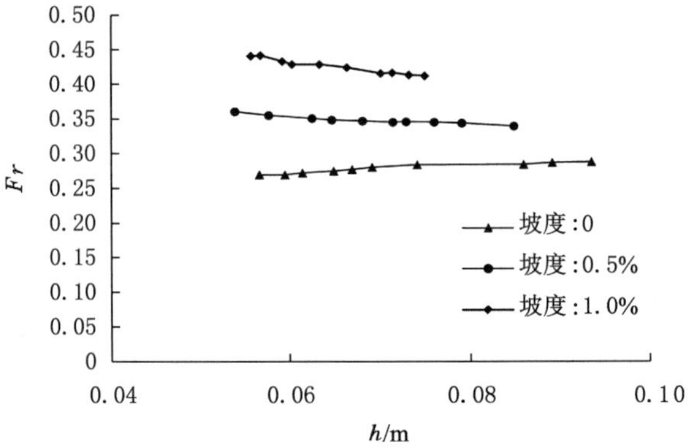

图 6-8　3 种不同坡度下的 *Fr-h* 曲线

弗劳德数 *Fr* 是判别流态的重要水力学要素,在坡度为 0 的情况下,*Fr* 随着水深的增加而增加;在坡度为 0.5%的情况下,*Fr* 随着水深的增加而缓慢减小;在坡度为 1.0%的情况下,*Fr* 随着水深的增加而减小,其减小程度大于坡度为 0.5%时的减小程度。在同一水深下,坡度越大,对应的 *Fr* 值越大。因此,坡度对 *Fr* 的变化趋势及其取值大小均有明显影响。

雷诺数是判别流型的重要水力学要素,由图 6-9 可以看出,3 种不同坡度下的 *Re* 均随着水深的增加而呈现增大的变化趋势,且在同一水深下,坡度越大,对应的 *Re* 值越大。

虽然坡度对弗劳德数 *Fr*、雷诺数 *Re* 这些对流态具有决定性作用的水力学要素有着明

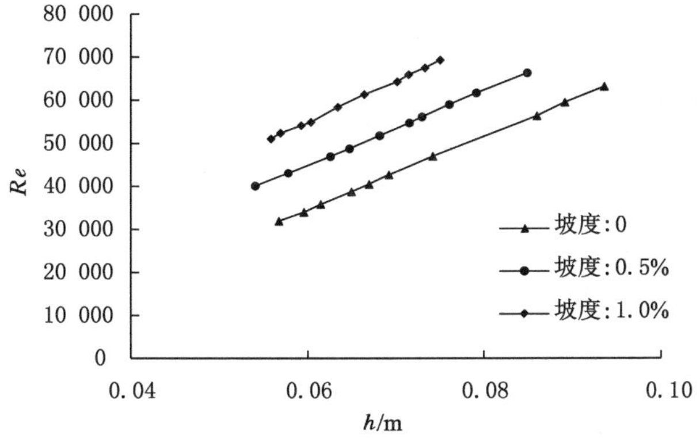

图 6-9　3 种不同坡度下的 *Re-h* 曲线

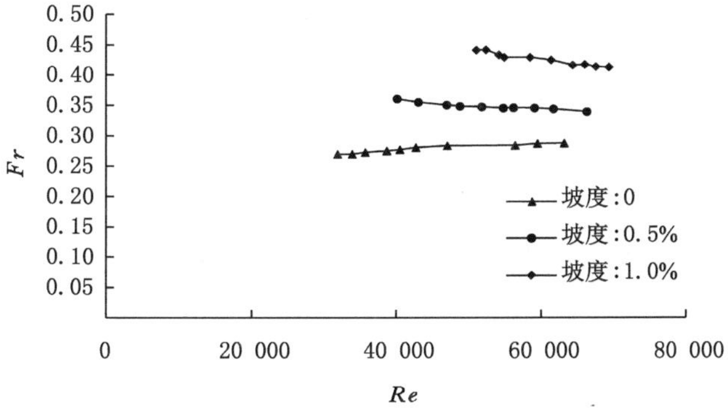

图 6-10　3 种不同坡度下的 *Fr-Re* 曲线

显的影响，但由图 6-10 可以看出：3 种不同坡度下的流态均属于缓、紊流。

(2) 坡度对沿程水头损失的影响

图 6-11 所示为 3 种不同坡度下的 h_f-h 曲线，由图 6-1 可以看出，h_f 随 h 变化的趋势可以分为三个阶段：增大→缓慢下降→急剧下降。

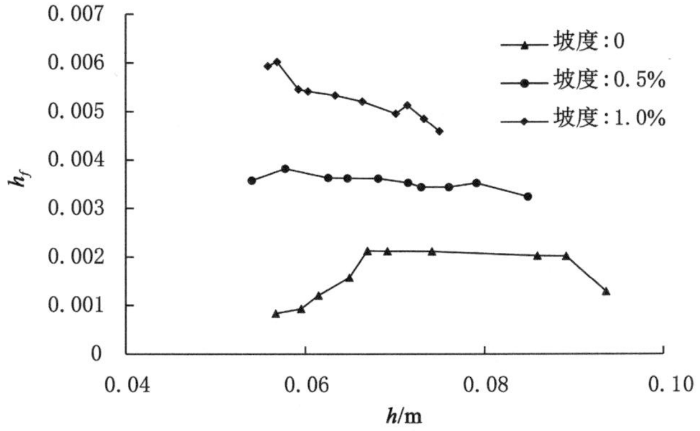

图 6-11　3 种不同坡度下的 h_f-h 曲线

(3) 坡度对糙率系数的影响

图 6-12～图 6-14 所示分别为 3 种不同坡度下的 n-h 曲线，由图 6-12～图 6-14 可以看出，随着坡度的增大，n 的取值逐渐趋于稳定。在坡度为 0 时，n 值的变化幅度较大；随着坡度的增大，n 值逐渐稳定在 0.020～0.025 之间。

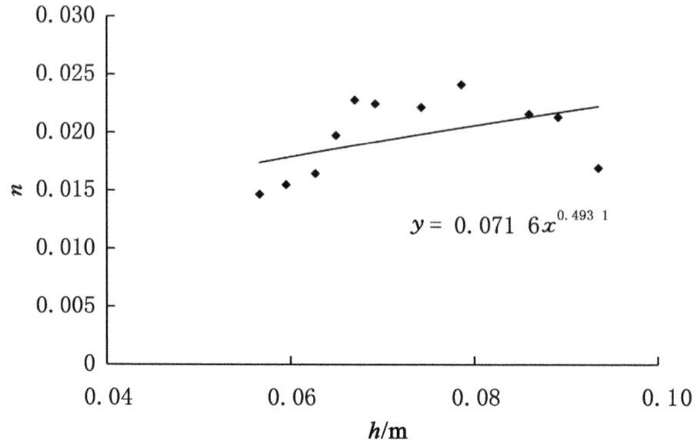

图 6-12　坡度为 0 时的 n-h 曲线

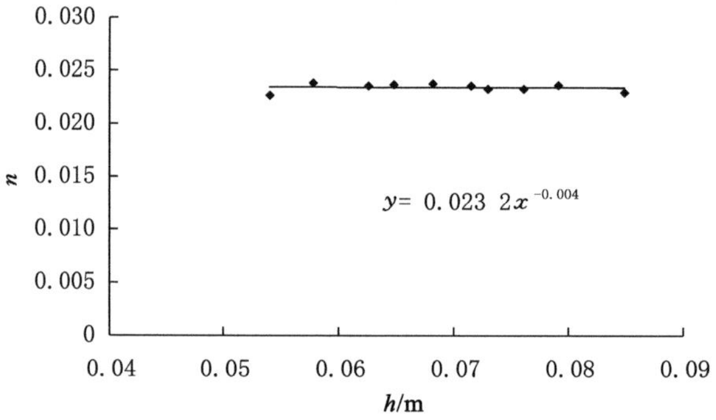

图 6-13　坡度为 0.5%时的 n-h 曲线

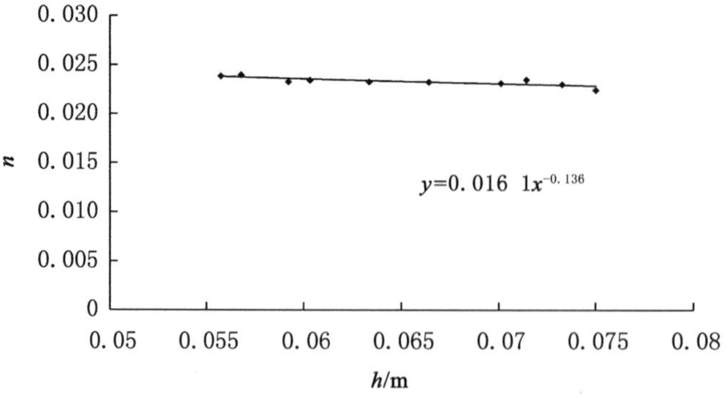

图 6-14　坡度为 1.0%时的 n-h 曲线

6.4　研究结论与展望

6.4.1　研究结论

本章试验以完全淹没植被为研究对象，探讨其水流阻力，并得出以下结论：

(1) 水流流态的试验点均处于绝对粗糙区，随着雷诺数 Re 的增大，曼宁糙率 n 值呈现先增大后缓慢下降的趋势。

(2) 阻力系数 f 和 h 的关系与糙率系数 n 和 h 的关系的变化规律基本一致，均呈现先快速增大后趋于平缓且有小幅度下降再明显下降的趋势。

(3) 在不同坡度下，水力学要素与坡度的关系为：① 在坡度为 0 的情况下，Fr 随着水深的增加而增加；在坡度为 0.5％的情况下，Fr 随着水深的增加而缓慢减小；在坡度为 1.0％的情况下，Fr 随着水深的增加而减小，其减小程度大于坡度为 0.5％时的减小程度；在同一水深下，坡度越大，对应的 Fr 值越大。因此，坡度对 Fr 的变化趋势及其取值大小均有明显影响。② 3 种不同坡度下的 Re 均随着水深的增加呈现增大的变化趋势，且在同一水深下，坡度越大，对应的 Re 值越大。③ 虽然坡度对弗劳德数 Fr、雷诺数 Re 这些对流态具有决定性作用的水力学要素有着明显的影响，但试验结果表明：3 种不同坡度下的流态均属于缓、紊流。④ 随着坡度的增大，h_f-h 曲线由上升趋势转变为下降趋势。

6.4.2　研究展望

自然界的水流运动非常复杂，尽管近年来水力学领域已取得了显著进展，但在如何确定水流运动方程中的阻力项方面仍未取得明显的进展，因此，研究工作一直停留在对早期谢才公式的修正阶段。一方面，借用或修正谢才公式在很多情况下能够满足实际生产需求；另一方面，这种粗糙的处理使得原本定义明确的糙率系数变得复杂多样，其物理意义也变得模糊不清。总之，将恒定均匀流条件下适用的谢才公式直接推广到定床、动床或非恒定流等情形，缺乏理论根据。寻找非均匀流条件下的阻力表达式，是当前水力学研究中面临的一大挑战，需要我们加大研究力度。

(1) 本章选用了塑料棒来模拟植被，但该模型在柔韧性上与天然植物有一定的差异。自然界的植物种类繁多，生长环境和生长方式各不相同，因此，如何更加合理有效地设计试验，使其更加符合自然界的情况，是需要重点解决的问题。

(2) 在天然河道中，水生植物一般呈现杂乱的分布状态，其绕流情况十分复杂，本试验对实际情况进行了简化。

(3) 本章仅通过 n 值来研究水流阻力，不能充分反映淹没植被阻力特性的所有规律。今后需改进试验思维和装置，以深入研究水流阻力。

(4) 本次试验仅考虑了河道顺直的情况，并未考虑断面形状变化对水流阻力的影响。因此，可以对弯道及有植物的水流阻力特性进行研究。

(5) 本试验是借用明渠水流阻力公式来探讨坡面流水流阻力的，但由于坡面流与明渠水流的阻力在形成机理上明显不同，所以需要进一步研究其形成机理。现有的计算坡面水流阻力的模型各自独立，并不具有代表性，所以试验装置还需进一步完善和改进。

第7章　植被倒伏对水流阻力及流态的影响

7.1　植被倒伏研究现状

在自然界中，植被并不是一成不变的，倒伏是植被在外力或自身因素影响下出现的现象。植被倒伏不仅会改变河道水流结构、影响河道航运进程，还会造成农作物减产，给我国农业造成巨大的经济损失。植被发生倒伏现象的影响因素有很多，主要包括内因与外因两部分。内因包括植被种类、自身柔韧性、茎秆直径、枝叶数量等；外因则主要以地形、坡度等为主。植被倒伏现象复杂多变，程度不一，因此，研究植被倒伏的机理具有重要的科学意义。这不仅可为水土保持与泥沙治理提供理论依据，而且对河道岸坡防护、揭示水力侵蚀规律等均具有重要的指导意义。

在现实情况中，由于光照不同及植被自然生长的不确定性等多种因素的影响，植被往往存在不同的生长期，因此植被在形态上往往表现出较大的差异。当水流经植被时，由于阻力较小，前排的植被会顺水流方向发生较大程度的倾伏，后排的植被则会逐渐直立，不会出现像前排植被那样严重的倾倒现象，倒伏角度在逐渐减小，从而产生整体倒伏的差异性。因此，当水流冲刷柔性植被群落时，整体会形成一种渐变式的非均匀倒伏分布。这些差异导致地表植被对径流和土壤侵蚀的影响既复杂又多变。均匀形态的倒伏及柔性植被不能准确地模拟自然界中植被形态对水力学特性的影响，因此，研究植被实际的差异化倒伏现象对地表径流的影响具有重要意义。

7.2　均匀倒伏对水流阻力及流态的影响

植被覆盖下水流的运动特性一直是人们关注的焦点。为深入探索植被倒伏条件下水流结构的内在规律以及揭示水土流失防治的机理，进行了坡面流倒伏植被水流特性的影响研究。

7.2.1　试验方案与数据

为了量化分析柔性植被倒伏角度与水流特性的关系，本章在前人研究的基础上设计了试验。将植被倒伏程度用倒伏角度进行量化，并采用固定弯曲角度的刚性模拟植被来模拟倒伏状态下的柔性植被，以分析不同倒伏角度下水流阻力与流态的变化趋势，寻找它们之间的定量关系。

建立水力学模型并开展明渠水流室内模拟试验。试验中采取控制变量的方法，即保持植被高度、试验坡度 i 与茎秆直径 d 不变，而选择模拟植被的不同倒伏角度 θ。为了使试验具有代表性且方便进行量化分析，试验将倒伏角度变化范围设定为 0°～90°，并舍弃极端值，选取了 4 组倒伏角度，分别为 20°、40°、60°、80°，植被茎秆直径 d 选为 4 mm。在 7 组坡度（i=0、0.5%、1.0%、1.5%、2.0%、2.5%、3.0%）中，选择效果较好的 i=1.0%进行定坡试验。在试验过程中，记录了流量 Q、水深 h、温度等可观测数据，并计算出了 Darcy-Weisbach 阻力系数、雷诺数与弗劳德数等相关系数，如表 7-1 所示。

表 7-1　试验过程中的观测数据和计算数据

倒伏角度 θ/(°)	参数								淹没状态
	Q/(m³/s)	h/m	v/(m/s)	J	R/m	Re	Fr	λ	
20	0.000 8	0.007 8	0.247 1	0.009 6	0.007 5	2 114	0.893 8	0.092 6	非淹没
	0.001 5	0.015 8	0.272 2	0.006 5	0.014 5	4 501	0.692 8	0.099 8	非淹没
	0.002 4	0.024 7	0.256 8	0.004 5	0.021 8	6 393	0.522 5	0.115 7	非淹没
	0.003 2	0.033 4	0.245 9	0.003 5	0.028 5	7 993	0.429 8	0.130 1	非淹没
	0.004 0	0.042 3	0.242 5	0.003 5	0.034 8	9 629	0.376 6	0.163 7	非淹没
	0.005 7	0.057 3	0.248 7	0.004 1	0.044 5	12 616	0.331 9	0.232 2	非淹没
	0.007 4	0.071 3	0.259 8	0.004 3	0.052 5	15 553	0.311 0	0.264 1	淹没
	0.008 2	0.077 8	0.265 3	0.004 5	0.055 9	16 927	0.304 0	0.283 4	淹没
	0.009 1	0.083 3	0.273 7	0.004 6	0.058 8	18 341	0.302 9	0.283 3	淹没
	0.010 8	0.094 9	0.284 2	0.004 6	0.064 3	20 837	0.294 7	0.289 5	淹没
	0.011 5	0.098 9	0.292 4	0.004 5	0.066 1	22 054	0.297 0	0.270 7	淹没
	0.012 3	0.103 6	0.297 0	0.004 3	0.068 2	23 100	0.294 7	0.262 7	淹没
40	0.000 8	0.008 1	0.256 6	0.009 6	0.007 8	2 289	0.908 1	0.089 3	非淹没
	0.002 4	0.022 5	0.284 9	0.005 0	0.020 1	6 530	0.606 8	0.096 3	非淹没
	0.003 3	0.032 3	0.261 0	0.003 6	0.027 7	8 241	0.463 9	0.113 1	非淹没
	0.004 1	0.040 8	0.254 8	0.003 0	0.033 8	9 813	0.402 9	0.122 7	非淹没
	0.004 9	0.048 6	0.254 0	0.003 1	0.039 0	11 297	0.368 0	0.148 5	非淹没
	0.005 6	0.054 9	0.258 1	0.003 5	0.043 0	12 654	0.351 8	0.177 6	非淹没
	0.007 4	0.069 3	0.266 9	0.003 8	0.051 4	15 637	0.324 0	0.214 2	淹没
	0.008 2	0.075 5	0.272 7	0.003 8	0.054 7	17 017	0.317 1	0.216 8	淹没
	0.009 9	0.085 7	0.289 1	0.003 6	0.060 0	19 768	0.315 4	0.216 8	淹没
	0.010 7	0.091 0	0.295 5	0.003 3	0.062 5	21 055	0.312 9	0.186 2	淹没
	0.011 5	0.096 0	0.301 5	0.003 3	0.064 8	22 282	0.310 8	0.185 0	淹没
	0.012 2	0.100 3	0.306 0	0.002 8	0.066 7	23 281	0.308 7	0.154 0	淹没

表7-1(续)

倒伏角度 $\theta/(^\circ)$	参数								淹没状态
	$Q/(m^3/s)$	h/m	$v/(m/s)$	J	R/m	Re	Fr	λ	
60	0.000 8	0.007 4	0.257 7	0.009 8	0.007 2	2 110	0.953 8	0.083 2	非淹没
	0.002 4	0.021 2	0.308 1	0.005 3	0.019 0	6 666	0.676 7	0.083 8	非淹没
	0.003 2	0.031 7	0.268 0	0.003 1	0.027 2	8 308	0.481 3	0.092 6	非淹没
	0.004 1	0.040 4	0.258 9	0.002 4	0.027 2	9 884	0.411 5	0.094 0	非淹没
	0.004 8	0.047 4	0.260 2	0.002 4	0.038 2	11 333	0.381 7	0.106 9	非淹没
	0.005 6	0.054 0	0.264 1	0.002 5	0.042 4	12 764	0.363 2	0.117 6	非淹没
	0.007 4	0.067 7	0.277 1	0.002 3	0.050 5	15 952	0.340 2	0.117 0	淹没
	0.008 2	0.072 9	0.282 8	0.002 0	0.053 3	17 200	0.334 6	0.104 6	淹没
	0.009 0	0.078 1	0.291 2	0.001 8	0.056 1	18 612	0.333 0	0.093 9	淹没
	0.009 9	0.083 5	0.297 5	0.001 8	0.058 8	19 964	0.328 8	0.093 2	淹没
	0.010 7	0.088 5	0.303 3	0.001 6	0.061 3	21 191	0.325 7	0.083 0	淹没
	0.012 1	0.097 0	0.313 4	0.001 4	0.065 2	23 318	0.321 5	0.075 2	淹没
80	0.000 8	0.007 2	0.266 4	0.009 9	0.007 0	2 124	0.999 6	0.076 7	非淹没
	0.001 5	0.014 8	0.320 4	0.007 4	0.013 6	4 955	0.842 7	0.076 7	非淹没
	0.002 4	0.022 4	0.299 7	0.004 4	0.020 0	6 823	0.639 7	0.077 0	非淹没
	0.003 2	0.029 1	0.294 4	0.003 4	0.025 2	8 459	0.551 8	0.077 4	非淹没
	0.004 1	0.036 3	0.291 5	0.002 3	0.030 6	10 155	0.488 7	0.065 5	淹没
	0.004 8	0.043 8	0.284 1	0.001 8	0.035 7	11 579	0.433 9	0.061 2	淹没
	0.005 7	0.050 3	0.287 3	0.001 6	0.040 0	13 121	0.409 3	0.061 2	淹没
	0.006 6	0.057 3	0.291 5	0.001 3	0.044 4	14 760	0.389 0	0.054 6	淹没

7.2.2 倒伏角度关于水流阻力的定量分析

图 7-1 所示为不同倒伏角度下 Darcy-Weisbach 阻力系数 λ 与水深 h 的关系曲线，由图 7-1可以看出，在试验开始时，Darcy-Weisbach 阻力系数 λ 并不是从零开始变化的，这说明试验存在较大的起始水流阻力，这在很大程度上是试验仪器底板和侧壁造成的。在此基础上，随着水深 h 以及倒伏角度 θ 的变化，Darcy-Weisbach 阻力系数 λ 开始发生变化。在相同水深条件下，当植被倒伏角度 θ 增大时，Darcy-Weisbach 阻力系数 λ 呈现减小的趋势，并且这一规律在淹没和非淹没状态下都相同，因此其不受植被淹没状态的影响，即 $\lambda_{20^\circ}>\lambda_{40^\circ}>\lambda_{60^\circ}>\lambda_{80^\circ}$。综上所述，可以认为水流阻力随植被倒伏程度的增大而减小的现象可能是植物在水流的冲击下整体变形呈流线以减小阻力所引起的，随着倒伏程度的增大，水流冲击力垂直作用在植被上的部分减小，从而导致水流阻力的减小。

当植被处于任一倒伏角度时，Darcy-Weisbach 阻力系数 λ 随水深 h 的增加而逐渐增大，随后增长率逐渐减小，最终阻力系数 λ 呈现减小的趋势。由图 7-1 还可以看出，阻力系数 λ 的变化趋势与植被的淹没状态变化密切相关，阻力系数 λ 的增长阶段对应于植被的非淹没状态，减小阶段则对应于植被的淹没状态。因此，对于完全淹没的柔性植被，阻力系数

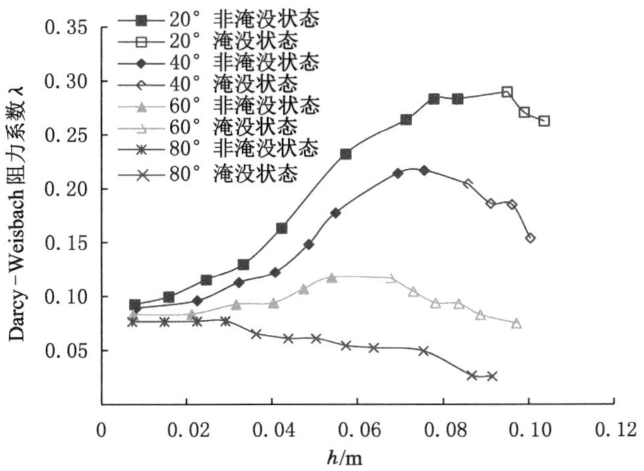

图 7-1　不同倒伏角度下 Darcy-Weisbach 阻力系数 λ 与水深 h 的关系曲线

λ 逐渐减小的原因可能是：起初植被处于非淹没状态，随着水深的增加，植被茎秆的阻水面积增大，导致植被水流阻力增大，但当植被完全淹没后，随着水深的持续增加，植被的阻水总面积不再增大，而水流的过水断面面积却在不断增大，这导致植被产生的水流阻力占整个过水断面阻力的比例减小，所以呈现下降的趋势。

淹没状态是影响倒伏角度与 Darcy-Weisbach 阻力系数关系的关键因素之一，因此，对倒伏角度与 Darcy-Weisbach 阻力系数关系的定量分析应分为非淹没和淹没两部分。

7.2.2.1　非淹没状态下倒伏角度与 Darcy-Weisbach 阻力系数的关系

图 7-2 所示为非淹没状态下不同倒伏角度 θ 对应的 Darcy-Weisbach 阻力系数 λ 与水深 h 的关系曲线，通过拟合发现，该曲线符合指数形式，故设定拟合公式形式为：

$$\lambda_u = \alpha_1 e^{\beta_1 h} \tag{7-1}$$

$$\lambda_s = \alpha_2 e^{\beta_2 h} \tag{7-2}$$

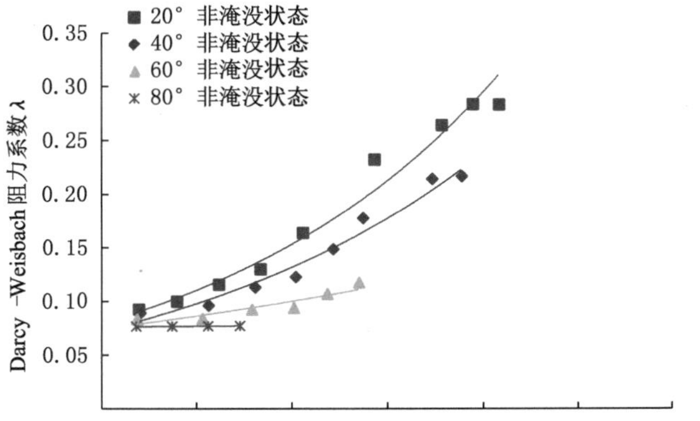

图 7-2　非淹没状态下不同倒伏角度 θ 对应的 λ-h 曲线

式(7-1)表示非淹没状态下 Darcy-Weisbach 阻力系数 λ 与水深 h 的关系，其中 λ_u 表示该状态下植被的 Darcy-Weisbach 阻力系数。式(7-2)表示淹没状态下 Darcy-Weisbach 阻力系数 λ 与水深 h 的关系，其中 λ_s 表示该状态下植被的 Darcy-Weisbach 阻力系数。

对图 7-2 中的 λ-h 曲线进行拟合，拟合公式与参数见表 7-2。

表 7-2　非淹没状态下的拟合公式与参数

倒伏角度 θ/(°)	拟合公式参数			α_1/θ-θ 拟合公式	β_1-θ 拟合公式
	公式	α_1	β_1		
20	$\lambda_{20°}=0.079\ 6e^{16.37h}$ $R^2=0.979\ 9$	0.079 6	16.37	$\alpha_1/\theta=0.085\ 6\theta^{-1.032}$ $R^2=0.997\ 2$	$\beta_1=-0.276\ 8\theta+23.584$ $R^2=0.941\ 9$
40	$\lambda_{40°}=0.072\ 8e^{14.849h}$ $R^2=0.966$	0.072 8	14.849		
60	$\lambda_{60°}=0.074\ 7e^{7.340\ 7h}$ $R^2=0.864$	0.074 7	7.340 7		
80	$\lambda_{80°}=0.076\ 4e^{0.420\ 8h}$ $R^2=0.856\ 4$	0.076 4	0.420 8		

为得到非淹没状态下阻力系数 λ 与倒伏角度 θ 的关系，拟合出关于 h 与 θ 的公式 $\lambda_{u(h,\theta)}$，故寻找 θ 与 α_1、β_1 的关系，将 α_1、β_1 分别用 θ 表示出来。分别对 α_1/θ、β_1 与 θ 进行拟合，拟合结果见图 7-3。

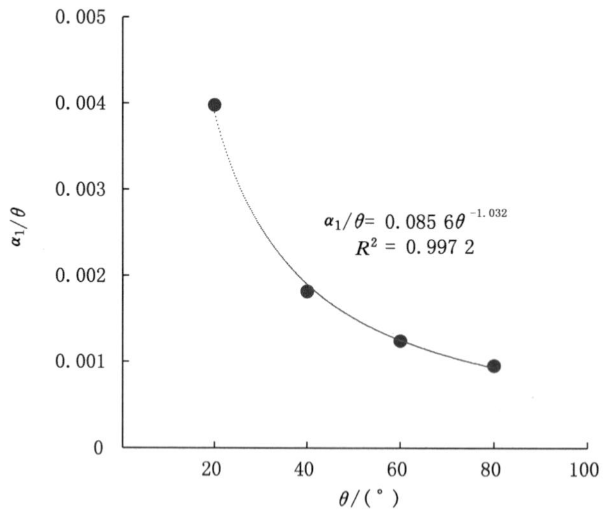

(a)

图 7-3　非淹没状态下参数 α_1、β_1 与倒伏角度 θ 的拟合关系

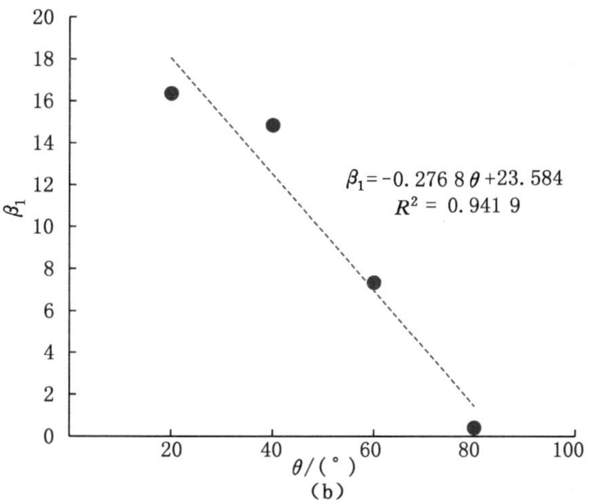

图 7-3(续)

由图 7-3 可以看出,参数 α_1、β_1 与倒伏角度 θ 之间存在一定的关系,其关系式如下:

$$\alpha_1 = 0.085\ 6\theta^{-0.032} \tag{7-3}$$

$$\beta_1 = -0.276\ 8\theta + 23.584 \tag{7-4}$$

将式(7-3)与式(7-4)代入式(7-1),得:

$$\lambda_u = 0.085\ 6\theta^{-0.032} e^{(-0.276\ 8\theta+23.584)h} \tag{7-5}$$

式(7-5)即非淹没状态下水流阻力系数 λ 与倒伏角度 θ 的定量关系式。

7.2.2.2　淹没状态下倒伏角度与 Darcy-Weisbach 阻力系数的关系

图 7-4 所示为淹没状态下不同倒伏角度 θ 对应的 Darcy-Weisbach 阻力系数 λ 与水深 h 的关系曲线。

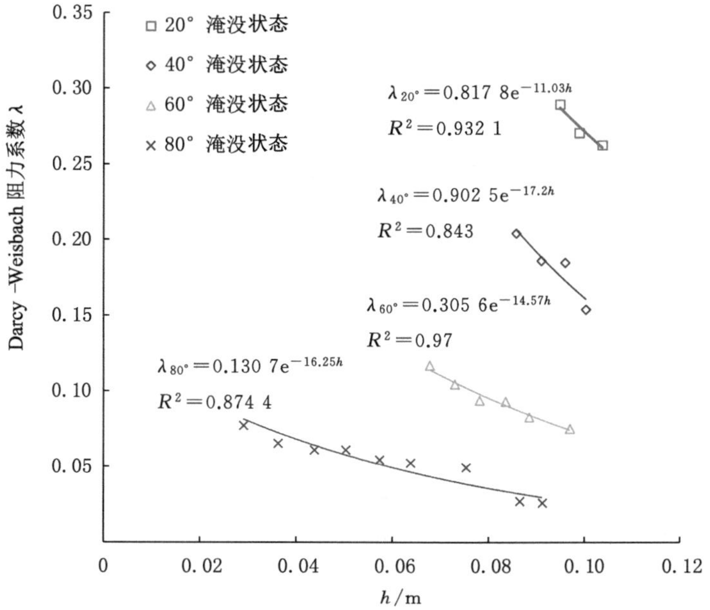

图 7-4　淹没状态下不同倒伏角度 θ 对应的 λ-h 曲线

对图 7-4 中的 λ-h 曲线进行拟合，拟合公式与参数见表 7-3。

表 7-3　淹没状态下的拟合公式与参数

倒伏角度 θ/(°)	拟合公式与参数			α_2/θ-θ 拟合公式	β_2/θ-θ 拟合公式
	公式	α_2	β_2		
20	$\lambda_{20°}=0.817\ 8e^{-11.03h}$ $R^2=0.932\ 1$	0.817 8	−11.03	$\alpha_2/\theta=54.27\theta^{-2.286}$ $R^2=0.890\ 2$	$\beta_2/\theta=0.006\ 2\theta-0.664\ 9$ $R^2=0.950\ 6$
40	$\lambda_{40°}=0.902\ 5e^{-17.2h}$ $R^2=0.843$	0.902 5	−17.20		
60	$\lambda_{60°}=0.305\ 6e^{-14.57h}$ $R^2=0.97$	0.305 6	−14.57		
80	$\lambda_{80°}=0.130\ 7e^{-16.25h}$ $R^2=0.874\ 4$	0.130 7	−16.25		

为得到淹没状态下阻力系数 λ 与倒伏角度 θ 的关系，拟合出关于 h 与 θ 的公式 $\lambda_{s(h,\theta)}$，故寻找 θ 与 α_2、β_2 的关系，将 α_2、β_2 分别用 θ 表示出来。分别对 α_2/θ、θ/β_2 与 θ 进行拟合，拟合结果见图 7-5。

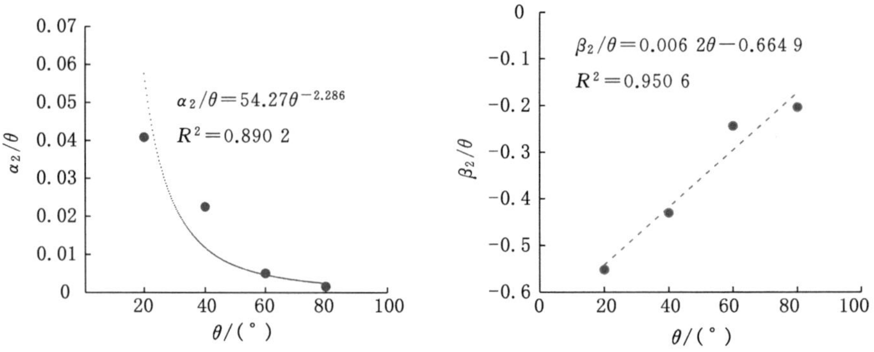

(a)　　(b)

图 7-5　淹没状态下参数 α_2、β_2 与倒伏角度 θ 的拟合关系

根据图 7-5，我们可以得知 α_2/θ 与 θ，以及 θ/β_2 与 θ 的关系式，因此可以推导出 α_2、β_2 关于 θ 的关系式：

$$\alpha_2=54.27\theta^{-1.286} \tag{7-6}$$

$$\beta_2=(0.006\ 2\theta-0.664\ 9)\theta \tag{7-7}$$

将式(7-6)与式(7-7)代入式(7-2)，得：

$$\lambda_s=54.27\theta^{-1.286}e^{(0.006\ 2\theta-0.664\ 9)\theta h} \tag{7-8}$$

式(7-8)即淹没状态下水流阻力系数 λ 与倒伏角度 θ 的定量关系式。

对比非淹没和淹没状态下阻力系数 λ 与倒伏角度 θ 的定量关系[式(7-5)与式(7-8)]，我们可以发现，两种状态下的关系式在形式上是相同的，唯一的区别是系数不同。

7.2.3　不同倒伏角度下流态的定量分析

雷诺数 Re 与弗劳德数 Fr 是表征水流流态的主要参数。根据雷诺数 Re 和弗劳德数 Fr 的计算结果，可绘制出不同倒伏角度下的 Re-h 曲线与 Fr-h 曲线[图 7-6(a)和图 7-6(b)]。

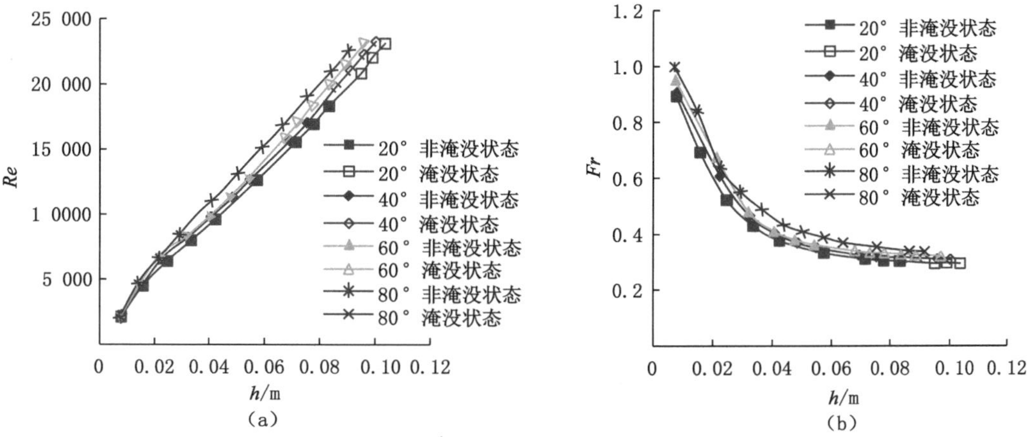

图 7-6　不同倒伏角度下雷诺数 Re、弗劳德数 Fr 与水深 h 的关系曲线

对于非圆管水流，一般采用雷诺数 $Re_c=500$(下临界值)来判别水流流态，当 $Re<Re_c$ 时，水流为层流；当 $Re>Re_c$ 时，水流为紊流。在本试验中，雷诺数 $Re_{min}=2\,110>500$，因此在试验过程中，水流始终处于紊流状态。此外，根据弗劳德数 Fr 可把水流运动状态划分为急流和缓流，当 $Fr<1$ 时为缓流，当 $Fr>1$ 时为急流。在本试验中，弗劳德数 $Fr_{max}=0.999\,6<1$，故水流处于缓流状态。综上所述，在本试验中，随着流量的增大，水流始终处于紊流状态，水流运动状态则为缓流。

由图 7-6 可以看出，当植被处于任一倒伏角度 θ 时，随着水深 h 的增加，雷诺数 Re 逐渐增加，且其增加趋势大致呈线性；弗劳德数 Fr 随着水深 h 的增加而减小，且减小速率逐渐降低，最终趋于稳定。此外，雷诺数与弗劳德数的变化率并未因植被淹没程度的不同而发生显著变化，这说明倒伏状态下的水流流态受植被淹没程度的影响较小或可以被忽略。

当植被处于同一水深 h 时，随着倒伏角度 θ 的增大，雷诺数 Re 与弗劳德数 Fr 都随之增大，即 $Re_{20°}<Re_{40°}<Re_{60°}<Re_{80°}$，$Fr_{20°}<Fr_{40°}<Fr_{60°}<Fr_{80°}$。这一现象表明，植被倒伏程度越大，对水流的扰动作用就越大。造成这种变化的原因可能是，随着倒伏程度的增加，植被浸水部分增多，从而对水流的扰动作用增大，导致雷诺数与弗劳德数相应增加。因此，可以认为随着植被倒伏程度的逐渐增加，植被对流场的扰动作用应该逐渐减弱。但这种增大趋势并不十分明显，这说明植被倒伏程度对水流流态的影响较小，为准确表示出这一关系，有必要对倒伏角度 θ 与雷诺数 Re、弗劳德数 Fr 之间的关系进行量化分析。

7.2.3.1　倒伏角度与雷诺数关系的定量分析

根据图 7-6(a)绘制不同倒伏角度下雷诺数 Re 与水深 h 的散点图(图 7-7)，由图 7-7 可以看出，Re 与 h 之间的关系近似为一条直线。对 Re-h 散点图进行拟合，设其关系式遵循一

次函数的关系，即

$$Re = \gamma_1 h + \delta_1 \tag{7-9}$$

然后采用与处理阻力系数相同的参数拟合方法，对参数 γ_1、δ_1 与 θ 之间的关系进行拟合，拟合结果见图 7-8。

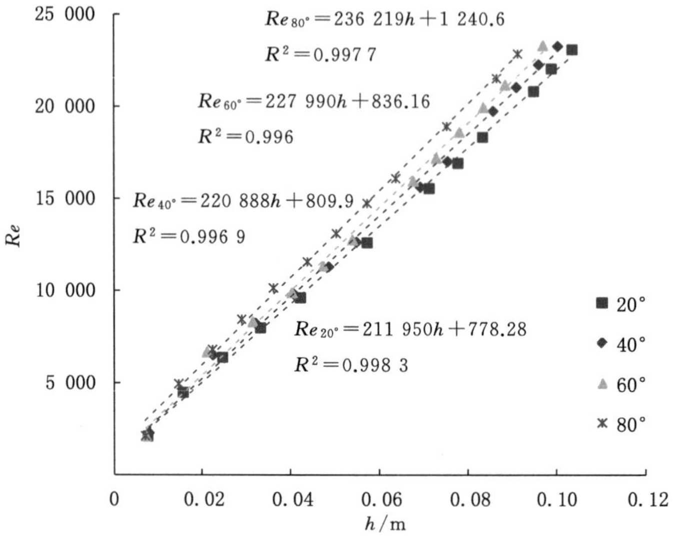

图 7-7　不同倒伏角度 θ 对应的 Re-h 曲线

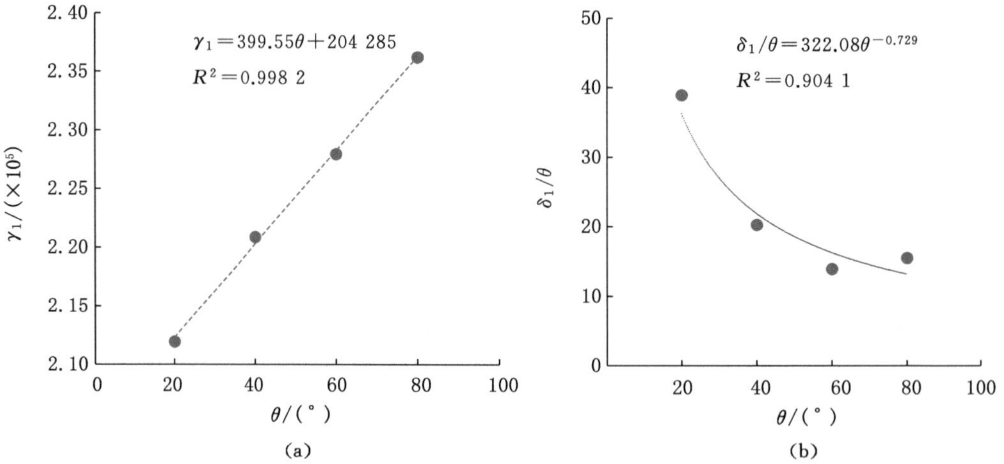

图 7-8　拟合参数 γ_1 与 δ_1 关于 θ 的拟合关系式

由图 7-8 可知，γ_1 与 δ_1 关于 θ 的拟合关系式为：

$$\gamma_1 = 399.55\theta + 204\ 285 \tag{7-10}$$

$$\delta_1 = 322.08\theta^{0.271} \tag{7-11}$$

将式(7-10)与式(7-11)代入式(7-9)，得：

$$Re = (399.55\theta + 204\ 285)h + 322.08\theta^{0.271} \tag{7-12}$$

式(7-12)即雷诺数 Re 与倒伏角度 θ 的定量关系式。

7.2.3.2　倒伏角度与弗劳德数关系的定量分析

根据图 7-6(b)绘制不同倒伏角度下弗劳德数 Fr 与水深 h 的散点图(图 7-9)。对 Re-h 散点图进行拟合,设其关系式为幂函数,即

$$Fr = \gamma_2 h^{\delta_2} \tag{7-13}$$

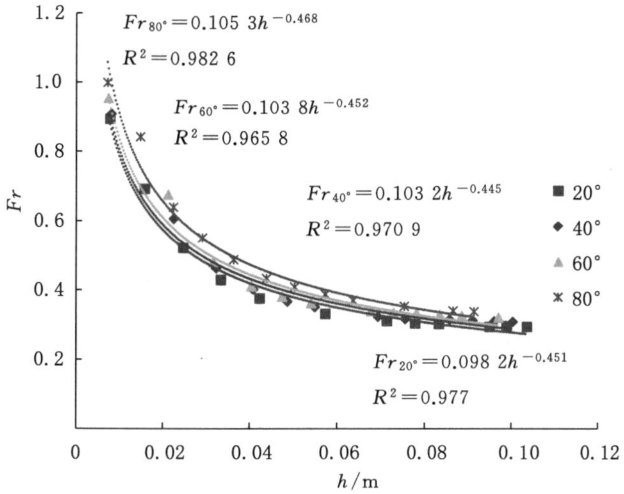

图 7-9　不同倒伏角度 θ 对应的 Fr-h 曲线

然后采用与处理阻力系数相同的参数拟合方法,对参数 γ_2、δ_2 与 θ 之间的关系进行拟合,拟合结果见图 7-10。

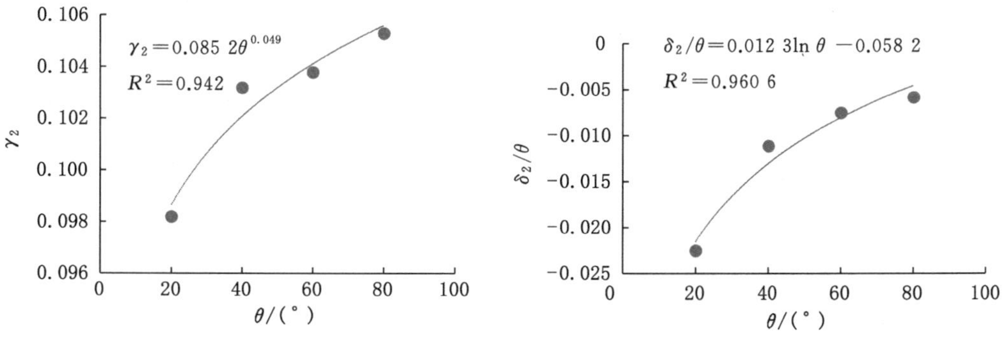

图 7-10　拟合参数 γ_2 与 δ_2 关于 θ 的拟合关系式

由图 7-10 可知,γ_2 与 δ_2 关于 θ 的拟合关系式为:

$$\gamma_2 = 0.085\ 2\theta^{0.049} \tag{7-14}$$

$$\delta_2 = 0.012\ 3\theta\ln\theta - 0.058\ 2\theta \tag{7-15}$$

将式(7-14)与式(7-15)代入式(7-13),得:

$$Fr = 0.085\ 2\theta^{0.049} h^{0.012\ 3\theta\ln\theta - 0.058\ 2\theta} \tag{7-16}$$

式(7-16)即弗劳德数 Fr 与倒伏角度 θ 的定量关系式。

由式(7-5)、式(7-8)、式(7-12)、式(7-16)可知，坡面流水流阻力与流态与水深的关系较为简单：Darcy-Weisbach 阻力系数与水深呈指数函数关系、雷诺数与水深呈一次函数关系、弗劳德数与水深呈幂函数关系，但它们与倒伏角度的关系则表现为复杂的复合函数关系。所以在任何给定条件下，只要固定水深与倒伏角度，就可以得到对应的 Darcy-Weisbach 阻力系数、雷诺数与弗劳德数。

7.2.3.3 拟合公式的验证分析

为确认上述拟合方法是否可行，以及拟合公式是否具有实用性，有必要进行如下验证。

将原始数据中的倒伏角度与水深值代入拟合公式，计算出相应的水力学参数 λ、Re、Fr 的拟合值，然后将这些拟合值与水力学参数的真实值进行对比，并绘制出散点关系图(图 7-11)。

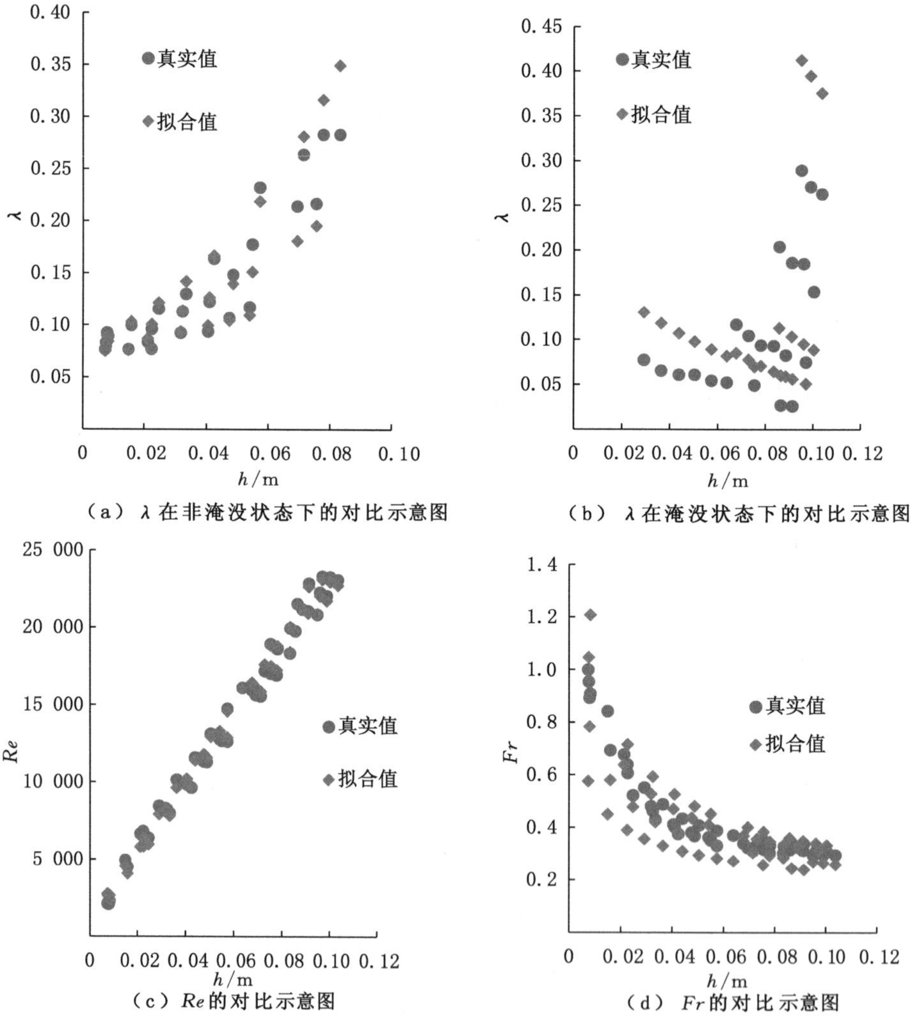

(a) λ 在非淹没状态下的对比示意图

(b) λ 在淹没状态下的对比示意图

(c) Re的对比示意图

(d) Fr的对比示意图

图 7-11 水力学参数的真实值与拟合值的对比示意图

由图 7-11 可以看出，Darcy-Weisbach 阻力系数 λ 的真实值与拟合值在非淹没区中相近或重合，而在淹没区则较为离散；雷诺数 Re 的真实值与拟合值呈现较高的重合度，弗劳

德数 Fr 的重合度也较高。为进一步明确公式的拟合效果，计算水力学参数真实值与拟合值的相关系数(R^2)。R^2 越接近 1，表示真实值与拟合值的相关性越高，公式的拟合效果越好。

计算结果显示，非淹没区 Darcy-Weisbach 阻力系数关于水深和倒伏角度的公式的相关系数 $R^2=0.986\ 0$，淹没区公式的相关系数 $R^2=0.799\ 6$，雷诺数 Re 拟合公式的相关系数 $R^2=0.999\ 4$，弗劳德数 Fr 拟合公式的相关系数 $R^2=0.932\ 8$。根据这些相关系数的大小，可以明显看出公式拟合效果的优劣。其中，在淹没状态下，由于不可控影响因素较多，所以 Darcy-Weisbach阻力系数的拟合公式的相关系数明显低于其他三组。总体而言，采用拟合方法所得的水力学参数关于水深和倒伏角度的公式具有较强的实用性，所采用的拟合方法也具有可行性。

7.3　植被茎秆直径对水流阻力的影响

植被茎秆的纵向和横向生长会导致茎秆直径发生变化，从而会影响植被的抗倒伏情况。目前，国内对柔性植被倒伏现象的研究相对较少，对倒伏现象进行量化分析的则更少。此外，在研究植被茎秆直径对水流特性的影响时，大多数研究者仅对刚性植被的直立状态做出了分析，关于倒伏植被茎秆直径对水流特性的影响，有必要开展试验进行深入研究。

7.3.1　试验方案与数据

为研究倒伏植被茎秆直径对水流特性的影响，本小节设置了对照试验，分别分析了植被在直立和倒伏状态下直径与水流阻力、雷诺数、弗劳德数之间的关系，并进行了量化分析。

试验包括直立试验和倒伏试验两部分。其中，将倒伏角度 $\theta=0°$ 设为直立状态，$\theta=20°$ 设为倒伏状态，在每组试验中，固定坡度 $i=1.0\%$，并选用茎秆直径 d 分别为 2 mm、3 mm、4 mm 的模拟植被。通过试验得出相关试验参数，并计算出所需的水力学参数，如弗劳德数 Fr、雷诺数 Re、Darcy-Weisbach 阻力系数 λ 等。直立状态($\theta=0°$)和倒伏状态($\theta=20°$)下的水力学参数计算结果分别见表 7-4 和表 7-5。

表 7-4　直立状态下($\theta=0°$)不同直径($d=2$ mm、3 mm、4 mm)所对应的水力学参数(Re、Fr、λ)计算结果

茎秆直径 d/mm	参数	组号											
		1	2	3	4	5	6	7	8	9	10	11	12
2	h/m	0.013 8	0.020 3	0.028 2	0.036 7	0.043 4	0.050 7	0.057 0	0.064 0	0.076 0	0.082 0	0.093 2	0.098 4
	Re	4 564	6 742	8 464	9 911	11 454	13 131	14 626	16 016	18 768	20 051	22 572	23 860
	Fr	0.846 8	0.728 2	0.576 6	0.470 2	0.433 3	0.405 5	0.387 7	0.366 4	0.347 0	0.337 9	0.326 3	0.323 5
	λ	0.088 7	0.079 2	0.076 6	0.095 3	0.108 6	0.102 1	0.110 9	0.125 1	0.136 5	0.138 4	0.151 8	0.157 1
3	h/m	0.014 5	0.022 0	0.030 2	0.039 2	0.046 8	0.054 6	0.060 6	0.067 7	0.080 1	0.085 4	0.096 5	0.100 7
	Re	4 420	6 472	8 176	9 891	11 354	12 991	14 401	15 858	18 617	19 752	22 387	23 322
	Fr	0.766 3	0.622 0	0.505 9	0.429 2	0.389 1	0.364 2	0.352 8	0.337 6	0.322 5	0.316 9	0.310 3	0.307 6
	λ	0.106 0	0.103 0	0.100 9	0.113 5	0.146 4	0.171 8	0.190 3	0.195 4	0.204 2	0.209 6	0.232 4	0.232 7

表7-4(续)

茎秆直径 d/mm	参数	组号											
		1	2	3	4	5	6	7	8	9	10	11	12
4	h/m	0.016 3	0.025 5	0.034 6	0.043 1	0.050 9	0.057 2	0.064 8	0.071 5	0.083 1	0.089 7	0.100 3	0.103 7
	Re	4 261	6 280	8 001	9 572	11 131	12 495	14 070	15 525	18 156	19 521	22 010	22 890
	Fr	0.625 9	0.490 8	0.409 9	0.365 6	0.341 6	0.329 5	0.317	0.309 3	0.300 7	0.295 2	0.291 6	0.291 9
	λ	0.123 5	0.129 6	0.150 6	0.195 8	0.230 4	0.248 8	0.276 3	0.281 2	0.302 3	0.293 9	0.293 6	0.301 2

表 7-5　倒伏状态下($\theta=20°$)不同直径(d=2 mm、3 mm、4 mm)所对应的水力学参数(Re、Fr、λ)计算结果

茎秆直径 d/mm	参数	组号											
		1	2	3	4	5	6	7	8	9	10	11	12
2	h/m	0.013 8	0.020 4	0.028 3	0.036 9	0.044 4	0.058 4	0.065 7	0.071 2	0.076 7	0.082 8	0.093 4	0.098 1
	Re	4 599	6 703	8 368	9 840	11 544	14 378	15 981	17 306	18 658	19 978	22 574	23 736
	Fr	0.853 1	0.716 1	0.567 6	0.463 8	0.424 5	0.369 0	0.354 0	0.346 8	0.340 8	0.332 5	0.325 3	0.322 8
	λ	0.088 3	0.081 1	0.071 1	0.076 6	0.096 5	0.139 8	0.154 9	0.144 7	0.154 1	0.162 3	0.143 1	0.148 5
3	h/m	0.013 6	0.020 7	0.030 0	0.038 5	0.046 3	0.060 7	0.068 2	0.074 3	0.080 0	0.085 7	0.096 4	0.099 9
	Re	4 234	6 438	8 293	9 853	11 301	14 338	15 874	17 217	18 573	19 895	22 432	23 323
	Fr	0.804 8	0.672 8	0.516 9	0.437 3	0.392 4	0.351 0	0.335 2	0.327 0	0.322 0	0.317 6	0.311 2	0.310 5
	λ	0.100 3	0.090 7	0.092 8	0.109 7	0.128 4	0.183 1	0.200 4	0.190 9	0.194 9	0.198 6	0.194 4	0.189 5
4	h/m	0.015 5	0.024 6	0.033 4	0.042 3	0.051 0	0.064 9	0.071 3	0.077 8	0.083 3	0.089 2	0.098 9	0.103 6
	Re	4 361	6 402	7 993	9 629	11 177	14 151	15 553	16 927	18 341	19 595	22 054	23 100
	Fr	0.685 2	0.524 7	0.429 8	0.376 6	0.342 1	0.318 2	0.311 0	0.304 0	0.302 9	0.298 3	0.297 0	0.294 7
	λ	0.111 9	0.113 9	0.130 1	0.163 7	0.229 7	0.267 2	0.264 1	0.283 4	0.283 3	0.266 3	0.270 7	0.262 7

7.3.2　不同直径下水流阻力的量化分析

根据表 7-4 和表 7-5 的计算结果，可绘制出植被在直立和倒伏两种状态下，不同直径所对应的 Darcy-Weisbach 阻力系数 λ 与水深 h 的关系曲线[图 7-12(a)和图 7-12(b)]。这两幅图具有很大的相似性，总体而言，无论植被处于直立状态还是倒伏状态，在任意给定的直径条件下，Darcy-Weisbach 阻力系数 λ 均随着水深 h 的增加而逐渐增大，当水深达到一定值后，其增长率开始减小，且在倒伏状态下阻力系数增长率趋于 0，阻力系数趋于常数。故可认为当植被完全淹没后，随着水深的逐渐增加，Darcy-Weisbach 阻力系数 λ 趋于常数，而且该常数随植被茎秆直径的变化而变化。造成该规律的主要原因是植被淹没程度，在植被未被淹没时，随着水深的增加，植被淹没程度逐渐增加，阻水面积增加，故水流阻力持续增大，当植被完全被淹没后，随着水深的增加，植被的阻水面积不变，所以水流阻力不会增大，这一解释也在图 7-12 中得到了验证。图 7-12 中的空心点表示植被处于淹没状态，由图 7-12 可以看出，在直立状态下，阻力系数增长率在第九个点后明显减缓；在倒伏状态下，阻力系数增长率则在第八个点后趋于平稳。

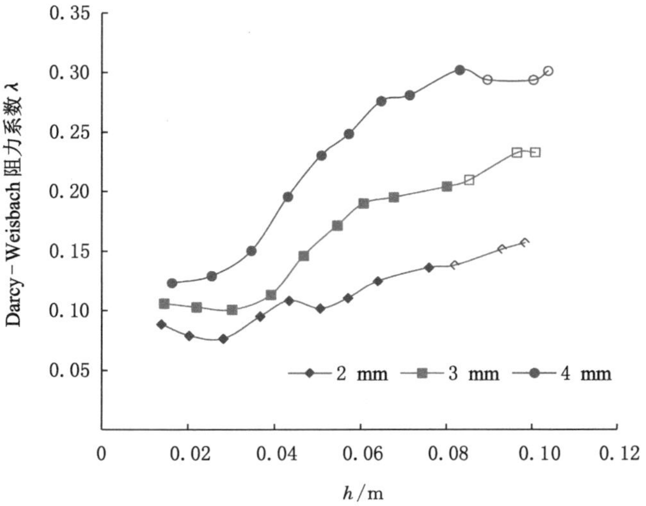

(a) 直立状态（$\theta=0°$）

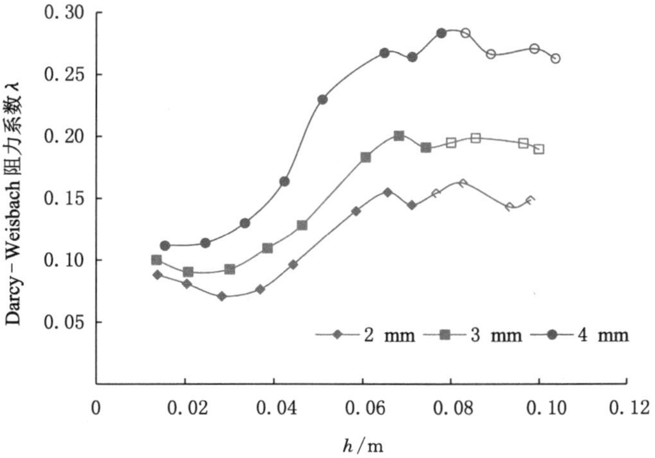

(b) 倒伏状态（$\theta=20°$）

图 7-12　直立与倒伏状态下不同直径所对应的 λ-h 曲线

由图 7-12 还可以看出，当处于同一水深 h 时，直立和倒伏两种状态下都有：Darcy-Weisbach 阻力系数 λ 随着茎秆直径 d 的增大而增大，即 $\lambda_{2\ \mathrm{mm}}<\lambda_{3\ \mathrm{mm}}<\lambda_{4\ \mathrm{mm}}$。这是由于直径增大造成阻水面积增大，所以阻力系数随之增大。这一规律已被众多学者证实，但其仅是一个定性规律，描述太过笼统。为了得出更精确的变化规律，本研究对直立和倒伏两种状态下，不同直径对应的 Darcy-Weisbach 阻力系数 λ 进行了差值分析，结果见表 7-6。结果（表 7-6）显示，茎秆直径每增加 1 mm，直立状态下的 Darcy-Weisbach 阻力系数 λ 平均增长 46.10%，倒伏状态下的 Darcy-Weisbach 阻力系数 λ 平均增长 36.46%。由此可知，倒伏状态下的阻力系数增长率明显低于直立状态。

表 7-6　直立($\theta=0°$)和倒伏($\theta=20°$)状态下不同直径($d=2$ mm、3 mm、4 mm)所对应的 Darcy-Weisbach 阻力系数 λ 差值分析结果

倒伏角度 θ/(°)	参数	组号											
		1	2	3	4	5	6	7	8	9	10	11	12
0	λ_2	0.088 7	0.079 2	0.076 6	0.095 3	0.108 6	0.102 1	0.110 9	0.125 1	0.136 5	0.138 4	0.151 8	0.157 1
	λ_3	0.106 0	0.103 0	0.100 9	0.113 5	0.146 4	0.171 8	0.190 3	0.195 4	0.204 2	0.209 6	0.232 4	0.232 7
	λ_4	0.123 5	0.129 6	0.150 6	0.195 8	0.230 4	0.248 8	0.276 3	0.281 2	0.302 3	0.293 9	0.293 6	0.301 2
	$(\lambda_3-\lambda_2)/\lambda_2$	19.50%	30.05%	31.72%	19.10%	34.81%	68.27%	71.60%	56.20%	49.60%	51.45%	53.10%	48.12%
	$(\lambda_4-\lambda_3)/\lambda_3$	16.51%	25.83%	49.26%	72.51%	57.38%	44.82%	45.19%	43.91%	48.04%	40.22%	26.33%	29.44%
	$(\lambda_4-\lambda_2)/2\lambda_2$	19.62%	31.82%	48.30%	52.73%	56.08%	71.84%	74.57%	62.39%	60.73%	56.18%	46.71%	45.86%
	$\Delta\lambda_{average}$												46.10%
20	λ_2	0.088 3	0.081 1	0.071 1	0.076 6	0.096 5	0.139 8	0.154 9	0.144 7	0.154 1	0.162 3	0.143 1	0.148 5
	λ_3	0.100 3	0.090 7	0.092 8	0.109 7	0.128 4	0.183 1	0.200 4	0.190 9	0.194 9	0.198 6	0.194 4	0.189 5
	λ_4	0.111 9	0.113 9	0.130 1	0.163 7	0.229 7	0.267 2	0.264 1	0.283 4	0.283 3	0.266 3	0.270 7	0.262 7
	$(\lambda_3-\lambda_2)/\lambda_2$	3.59%	11.84%	30.52%	43.21%	33.06%	30.97%	29.37%	31.93%	26.48%	22.37%	35.85%	27.61%
	$(\lambda_4-\lambda_3)/\lambda_3$	11.57%	25.58%	40.19%	49.23%	78.89%	45.93%	31.79%	48.45%	45.36%	34.09%	39.25%	38.63%
	$(\lambda_4-\lambda_2)/2\lambda_2$	13.36%	20.22%	41.49%	56.85%	69.02%	45.57%	35.25%	47.93%	41.92%	32.04%	44.58%	38.45%
	$\Delta\lambda_{average}$												36.46%

7.3.3　不同直径下流态的量化分析

流态是表征水流特性的基本参数，可以通过雷诺数 Re 和弗劳德数 Fr 来划分层流与紊流、缓流与急流。根据表 7-4 和表 7-5 中的数据，可绘制出直立和倒伏状态下不同直径对应的 Re-h 曲线、Fr-h 曲线(图 7-13、图 7-14)。从这两幅图中可以明显看出，图 7-13(a)与图 7-13(b)、图 7-14(a)与图 7-14(b)具有高度的相似性：无论是直立状态还是倒伏状态，随着水深 h 的增加，不同直径对应的雷诺数 Re 都随之呈线性增大趋势，弗劳德数 Fr 则随之呈下降趋势，且下降速率逐渐减小，最终趋于平缓。这说明植被倒伏现象对水流流态的影响较小。另外，从流态上来说，在有限的水深范围内，随着水深的增加，雷诺数逐渐增大且 $Re_{min}>4\ 200>500$，水流始终处于紊流状态；弗劳德数 Fr 则整体呈幂函数下降的趋势，且 $Fr_{max}=0.846\ 8<1$，水流始终处于缓流状态。

当处于同一水深 h 时，无论是倒伏状态还是直立状态，雷诺数 Re 与弗劳德数 Fr 都随着茎秆直径 d 的增大而减小，即 $Re_{2\ mm}>Re_{3\ mm}>Re_{4\ mm}$，$Fr_{2\ mm}>Fr_{3\ mm}>Fr_{4\ mm}$。同样利用差值分析方法对两种状态下的雷诺数 Re 和弗劳德数 Fr 进行处理，结果见表 7-7。由差值分析结果可知：当植被处于直立状态时，茎秆直径每增加 1 mm，雷诺数 Re 平均减小 2.07%，弗劳德数 Fr 平均减小 9.96%；而在倒伏状态下，雷诺数 Re 平均减小率为 1.44%，弗劳德数 Fr 平均减小率为 7.96%。从这些数值中可以明显看出，倒伏状态下的变化率明显小于直立状态下的变化率。

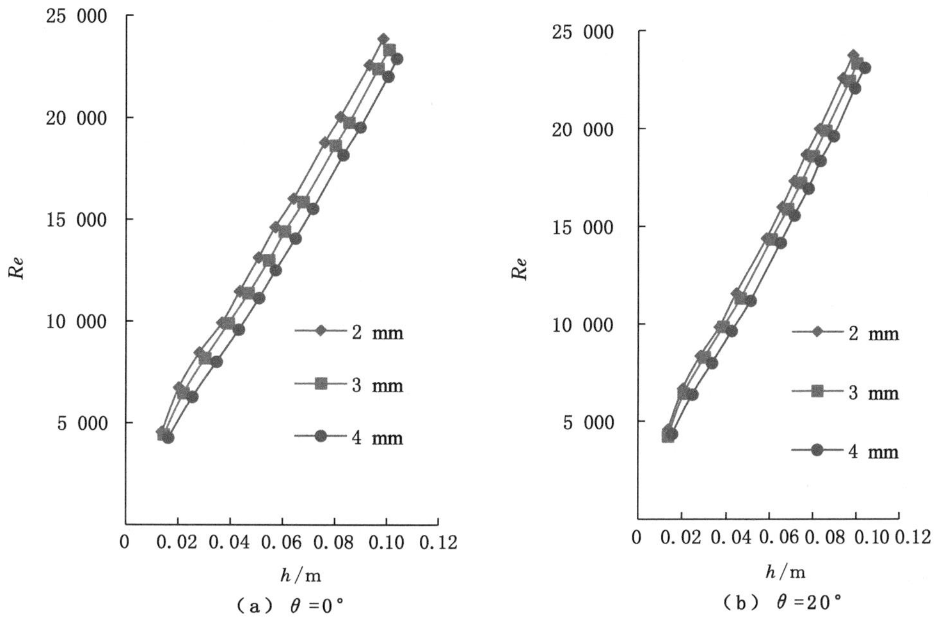

图 7-13　直立与倒伏状态下不同直径对应的 Re-h 曲线

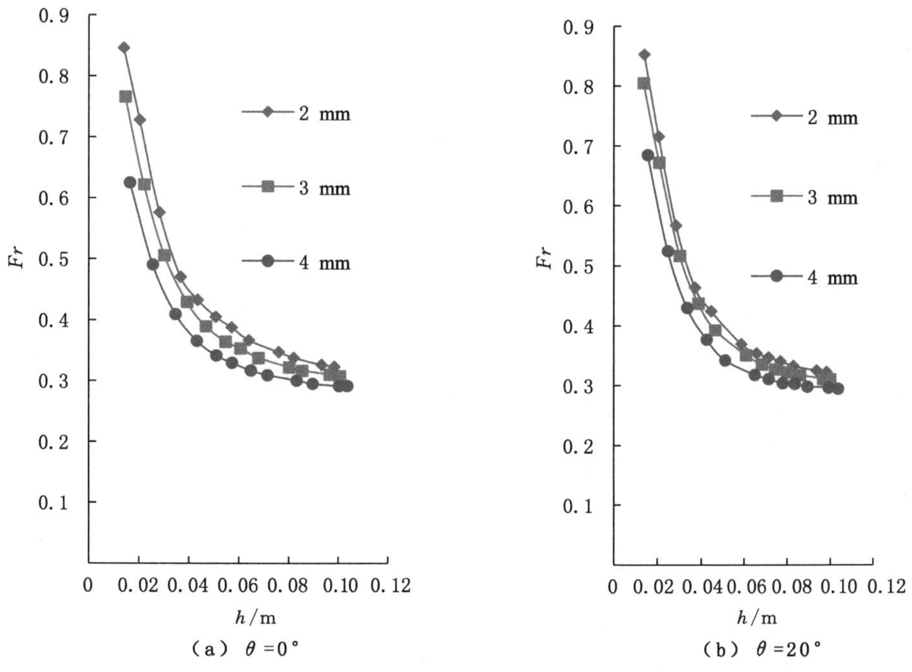

图 7-14　直立与倒伏状态下不同直径对应的 Fr-h 曲线

表 7-7 直立($\theta=0°$)和倒伏($\theta=20°$)状态下不同直径($d=2$ mm、3 mm、4 mm)所对应的 Re 与 Fr 差值分析结果

倒伏角度 θ/(°)	参数	组号											
		1	2	3	4	5	6	7	8	9	10	11	12
0	Re_2	4 564	6 742	8 464	9 911	11 454	13 131	14 626	16 016	18 768	20 051	22 572	23 860
	Re_3	4 420	6 472	8 176	9 891	11 354	12 991	14 401	15 858	18 617	19 752	22 387	23 322
	Re_4	4 261	6 280	8 001	9 572	11 131	12 495	14 070	15 525	18 156	19 521	22 010	22 890
	$(Re_3-Re_2)/Re_2$	−3.16%	−4.00%	−3.40%	−0.20%	−0.87%	−1.07%	−1.54%	−0.99%	−0.80%	−1.49%	−0.82%	−2.25%
	$(Re_4-Re_3)/Re_3$	−3.60%	−2.97%	−2.14%	−3.23%	−1.96%	−3.82%	−2.30%	−2.10%	−2.48%	−1.17%	−1.68%	−1.85%
	$(Re_4-Re_2)/2Re_2$	−3.32%	−3.43%	−2.74%	−1.71%	−1.41%	−2.42%	−1.90%	−1.53%	−1.63%	−1.32%	−1.24%	−2.03%
	Re_{average}												−2.07%
	Fr_2	0.846 8	0.728 2	0.576 6	0.470 2	0.433 3	0.405 5	0.387 7	0.366 4	0.34 7	0.337 9	0.326 3	0.323 5
	Fr_3	0.766 3	0.622	0.505 9	0.429 2	0.389 1	0.364 2	0.352 8	0.337 6	0.322 5	0.316 9	0.310 3	0.307 6
	Fr_4	0.625 9	0.490 8	0.409 9	0.365 6	0.341 6	0.329 5	0.317	0.309 3	0.300 7	0.295 2	0.291 6	0.291 9
	$(Fr_3-Fr_2)/Fr_2$	−9.51%	−14.58%	−12.26%	−8.72%	−10.20%	−10.18%	−9.00%	−7.86%	−7.06%	−6.21%	−4.90%	−4.91%
	$(Fr_4-Fr_3)/Fr_3$	−18.32%	−21.09%	−18.98%	−14.82%	−12.21%	−9.53%	−10.15%	−8.38%	−6.76%	−6.85%	−6.03%	−5.10%
	$(Fr_4-Fr_2)/2Fr_2$	−13.04%	−16.30%	−14.46%	−11.12%	−10.58%	−9.37%	−9.12%	−7.79%	−6.67%	−6.32%	−5.32%	−4.88%
	Fr_{average}												−9.96%
20	Re_2	4 599	6 703	8 368	9 840	11 544	14 378	15 981	17 306	18 658	19 978	22 574	23 736
	Re_3	4 234	6 438	8 293	9 853	11 301	14 338	15 874	17 217	18 573	19 895	22 432	23 323
	Re_4	4 361	6 402	7 993	9 629	11 177	14 151	15 553	16 927	18 341	19 595	22 054	23 100
	$(\mathrm{Re}_3-\mathrm{Re}_2)/\mathrm{Re}_2$	−7.94%	−3.95%	−0.90%	0.13%	−2.10%	−0.28%	−0.67%	−0.51%	−0.46%	−0.42%	−0.63%	−1.74%
	$(Re_4-Re_3)/Re_3$	3.00%	−0.56%	−3.62%	−2.27%	−1.10%	−1.30%	−2.02%	−1.68%	−1.25%	−1.51%	−1.69%	−0.96%
	$(Re_4-Re_2)/2Re_2$	−2.59%	−2.25%	−2.24%	−1.07%	−1.59%	−0.79%	−1.34%	−1.09%	−0.85%	−0.96%	−1.15%	−1.34%
	Re_{average}												−1.44%
	Fr_2	0.853 1	0.716 1	0.567 6	0.463 8	0.424 5	0.369	0.354	0.346 8	0.340 8	0.332 5	0.325 3	0.322 8
	Fr_3	0.804 8	0.672 8	0.516 9	0.437 3	0.392 4	0.351	0.335 2	0.327	0.322	0.317 6	0.311 2	0.310 5
	Fr_4	0.685 2	0.524 7	0.429 8	0.376 6	0.342 1	0.318 2	0.311	0.304	0.302 9	0.298 3	0.297	0.294 7
	$(Fr_3-Fr_2)/Fr_2$	−5.66%	−6.05%	−8.93%	−5.71%	−7.56%	−4.88%	−5.31%	−5.71%	−5.52%	−4.48%	−4.33%	−3.81%
	$(Fr_4-Fr_3)/Fr_3$	−14.86%	−22.01%	−16.85%	−13.88%	−12.82%	−9.34%	−7.22%	−7.03%	−5.93%	−6.08%	−4.56%	−5.09%
	$(Fr_4-Fr_2)/2Fr_2$	−9.84%	−13.36%	−12.14%	−9.40%	−9.71%	−6.88%	−6.07%	−6.17%	−5.56%	−5.14%	−4.35%	−4.35%
	Fr_{average}												−7.96%

在倒伏状态下，当处于同一水深 h 时，Darcy-Weisbach 阻力系数的变化率为正值，表明阻力系数随植被茎秆直径的增大而增大；雷诺数与弗劳德数的变化率为负值，表明随着植被

茎秆直径的增大，雷诺数与弗劳德数减小。这表明植被茎秆直径的增加能够明显增大水流阻力，降低水流的紊动强度。

倒伏状态下阻力系数、雷诺数与弗劳德数的变化率明显小于直立状态，这说明植被倒伏能有效减小这一作用，进一步验证了植被倒伏能够减小植被水流阻力，降低水流紊动强度的规律。这种效果是由于植被在遭受水流的强大冲击力时，会顺水流方向发生倒伏来减小这一作用，从而会使垂直作用在植被上的水流冲击力减小，进而降低植被所造成的水流阻力和对水流的紊动影响。

7.4　倒伏植被分布对坡面流特征影响的研究

在现实情况中，由于光照的差异及植被自然生长的不确定性等多种因素的影响，植物往往存在不同的生长期，因此植被在形态上往往表现出较大的差异。这些差异导致地表植被对径流和土壤侵蚀的影响既复杂又多变。均匀形态的倒伏及柔性植被不能准确地模拟自然界中植被形态对水力学特性的影响，因此，研究非均匀倒伏植被的分布方式，有助于对更接近实际倒伏形态的植被及含植被的水力学特性研究进行相关预测，进而对实际情况下的水流阻力进行预测和干预，为洪水防治提供有价值的参考。

7.4.1　试验方案与数据

本次试验设置了五种不同的非均匀倒伏分布模式，并设置了一组均匀倒伏分布模式作为对照组，采用明渠室内水槽进行试验。本小节采用直径为 3 mm 的铝制圆柱来模拟植被，并以不同倒伏角度的非均匀分布来模拟柔性植被的倒伏程度。在模拟过程中，设置坡度为 1.0%，倒伏角度从 75°至 15°依次递减，呈现非均匀分布，取 45°均匀倒伏作为对照组(图 7-15)。

试验结果表明，倒伏植被的非均匀分布对坡面水流流速具有显著的各向异性影响。同一水深下，流经均匀倒伏植被的水流流速明显大于流经非均匀倒伏植被的水流流速。倒伏植被的非均匀分布情况越复杂，水流流速越小。当非均匀植被倒伏形态越接近实际情况时，其 Darcy-Weisbach 阻力系数越大，雷诺数越小。此外，当水深极小时，存在过渡流；从每组的第二个试验点开始，水流均处于紊流状态，不存在层流状态。

试验采用控制变量法，保持其他试验条件不变，变换倒伏植被的非均匀分布进行多次试验，不同倒伏形态下水力学参数的计算结果见表 7-8。

7.4.2　非均匀倒伏分布模式对流速的影响分析

流速 v 表示水流动能的大小，也反映了水流携带泥沙能力的强弱。根据表 7-8 中的相关参数数据，绘制出了植被不同倒伏形态下流速 v 与水深 h 的关系曲线(图 7-16)。

由图 7-16 可以看出，无论是均匀倒伏植被还是非均匀倒伏植被，其流速都随着水深的增加呈现先降低后趋于平稳的趋势。当 $h<0.04$ m 时，流速 v 随水深 h 的增加而缓慢下降，二者呈负相关关系；当 $h>0.04$ m 时，随着水深 h 的增加流速 v 不再发生明显变化，趋于平稳。由此可见，水深变化对坡面流流速具有一定的影响。

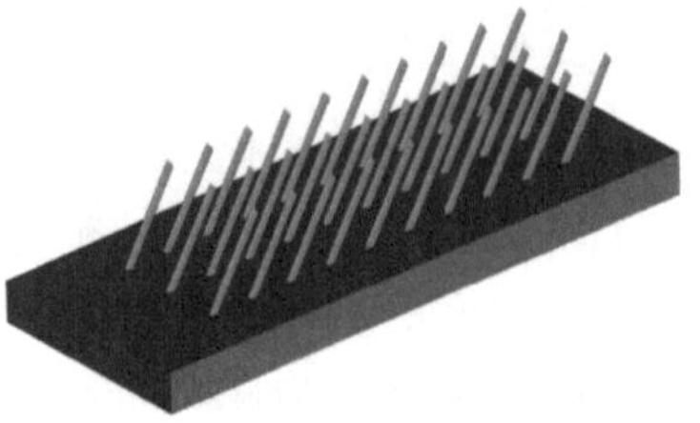

(a) 均匀倒状形态概化模型

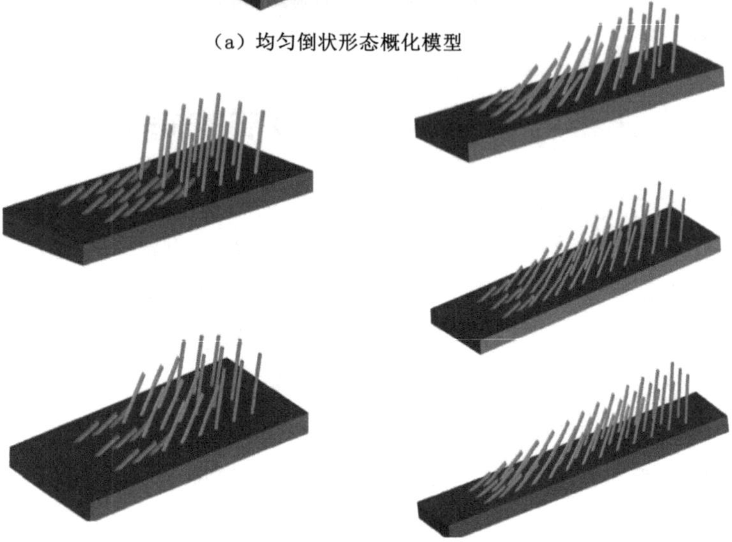

(b) 非均匀倒状形态概化模型

图 7-15　倒伏分布模式

7.4.3　非均匀倒伏分布模式对流态特征的影响分析

根据表 7-8 中的相关参数数据，分别绘制出了水深 h 和弗劳德数 Fr 在不同倒伏形态下的关系曲线，如图 7-17 所示。

由图 7-17 可以看出，不同倒伏形态下水深 h 与弗劳德数 Fr 呈反比关系。起初，随着水深的增加，弗劳德数 Fr 迅速下降；随着水深的进一步增加，Fr 的下降速率逐渐减缓，最终趋于平稳。这是由于随着水深的增加，根据机械能守恒定理，水流的动能逐渐转化为势能，弗劳德数 Fr 由大于 1 转变为小于 1，水流流态由急流逐渐过渡为缓流。故水深一定时，均匀倒伏形态的植被对应的 Fr 初始值略大于非均匀倒伏形态植被的，当流态稳定后，非均匀倒伏和均匀倒伏植被对应的 Fr 差异不明显。这表明在一定水深下，随着非均匀倒伏形态的复杂度增加，坡面流动能的减小速度加快，水流阻力增大，水流的紊动程度相对降低。随着水深的增加，流态向缓流的发展趋势减弱，因此差异不再明显。

7.4.4　非均匀倒伏分布模式对阻力特性的影响分析

图 7-18 所示为不同倒伏形态下的 Darcy-Weisbach 阻力系数 f-h 曲线。由图 7-18 可以看出，起初，阻力系数 f 随着水深的增加而上升，二者呈正比例关系；随着倒伏植被逐渐被水淹没，阻力系数 f 的增长率逐渐减小。

表 7-8　不同倒伏形态下水力学参数(v、Re、Fr、λ)的计算结果

倒伏形态	参数	组号														
		1	2	3	4	5	6	7	8	9	10	11	12	13	14	15
45°	h/m	0.001 2	0.004 6	0.006 0	0.011 2	0.015 6	0.018 9	0.022 5	0.029 8	0.035 7	0.039 2	0.042 0	0.045 8	0.050 1	0.053 4	0.055 5
	v/(m/s)	1.140 7	0.746 8	0.679 2	0.570 8	0.523 0	0.505 0	0.485 2	0.409 0	0.389 2	0.386 1	0.380 4	0.376 0	0.370 0	0.366 9	0.367 6
	Re	4 845	11 602	13 635	20 544	25 711	29 514	33 265	36 029	40 115	43 076	44 949	47 775	50 561	52 720	54 493
	Fr	10.306 4	3.498 4	2.789 3	1.726 9	1.337 6	1.174 9	1.033 4	0.757 4	0.658 5	0.623 3	0.593 2	0.561 2	0.528 0	0.507 4	0.498 5
	f	0.000 2	0.006 8	0.008 6	0.044 2	0.061 8	0.067 8	0.070 5	0.077 1	0.084 9	0.085 8	0.084 9	0.091 8	0.097 5	0.099 0	0.098 6
75°&(和)15°	h/m	0.002 6	0.005 3	0.007 5	0.012 0	0.015 0	0.017 6	0.020 8	0.025 0	0.028 3	0.034 0	0.036 6	0.043 5	0.049 0	0.052 9	0.058 6
	v/(m/s)	0.693 7	0.546 6	0.506 4	0.446 9	0.446 6	0.448 1	0.436 8	0.413 4	0.403 7	0.354 7	0.358 5	0.342 9	0.344 4	0.348 1	0.346 1
	Re	6 087	9 648	12 514	17 267	21 132	24 600	27 905	31 147	33 905	35 019	37 703	41 698	46 215	49 620	53 518
	Fr	4.345 8	2.398 3	1.867 8	1.303 3	1.166 7	1.078 9	0.967 4	0.835 1	0.767 2	0.614 9	0.599 0	0.525 4	0.496 9	0.483 7	0.456 8
	f	0.005 2	0.012 6	0.019 8	0.053 1	0.064 9	0.069 8	0.072 1	0.071 1	0.069 1	0.078 1	0.078 1	0.083 4	0.093 6	0.087 5	0.091 0
75°&45°&15°	h/m	0.001 4	0.003 3	0.006 0	0.010 9	0.014 9	0.019 5	0.024 3	0.027 6	0.033 1	0.036 2	0.040 3	0.044 9	0.048 8	0.051 8	0.057 2
	v/(m/s)	1.050 3	0.770 9	0.662 9	0.488 8	0.455 1	0.465 9	0.441 7	0.428 6	0.386 9	0.376 4	0.361 0	0.359 8	0.360 1	0.354 0	0.355 7
	Re	4 992	8 556	13 201	17 235	21 431	28 018	32 393	35 153	37 326	39 248	41 182	44 938	48 151	49 668	53 962
	Fr	8.967 1	4.286 8	2.733 8	1.495 4	1.193 1	1.067 0	0.905 1	0.824 9	0.679 4	0.632 0	0.574 8	0.542 4	0.520 7	0.496 9	0.475 1
	f	0.002 0	0.004 3	0.007 6	0.046 5	0.062 2	0.070 1	0.069 4	0.066 1	0.066 2	0.071 7	0.074 8	0.074 0	0.083 2	0.084 9	0.085 8

表 7-8(续)

倒伏形态	参数	组号														
		1	2	3	4	5	6	7	8	9	10	11	12	13	14	15
75°&60°&45° 30°&15°	h/m	0.623 6	0.608 2	0.526 3	0.451 4	0.455 3	0.460 0	0.452 4	0.372 2	0.352 3	0.346 3	0.336 8	0.335 1	0.335 4	0.334 9	0.338 7
	v/(m/s)	6 092	9 643	13 506	17 826	23 104	29 301	31 980	32 777	34 749	37 631	41 157	44 424	46 956	50 136	53 097
	Re	0.000 9	0.002 9	0.016 6	0.056 0	0.067 5	0.071 2	0.068 8	0.078 0	0.082 1	0.089 1	0.088 0	0.099 6	0.098 5	0.105 8	0.104 8
	Fr	0.002 9	0.004 7	0.007 8	0.012 3	0.016 2	0.020 8	0.023 4	0.029 8	0.033 9	0.038 0	0.043 7	0.048 3	0.051 7	0.056 2	0.059 7
	f	3.699 0	2.819 1	1.903 7	1.300 0	1.144 5	1.018 9	0.944 7	0.689 4	0.611 1	0.567 9	0.514 6	0.487 4	0.471 4	0.451 3	0.442 9
75°&65°&55° &45°&35° &25°&15°	h/m	0.002 9	0.006 8	0.009 5	0.014 5	0.017 4	0.020 7	0.025 9	0.030 7	0.036 1	0.040 6	0.045 6	0.049 6	0.053 6	0.056 3	0.059 3
	v/(m/s)	0.659 3	0.525 4	0.463 6	0.429 3	0.433 2	0.435 4	0.400 9	0.368 6	0.350 8	0.343 1	0.335 7	0.328 0	0.336 9	0.341 1	0.338 7
	Re	6 442	11 792	14 444	19 848	23 493	27 621	31 192	33 370	36 536	39 462	42 460	44 430	48 577	51 108	52 908
	Fr	3.910 6	2.035 3	1.515 5	1.136 9	1.050 6	0.967 8	0.795 8	0.672 1	0.589 7	0.544 0	0.502 4	0.470 7	0.464 8	0.459 5	0.444 2
	f	0.003 2	0.006 0	0.037 3	0.064 2	0.070 5	0.072 0	0.071 7	0.079 1	0.089 9	0.092 1	0.097 9	0.105 5	0.103 7	0.111 6	0.107 9
75°&70°&65° &60°&55° &50°&45° &40°&35° &30°&25° &20°&15°	h/m	0.692 7	0.576 5	0.455 3	0.417 5	0.412 9	0.416 9	0.393 5	0.377 0	0.348 2	0.342 7	0.330 2	0.333 5	0.329 5	0.332 8	0.335 8
	v/(m/s)	4 575	8 187	13 638	18 165	21 219	26 742	29 506	32 152	34 201	36 899	38 317	41 028	44 123	48 042	52 210
	Re	0.000 2	0.008 6	0.033 7	0.065 0	0.071 7	0.073 6	0.071 6	0.068 7	0.082 9	0.088 1	0.104 7	0.103 6	0.108 5	0.114 1	0.111 6
	Fr	0.002 0	0.004 3	0.009 4	0.014 0	0.016 8	0.021 5	0.025 6	0.029 5	0.034 7	0.038 7	0.042 3	0.045 4	0.050 4	0.055 4	0.060 9
	f	4.947 6	2.792 0	1.500 2	1.127 1	1.019 2	0.909 2	0.786 4	0.700 6	0.597 2	0.556 9	0.513 1	0.500 3	0.469 1	0.451 9	0.434 7

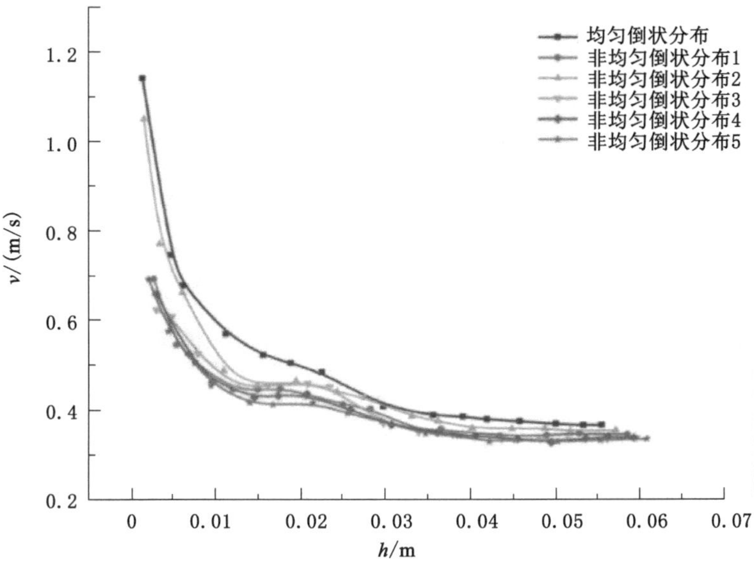

图 7-16　不同倒伏形态下的 v-h 曲线(示意图)

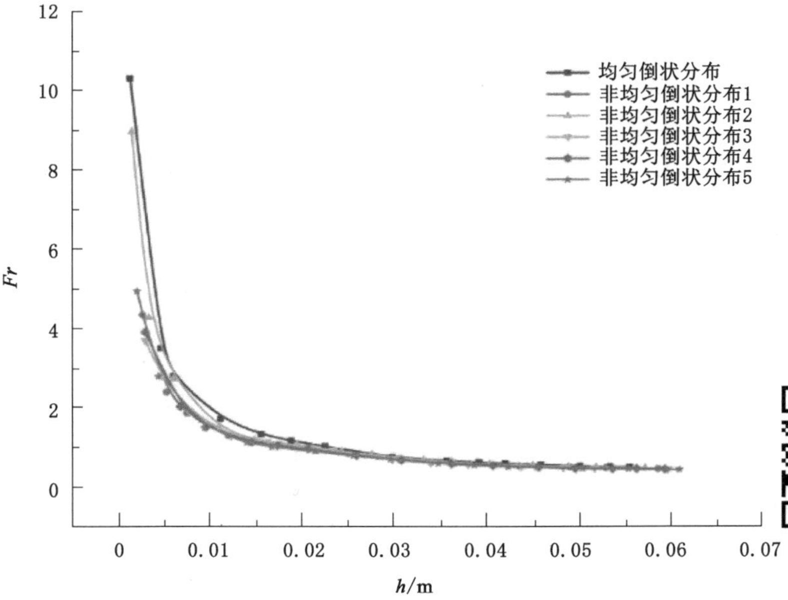

图 7-17　不同倒伏形态下的 Fr-h 曲线(示意图)

由图 7-18 还可以看出，在同一水深下，非均匀倒伏分布下的 Darcy-Weisbach 阻力系数 f 明显高于均匀倒伏分布下的阻力系数，这表明非均匀倒伏分布对坡面流水流阻力具有显著影响。在真实情况下，顺水流方向的非均匀倒伏分布植被能够有效地消耗水体能量，增强其阻水效能。此外，不同组的非均匀倒伏分布植被的阻力作用在后期有明显差异。

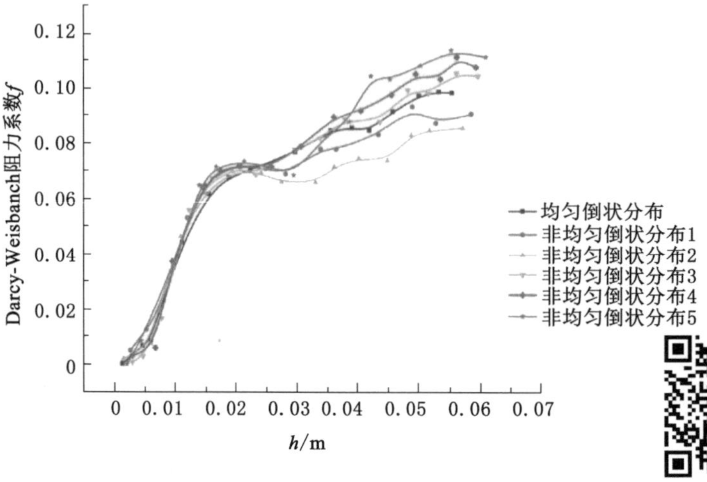

图 7-18　不同倒伏形态下的 Darcy-Weisbach 阻力系数 f-h 曲线(示意图)

7.5　非均匀倒伏植被茎秆直径对坡面流水力学特性影响的研究

本节旨在通过建立水力学模型,模拟验证坡面流阻力在倒伏植被不同茎秆直径下的差异。这是对目前水力学等相关学科采用植被单一影响因素研究坡面流阻力规律的突破与创新。

7.5.1　试验方案与数据

为研究非均匀倒伏植被茎秆直径对水力学特性的影响,本试验采用定坡水槽进行试验,设计水槽坡度为 1.0%。试验采用非均匀倒伏分布模式(倒伏角度 $\theta=15°\sim75°$),如图 7-19 所示。试验选用了 3 组不同的茎秆直径,分别为 2 mm、3 mm、4 mm。在试验过程中,分别记录流量 Q、水深 h、水温等相关观测数据;试验结束后,计算 Darcy-Weisbach 阻力系数、弗劳德数、雷诺数、沿程能量损失等相关参数,并将这些数据汇总起来,不同茎秆直径条件下的水力学参数计算结果见表 7-9。

7.5.2　不同茎秆直径下流速的变化规律分析

根据表 7-9 中的结果,可绘制出植被在非均匀倒伏状态下不同茎秆直径对应的流速 v 与水深 h 的关系曲线,如图 7-20 所示。由图 7-20 可以看出,在任一直径下,植被对流速的影响均会随着水深的增加而逐渐减小,流速的减小率先增大后减小,最终趋于平缓。当水深 $h<0.03$ m 时,不同茎秆直径下的水流流速均呈先减小后缓慢增加的趋势,当水深 $h\geq 0.03$ m时,水深与流速呈负相关关系。在同一水深下,非均匀倒伏植被在不同茎秆直径下的水流速度为 $v_{d=2\ \mathrm{mm}}>v_{d=3\ \mathrm{mm}}>v_{d=4\ \mathrm{mm}}$,且随着水深的增加,三种直径之间的流速差距逐渐减小,最终趋于一致。综上所述,水深和植被茎秆直径的变化对坡面流流速均有影响,当水

(a) d=2 mm

(b) d=3 mm

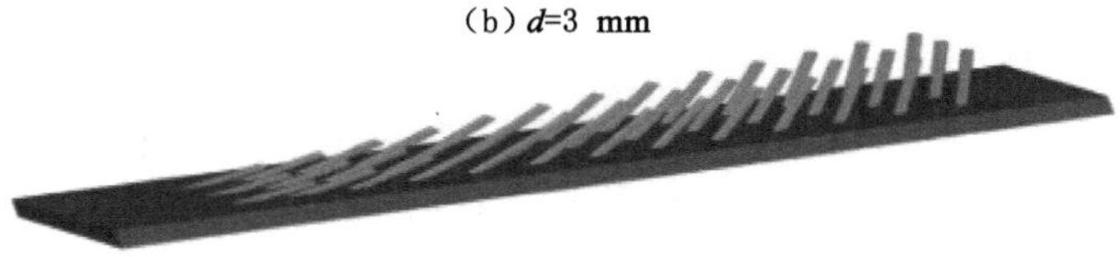

(c) d=4 mm

图 7-19　非均匀倒伏分布模式

深增加到一定程度时，茎秆直径的变化对流速的影响逐渐减弱。

7.5.3　不同茎秆直径下流态的量化分析

根据表 7-9 中的数据，分别绘制出水深 h 和弗劳德数 Fr、雷诺数 Re 在不同茎秆直径下的关系曲线，如图 7-21 和图 7-22 所示。

由图 7-21 可以看出，弗劳德数 Fr 与水深 h 的关系整体呈幂函数，在任一茎秆直径下，随着水深的增加，弗劳德数随之下降，且下降速率逐渐减小，最终趋于平缓。这表明非均匀倒伏植被对水流流态的影响较小，水深的增加会导致水流机械能构成中平均势能的占比增大，从而导致水流逐渐变缓。同一水深下，弗劳德数 Fr 随着茎秆直径的增大而减小，即 $Fr_{2\ \mathrm{mm}} > Fr_{3\ \mathrm{mm}} > Fr_{4\ \mathrm{mm}}$。

为了预测不同坡度下弗劳德数 Fr 的变化规律，进一步分析弗劳德数 Fr 与茎秆直径 d 之间的关系，本小节使用 First Optimization 5.0 版软件，通过马夸特算法对表 7-9 中的弗劳德数 Fr、水深 h、直径 d 进行拟合，得到如下公式：

$$Fr = -832.3d^{2.529\,2} + 830.993\,0h^{-0.001\,0}, \quad R^2 = 0.868\,0 \tag{7-17}$$

由图 7-22 可以看出，雷诺数 Re 与水深 h 在不同茎秆直径下呈正相关关系。在三种不同的茎秆直径分布下，随着水深的增加，雷诺数 Re 逐渐增大，且 $Re_{\min} > 500$，表明水流始终处于紊流状态。在同一水深下，茎秆直径 d 越大，雷诺数 Re 越小，即 $Re_{2\ \mathrm{mm}} > Re_{3\ \mathrm{mm}} > Re_{4\ \mathrm{mm}}$。当植被茎秆直径 $d = 2$ mm 时，其 Re 值明显高于其他直径条件下的 Re 值。植被在水流冲刷过程中会发生非均匀倒伏现象来减缓水流的冲击力，从而影响其水力学特征，这说明非均匀倒伏植被茎秆直径的变化能够影响水流阻力，降低水流紊动强度。

为了预测不同坡度下雷诺数 Re 的变化规律，进一步分析雷诺数 Re 与茎秆直径 d 之间的关系，本小节使用 First Optimization 5.0 版软件，通过马夸特算法对表 7-9 中的雷诺数 Re、水深 h、茎秆直径 d 值进行拟合，得到如下公式：

$$Re = 306\,786d^{-0.735\,6}h^{1.010\,8}, \quad R^2 = 0.859\,0 \tag{7-18}$$

表 7-9　不同茎秆直径条件下的水力学参数(v、Re、Fr、λ)计算结果

茎秆直径 d/mm	参数	组号														
		1	2	3	4	5	6	7	8	9	10	11	12	13	14	15
2	h/m	0.002 2	0.005 8	0.008 3	0.012 2	0.015 4	0.019 7	0.022 2	0.022 9	0.025 7	0.029 5	0.037 0	0.041 8	0.048 1	0.052 1	0.057 5
	v/(m/s)	0.743 3	0.584 5	0.547 3	0.473 0	0.453 7	0.456 7	0.448 9	0.462 7	0.462 2	0.454 1	0.376 7	0.368 2	0.358 3	0.355 6	0.356 7
	Re	1 762	3 702	4 890	6 055	7 211	9 071	9 910	10 478	11 604	12 839	13 037	14 130	15 423	16 339	17 713
	Fr	5.120 4	2.441 0	1.913 1	1.368 0	1.168 0	1.039 5	0.962 4	0.977 8	0.920 9	0.845 3	0.625 5	0.575 3	0.522 1	0.497 7	0.475 1
	f	0.005 5	0.008 2	0.020 5	0.049 3	0.062 6	0.070 5	0.071 2	0.070 7	0.067 9	0.060 4	0.063 2	0.068 1	0.075 3	0.074 4	0.077 2
3	h/m	0.002 0	0.004 3	0.009 4	0.014 0	0.016 8	0.021 5	0.025 6	0.029 5	0.034 7	0.038 7	0.042 3	0.045 4	0.050 4	0.055 4	0.060 9
	v/(m/s)	0.692 7	0.576 5	0.455 3	0.417 5	0.412 9	0.416 9	0.393 5	0.377 0	0.348 2	0.342 7	0.330 2	0.333 5	0.329 5	0.332 8	0.335 8
	Re	1 495	2 676	4 458	5 938	6 936	8 741	9 645	10 510	11 180	12 062	12 525	13 411	14 423	15 704	17 066
	Fr	4.947 6	2.792 0	1.500 2	1.127 1	1.019 2	0.909 2	0.786 4	0.700 6	0.597 2	0.556 9	0.513 1	0.500 3	0.469 1	0.451 9	0.434 7
	f	0.000 2	0.008 6	0.033 7	0.065 0	0.071 7	0.073 6	0.071 6	0.068 7	0.082 9	0.088 1	0.104 7	0.103 6	0.108 5	0.114 1	0.111 6
4	h/m	0.002 2	0.004 7	0.008 6	0.013 5	0.020 0	0.024 5	0.027 6	0.030 2	0.036 4	0.039 6	0.045 6	0.047 7	0.051 4	0.052 3	0.060 3
	v/(m/s)	0.566 1	0.519 0	0.454 5	0.403 7	0.382 0	0.391 5	0.373 2	0.358 7	0.327 1	0.335 9	0.322 1	0.330 4	0.323 6	0.326 9	0.333 5
	Re	1 404	2 683	4 201	5 678	7 699	9 459	10 028	10 445	11 198	12 350	13 306	14 163	14 715	15 076	17 205
	Fr	3.812 5	2.405 4	1.561 2	1.109 8	0.862 7	0.799 0	0.717 5	0.659 3	0.547 6	0.539 3	0.481 8	0.483 3	0.456 1	0.456 9	0.433 8
	f	0.004 9	0.007 8	0.030 3	0.065 4	0.079 3	0.074 8	0.076 9	0.086 1	0.112 2	0.114 9	0.123 3	0.133 2	0.140 6	0.142 9	0.147 5

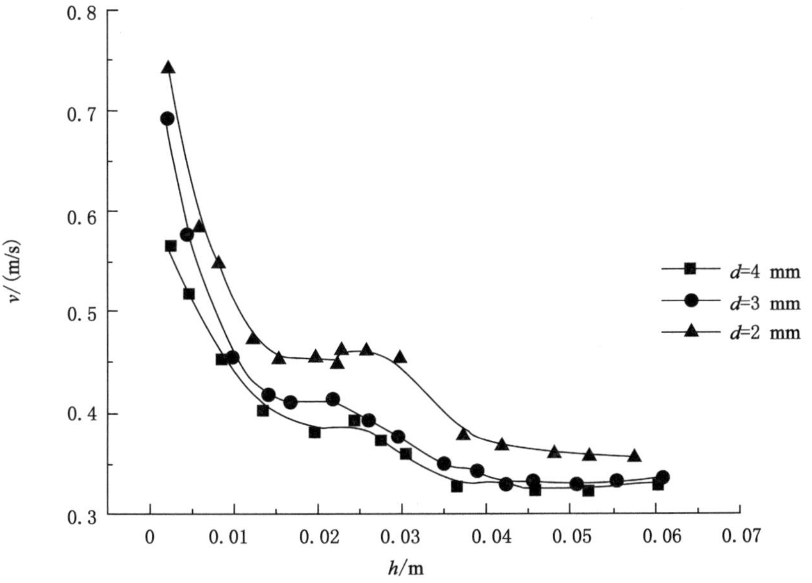

图 7-20　非均匀倒伏状态下不同茎秆直径对应的流速 v 与水深 h 的关系曲线

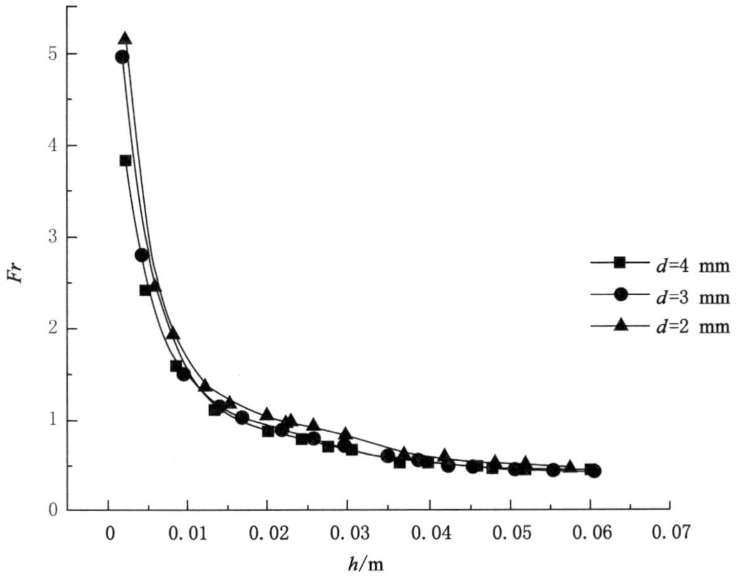

图 7-21　非均匀倒伏状态下不同茎秆直径对应的弗劳德数 Fr 与水深 h 的关系曲线

7.5.4　不同茎秆直径下水流阻力的量化分析

根据表 7-9 中的数据，绘制出非均匀分布倒伏植被不同茎秆直径对应的 Darcy-Weisbach 阻力系数 f 与水深 h 的关系曲线，如图 7-23 所示。由图 7-23 可以看出，在三种不同的茎秆直径分布下，Darcy-Weisbach 阻力系数 f 的变化趋势均为：随着水深的增加，其

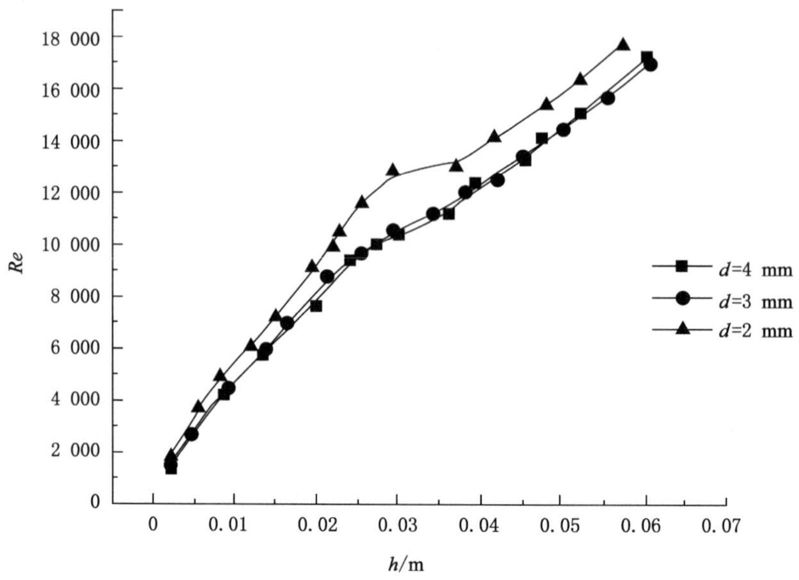

图 7-22　非均匀倒伏状态下不同茎秆直径对应的弗劳德数 Re 与水深 h 的关系曲线

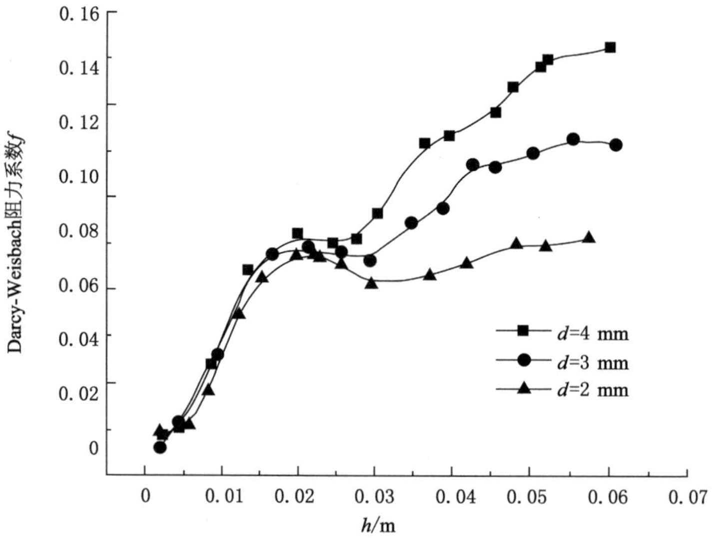

图 7-23　非均匀倒伏植被不同茎秆直径下 Darcy-Weisbach 阻力系数 f 与水深 h 的关系曲线

先增大后略微减小，再继续增大后趋于平稳。其具体表现为：当水深 $h<0.02$ m 时，Darcy-Weisbach 阻力系数 f 随水深的增加而增大；当水深满足 $0.02\ \text{m}\leqslant h<0.03$ m 时，Darcy-Weisbach 阻力系数 f 随水深的增加而略微减小；当水深 $h\geqslant0.03$ m 时，Darcy-Weisbach 阻力系数 f 随水深的增加而增大。这可能是由于开始时植被为非淹没状态，随着水深的增加，植被与水流的接触面积逐渐增大，阻力系数呈上升趋势；随后，随着前排部分的倒伏植被逐渐被淹没，植被与水流的接触面积相对减小，因此中间出现短暂的 Darcy-Weisbach 阻力系数 f 略微减小的现象；当后排倒伏程度较小的植被逐渐被淹没时，阻力系数 f 继续增大，

说明水深变化对坡面水流阻力有影响。同一水深下，茎秆直径 d 越大，Darcy-Weisbach 阻力系数 f 越大，具体为 $f_{4\ \text{mm}}>f_{3\ \text{mm}}>f_{2\ \text{mm}}$，这是由于随着植被茎秆直径的增加，水流的阻水面积增大，因此 Darcy-Weisbach 阻力系数 f 也相应增大。当 $h<0.03$ m 时，三种直径对应的 Darcy-Weisbach 阻力系数 f 差距不明显。对非均匀倒伏植被不同茎秆直径对应的 Darcy-Weisbach 阻力系数 f 进行差值分析，结果见表 7-10。由表 7-10 可知，茎秆直径每增加 1 mm，Darcy-Weisbach 阻力系数 f 平均增长 20.55%。

表 7-10　非均匀分布倒伏植被(15°～75°)不同茎秆直径(d＝2 mm、3 mm、4 mm)对应的 Darcy-Weibach 阻力系数 f 差值分析结果

倒伏角度	参数	组号												
		1	2	3	4	5	6	7	8	9	10	11	12	13
15°～75°非均匀倒伏	f_2	0.008 2	0.020 5	0.049 3	0.062 6	0.071 3	0.070 6	0.065 6	0.061 0	0.060 6	0.076 5	0.085 3	0.094 3	0.097 0
	f_3	0.008 6	0.033 7	0.065 0	0.071 7	0.073 6	0.071 6	0.068 7	0.082 9	0.088 1	0.104 7	0.112 7	0.118 0	0.125 8
	f_4	0.007 8	0.030 3	0.065 4	0.079 3	0.074 8	0.076 9	0.086 1	0.112 2	0.114 9	0.123 3	0.133 2	0.140 6	0.142 9
	$(f_3-f_2)/f_2$	4.87%	64.75%	31.90%	14.48%	3.35%	1.49%	4.87%	35.92%	45.41%	36.97%	32.13%	25.189	29.73%
	$(f_4-f_3)/f_3$	−9.31%	−10.01%	0.49%	10.60%	1.63%	7.28%	25.28%	35.32%	30.36%	17.77%	18.16%	19.139	13.63%
	$(f_4-f_2)/2f_2$	−2.45%	24.13%	16.27%	13.31%	2.52%	4.44%	15.69%	41.96%	44.78%	30.65%	28.07%	24.569	23.71%
	$f_{average}$(平均)													20.55%

7.6　试验研究结论

(1) 研究方法及数据参数是通过控制变量法，在控制相关影响因素的条件下得出的，试验条件偏于理想化。

(2) 在自然状态下，柔性植被会伴随坡面流呈现倾倒状态，目前对植被倒伏特性的研究很少涉及；传统坡面流模拟试验是对刚性或柔性植被整体进行概化研究，而实际坡面植被复杂多样，自然环境下的情况往往比试验模型复杂，模拟植被缩放的尺度是否合理也有待考察。

(3) 由于实际情况的复杂多变以及试验条件的限制，无法在野外进行真实的试验，难以达到真实植被的试验效果，因此研究得出的结论不完全具有代表性。

(4) 坡面流水力学特性远比明渠水流复杂，降雨强度、坡度、坡面下垫面的土力学特性、植被根系与土壤结合的力学特性、渗流特性等诸多因素都会对含植被坡面的侵蚀产生作用。因此，在研究坡面流阻力时，采用明渠水流概念和单一的水槽试验并不能准确地表达坡面流阻力的变化机理，所得结论也不具有普遍性和真实性，需进一步研究其形成机理。随着土壤侵蚀预报模型的开发和计算机相关行业的快速发展，可以通过数值模拟等方式对坡面流进行全面系统的探究。

第8章 层次化植被对坡面流的影响研究

植被在固结土壤、改善水土流失及净化水体方面发挥着积极作用,能够有效缓解土地荒漠化等环境问题。然而,植被在对生态环境产生保护及修复作用的同时,也会对地表径流产生一定的阻延作用。这将使地表的下渗及涵养水源能力增强、河道的行洪及航运能力减弱,从而会对坡面流的形成及汇流过程产生剧烈影响。自然流域中,随着时间的推移,同一流域的植被类型也在不断变化。自然界的植被在一定程度上呈现高低有别的层次化分布特征。如果能够了解层次化植被与坡面水流之间的相互作用,掌握层次化植被对坡面流水力学特性的影响,将会使坡面产汇流模拟更加精确,从而可为自然流域坡面的水土治理问题提供理论依据。

8.1 层次化植被概述

8.1.1 研究背景

自 20 世纪 20 年代起,人们开始对含有植被的自然流域坡面展开研究以掌握植被与水流之间的相互作用。坡面流会受到多种因素的影响,其研究难度较大,国内相关研究工作起步较晚,研究成果较少。国外研究虽然起步较早,但由于研究目标不同,研究内容及条件也存在差异,尚未形成完整的理论体系,整体研究仍处于经验或半经验状态,不够成熟,所以这一科学问题仍需进一步深入研究。

8.1.2 研究意义

研究坡面流水力学特性是揭示坡面水力侵蚀、泥沙运移规律的基础性工作,坡面流阻力变化规律是坡面流水力学特性的重要研究内容之一。水流阻力能够直接反映坡面对地表径流的阻延状况,表征坡面类型以及坡面粗糙程度对水流的阻延作用,其受到诸多因素影响,如坡面地形地貌、土壤质地、植被覆盖度及降雨强度等,其中植被覆盖度是人为影响坡面水流阻力的重要因素,因此,研究植被对坡面流阻力特性的影响十分必要。

同时,研究坡面植被水流阻力特性是研究坡面阻力规律的前提,研究该规律,可以使模拟的坡面产汇流过程与真实情况更加贴切,从而可为治理水土流失、预防区域水文地质灾害等提供理论依据。

8.1.3 存在的问题

在现有的研究中,植被通常被简化为一致的高度,要么处于淹没状态,要么处于非淹没状态,以便研究其对水流的各种影响。由于植被种类、植被形态以及单一种类植被的个体差异，植被常常会在坡面上形成高低错落的分布情况。这种情况下，当坡面流穿越植被时，植被处于完全淹没状态与非淹没状态之间，较低的植株被水流完全淹没，而较高的植株则处于非淹没状态。这种过渡状态实际上是植被在坡面流中的代表性状态。因此，研究植被在过渡状态下的坡面流阻力特性对于准确把握坡面流水文过程具有极其重要的意义，有必要对其进行深入分析。

8.2　层次化植被对坡面流的影响研究

本节采用室内明渠水槽，通过将植被概化处理来进行放水冲刷试验。试验水槽采用材质均匀光滑的有机树脂板，因此本试验过程中，水流与水槽壁面接触产生的阻力可以忽略不计，故可认为水流流动过程中主要受到植被对其产生的阻力作用。

8.2.1　试验设计

为了分析层次化植被对坡面水流阻力的影响，研究不同流量及流速情况下水流阻力的变化规律，进而得出层次化植被对坡面水力学特性影响的定性及定量研究结论。本小节采用控制变量的方法来建立水力学模型，在坡度为 1.0% 的条件下开展室内明渠水流模拟试验。试验材料选用材质均匀的圆柱形塑料棒，塑料棒的直径 $d=6$ mm。首先，设置一组高度均一化的数据来进行对照，试验植被均一化高度为 6 cm；层次化植被高度分别为 4 cm 和 8 cm。然后，变化层次化植被的高、低植株高度进行试验，试验植被高度组合分别为 7 cm 和 9 cm、6 cm 和 8 cm、5 cm 和 7 cm。在试验过程中，记录流量 Q、水深 h、水温等可观测数据，试验结束后，计算 Darcy-Weisbach 阻力系数、弗劳德数、雷诺数、沿程能量损失等相关参数。

8.2.2　植被高度层次化与均一化条件下的对比研究

根据相关参数数据，可以分别绘制出植被高度层次化与均一化条件下的各水力学要素的变化图。水流流速的大小代表水体动能的大小，流速越大，动能越大，水体的侵蚀能力越强。绘制水深 h 与流速 v 的关系曲线，如图 8-1 所示。由图 8-1 可以看出，无论是层次化植被还是均一化植被，随着水深的增加，二者的水流流速均呈先减小后缓慢增加的趋势。当水深 $h<0.080$ m 时，水深与流速呈负相关关系；当水深 $h>0.080$ m 时，水深与流速呈正相关关系，这说明水深的变化对水流流速有影响。此外，当水流逐渐趋于稳定后，在同一水深条件下，对应的流速大小为 $v_{均}>v_{层}$，说明植被高度层次化与均一化对坡面水流流速具有各向异性的影响。当水深相同时，层次化植被对水体动能的消耗比均一化植被对水体动能的消耗要大，并且随着水深的增加，二者的差值逐渐增大。

水流阻力可以表示地表的粗糙程度和植被对水流的阻滞作用，阻力系数能够反映下垫面对水流阻力作用的大小，绘制水深 h 与 Darcy-Weisbach 阻力系数 f 的关系曲线，如图 8-2 所示。由图 8-2 可以看出，无论是层次化植被还是均一化植被，二者的 Darcy-Weisbach 阻力系数均随着水深的增加呈先增加后减小的趋势。当水深 $h<0.05$ m 时，二者的变化情况相同，增长速率也大体一致，这是由于在此之前，植被均处于非淹没状态，随着水深的不断增加，水流与植被的接触面积增大，使得水流与植被之间的摩擦作用增大，从而导致 Darcy-Weisbach 阻力系数 f 的增大。当水深 $h>0.05$ m 时，层次化植被中的低植株被淹

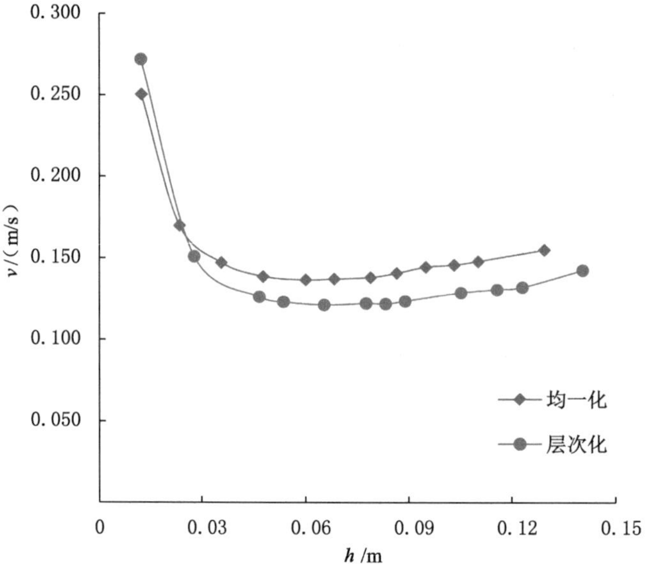

图 8-1　层次化植被与均一化植被的水深 h 与流速 v 的关系曲线

没，阻力系数 f 发生突降现象，随着水深的继续增加，阻力系数 f 继续增加，当层次化植被中的高植被株淹没后，阻力系数 f 随着水深的增加而减小；植被高度均一化条件下的变化情况较为简单，当植被被完全淹没后，阻力系数 f 随着水深的增加而减小。当二者的植被均处于完全淹没状态时，在同一水深条件下，层次化植被的阻力系数大于均一化植被的阻力系数，即 $f_{层} > f_{均}$，这说明层次化植被对水体内部能量的消耗更大，对水流连续结构的扰动能力更强。

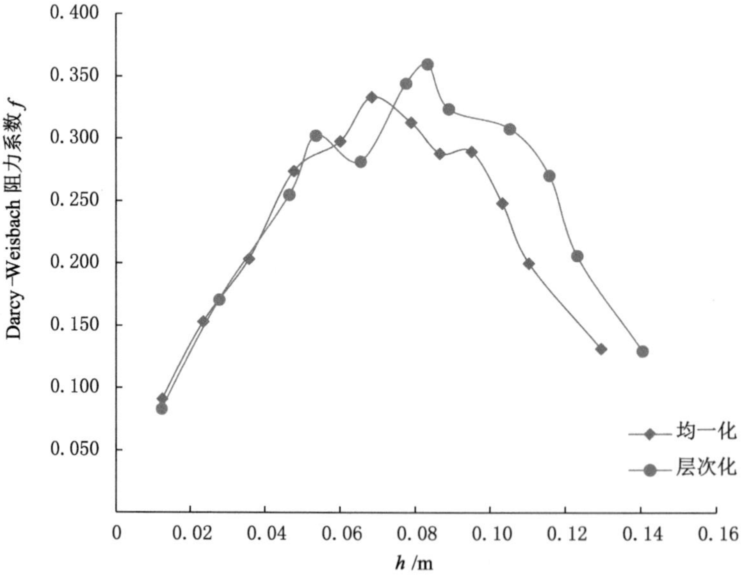

图 8-2　层次化植被与均一化植被的水深 h 与 Darcy-Weisbach 阻力系数 f 的关系曲线

由此可以看出，层次化植被相对均一化植被，在植被从非淹没状态到完全淹没状态的过程中，阻力系数 f 会发生突降现象，阻力系数的峰值取决于植被的高度，其对水流结构的破坏力更强。

植被的存在会改变水流的结构，降低水流流速，增加水流阻力，消耗水体内部的能量。沿程能量损失能够表征水体沿程流动时能量损失的变化规律，根据试验数据绘制水深 h 与沿程能量损失 h_f 的关系曲线，如图 8-3 所示。由图 8-3 可以看出，随着水深的不断增加，沿程能量损失呈递减趋势，最终趋于平稳。当水流淹没层次化植被中的低植株而未淹没高植株时，对应的层次化植被与均一化植被沿程能量损失 h_f 的差值最大，这说明此时两种不同分布条件下植被对水体内部能量消耗的差别达到最大，随后，随着水深的不断增加，二者的差值越来越小，最后几乎一致且趋于平稳。

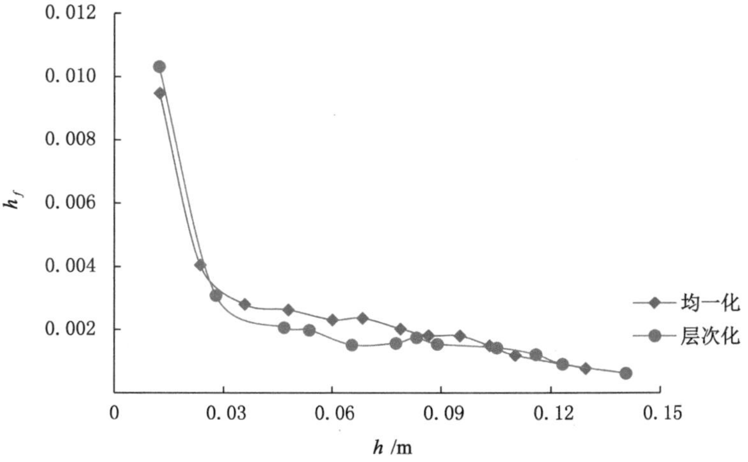

图 8-3　层次化植被与均一化植被水深 h 与沿程能量损失 h_f 的关系曲线

8.2.3　不同高度组合对坡面流阻力特性的影响

根据试验数据，绘制出层次化植被不同植株高度组合下水深 h 与 Darcy-Weisbach 阻力系数 f 的关系曲线，如图 8-4 所示。由图 8-4 可以看出，三组不同的组合情况下，Darcy-Weisbach 阻力系数随水深增加的变化趋势较为相似，所以可将其归纳为一种变化规律，概化后的变化规律如图 8-5所示。

如图 8-5 所示，层次化植被的 Darcy-Weisbach 阻力系数 f 先随着水深的增加而增加，二者呈正相关关系；当增加到一定值时，水深进一步增加，而阻力系数 f 开始减小，二者呈负相关关系。总体上，Darcy-Weisbach 阻力系数 f 随着水深的增加呈倒"J"形分布，这种变化规律大致可分为三个不同的阶段：均处于非淹没状态（第一阶段）、低矮植株被完全淹没但较高植株未被淹没状态（第二阶段）、均处于完全淹没状态（第三阶段）。

起初，水流流量较小，明渠水槽中的水位不高，Darcy-Weisbach 阻力系数 f 随水深 h 的增加而不断增加。这表明植被的存在对水流产生了阻力作用，这种作用随着水深的增加而不断加大。当水深进一步增加时，阻力系数 f 发生突然降低的现象。这是因为之前低矮植株刚好与水流处于同一水平面，有效阻力面积达到最大，而水位进一步升高时，低矮植株处

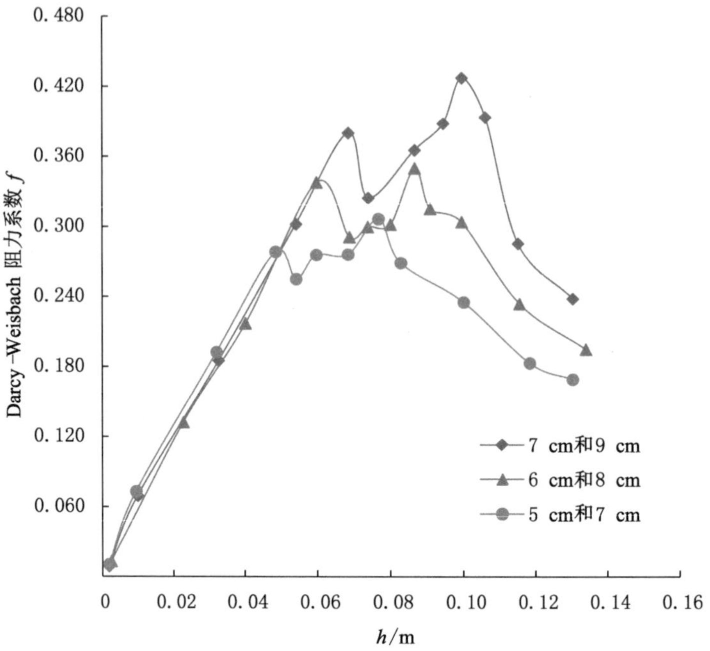

图 8-4 层次化植被不同植株高度组合下水深 h 与 Darcy-Weisbach 阻力系数 f 的关系曲线

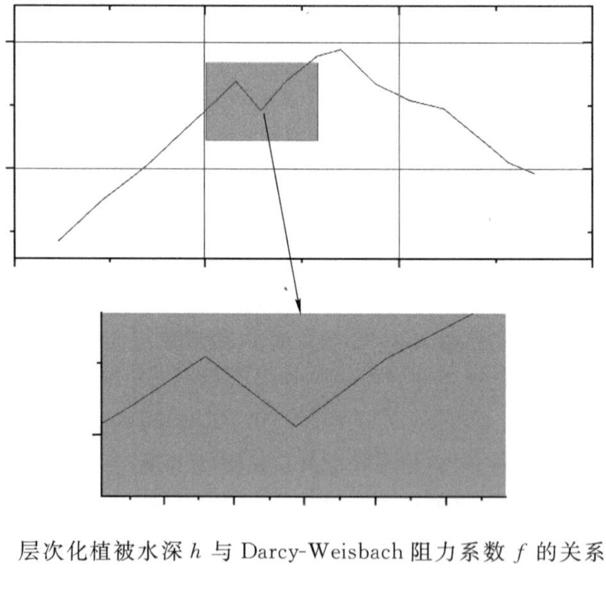

图 8-5 层次化植被水深 h 与 Darcy-Weisbach 阻力系数 f 的关系概化图

于完全淹没状态，低矮植株顶层产生的旋涡逐渐被淹没，旋涡阻力减小，其对水流的影响下降，因此阻力系数发生突然降低的现象。随着水位持续升高，明渠中仍存在一些较高植株，其对水流产生绕流阻力，所以阻力系数呈增加的趋势。当明渠水槽中的水流刚好淹没高植株时，植被对水流的扰动作用达到最大，阻力系数 f 达到峰值，之后随着水深的增加而减小。这是因为植被对水流产生的绕流阻力减小，水层增厚，植被层产生的旋涡被淹没，旋涡阻力进一步减小。

由图 8-4 可以看出，Darcy-Weisbach 阻力系数 f 的大小与植株高度有关。在第二阶段和第三阶段，同一水深 h 对应的 Darcy-Weisbach 阻力系数 f 是不同的，植株高度越大，对应的 Darcy-Weisbach 阻力系数 f 越大。

通过对相关数据进行分析，我们知道 Darcy-Weisbach 阻力系数 f 值随着水深 h 的增加而增加，其包含两个阶段，分别为第一阶段和第二阶段，那这两个阶段的 Darcy-Weisbach 阻力系数 f 的增长率是否一致呢？根据试验数据，绘制出这两个阶段三组不同植株高度组合总的增长率的变化趋势，如图 8-6 所示。

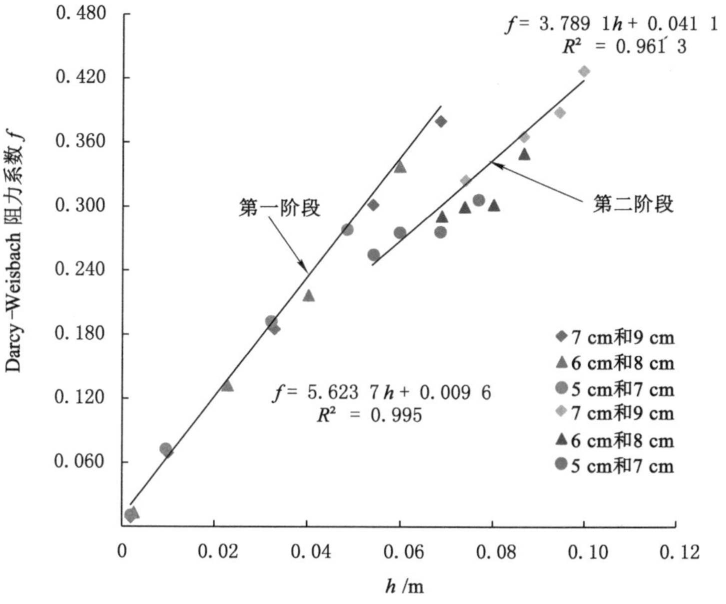

图 8-6　增长阶段三组不同植株高度组合总的增长率的变化曲线

由图 8-6 可以看出，这两个阶段阻力系数 f 的增长率是不同的。第一阶段的 Darcy-Weisbach 阻力系数 f 增长率较大，表明植被能够及时对水流产生一定的阻力效果，有效降低水流对地表水土的冲刷，使床面水土得到沉积。当低矮植株完全被淹没，只有高植株处于水流面以上时，与之前相比，相当于植被分布密度减小为原来的 1/2，此时的植被比表面积减小，有效阻力面积的增长率降低，对水流的扰动作用减小。由图 8-6 可知，第一阶段 f 的增长率远大于第二阶段 f 的增长率，这表明层次化植被的分布密度也是影响阻力变化的因素之一。

绘制不同植株高度组合在第二阶段和第三阶段 Darcy-Weisbach 阻力系数 f 随水深 h 变化的增长率曲线和减小率曲线，如图 8-7 和图 8-8 所示。从图 8-7 和图 8-8 中可以看出，三组试验在第二阶段的阻力系数 f 增长率是不相同的，同样，第三阶段的也各不相同。由三组试验的线性拟合方程可以看出，在第二阶段，虽然水面以上只存在高植株，但水面以下植株的高度是不同的，水面以下的植株越高，对应的阻力系数 f 的增长率越大；在第三阶段，所有试验段的植被均处于水面以下，植株高度越高，对应的阻力系数 f 的减小率越大。

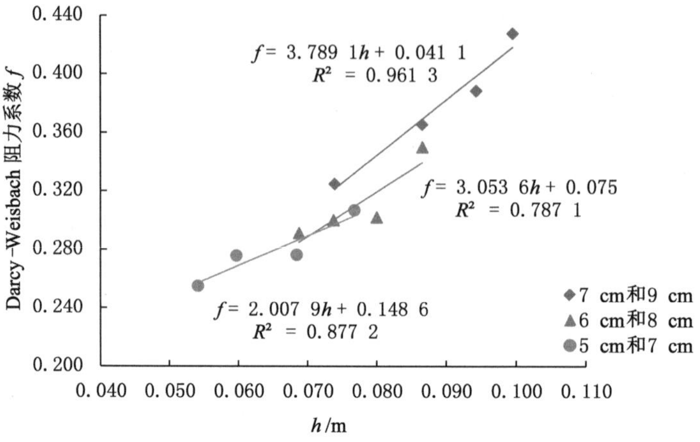

图 8-7　不同植株高度组合在第二阶段 Darcy-Weisbach 阻力系数 f 随水深 h 变化的增长率曲线

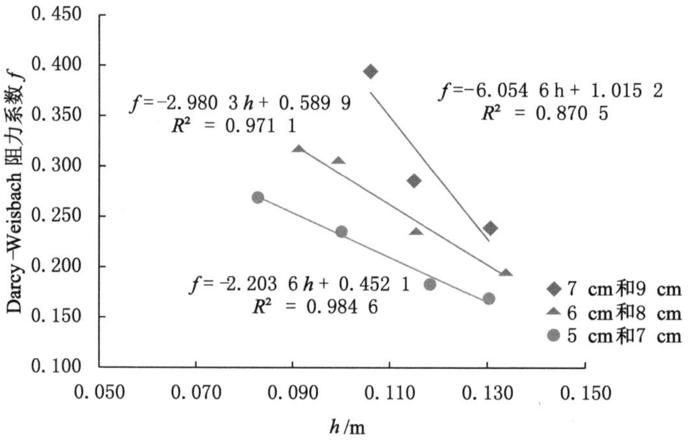

图 8-8　不同植株高度组合在第三阶段 Darcy-Weisbach 阻力系数 f 随水深 h 变化的减小率曲线

8.3　分布模式对层次化植被水流作用的影响

随着植被水流作用研究工作的不断深入，国内外许多学者发现，坡面植被水流结构复杂。不同植被类型对坡面水流结构的扰动作用不同，同一种植被不同的分布方式对坡面水流的影响也不相同。由此可以看出，即使植被种类相同，但植被分布模式不同，对水流的阻力作用也会有所不同。前人得出的结论大多基于统一高度的植被，而对于层次化植被分布模式的研究目前还涉及较少，且缺乏系统性研究。植被高度层次化相对均一化来说，对水流的扰动作用更为复杂。因此，研究层次化植被分布模式对坡面流的阻力作用是坡面植被水流作用研究的代表性工作，也是揭示坡面流水力学特性的重要内容。

为了分析植被分布模式对坡面层次化植被水流阻力及水流流态的影响，本小节拟利用试验数据分析不同植被分布模式下坡面植被水流阻力及水流流态的变化规律，得出植被分布模式对层次化植被水流作用影响的定性及定量研究结论。本小节采用控制变量的方法来建立水力学模型，开展室内明渠水流模拟试验。试验材料选用材质均匀的圆柱形塑料棒，塑料棒的直径 $d=6$ mm；层次化植被高度分别为 4 cm 和 8 cm。试验设置两种植被分布模式，分别为交错排列和线性排列，试验坡度定为 1.0%。在试验过程中，记录流量 Q、水深 h、水温等可观测数据，试验结束后，计算 Darcy-Weisbach 阻力系数、弗劳德数、雷诺数、沿程能量损失等相关参数。

8.3.1　分布模式对流速的影响

根据相关参数数据，绘制出层次化植被在不同分布模式下的水深 h 与流速 v 的关系曲线，如图 8-9 所示。从图 8-9 中可以看出，无论层次化植被是交错排列还是线性排列，随着水深的增加，二者的水流流速均呈先减小后缓慢增加的趋势。当水深 $h<0.08$ m 时，水深与流速呈负相关关系；当水深 $h>0.08$ m 时，水深与流速呈正相关关系，这说明水深的变化对水流流速有影响。此外，当水流逐渐趋于稳定后，在同一水深条件下，层次化植被线性排列时的水流流速大于交错排列时的水流流速，即 $v_{线}>v_{交}$，这说明层次化植被的分布模式对坡面水流流速具有各向异性的影响。当水深相同时，层次化植被交错排列时对水体动能的消耗比线性排列时对水体动能的消耗要大，此时坡面水流的过流能力相对较弱。

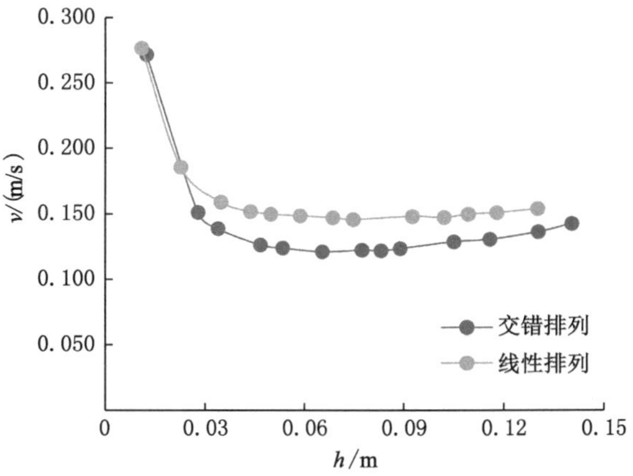

图 8-9　层次化植被在不同分布模式下的水深 h 与流速 v 的关系曲线

8.3.2　分布模式对流态的影响

根据相关参数数据，分别绘制出水深 h 与雷诺数 Re、水深 h 与弗劳德数 Fr 在不同分布模式下的关系曲线，如图 8-10、图 8-11 所示。

从图 8-10 中可以看出，在两种不同分布模式下，水深 h 与雷诺数 Re 均呈正相关关系，随着水深的增加，雷诺数一直增大，这表明坡面流的惯性力在不断增大，水流的紊动程度也在逐渐升高。在同一水深条件下，层次化植被线性排列时对应的 Re 值大于交错排列时对应的 Re 值，这说明植株在线性排列时，坡面流的惯性力作用较强，相对黏滞力处于主导地位，从而导致水流紊动程度更为显著。此外，从图 8-10 中还可以看出，试验点的 Re 值均大于 500，大部分点的 Re 值都高于 10 000，所以每一组试验中的水流不存在层流状态。

由图 8-11 可知，水深 h 与弗劳德数 Fr 之间存在负相关关系，即随着水深的增加，弗劳德数 Fr 首先迅速减小，随后随着水深的进一步增加，Fr 的减小速率逐渐放缓，这说明水深

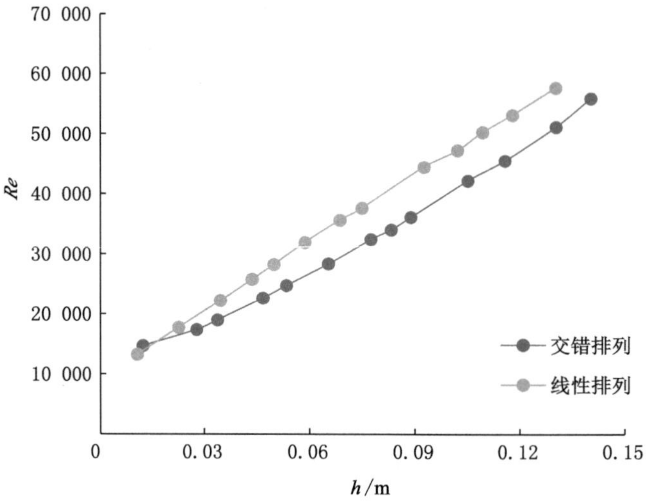

图 8-10　层次化植被在不同分布模式下的水深 h 与雷诺数 Re 的关系曲线

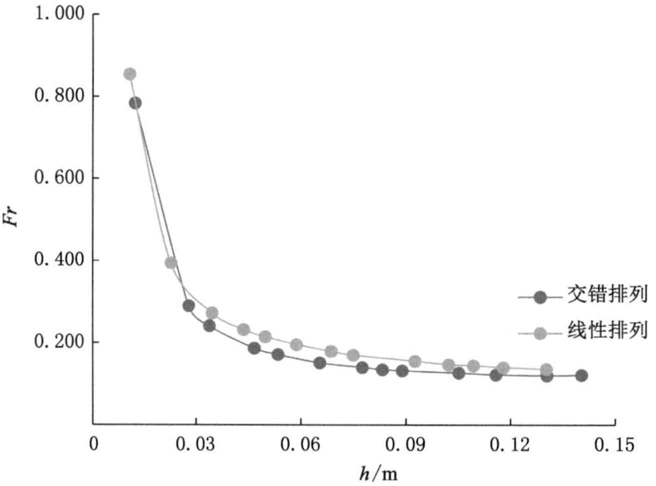

图 8-11　层次化植被在不同分布模式下的水深 h 与弗劳德数 Fr 的关系曲线

增大会使水流机械能构成中平均势能的所占比例增大，从而导致水流流速逐渐降低。在同一水深条件下，层次化植株线性排列时对应的 Fr 值大于交错排列时对应的 Fr 值，即 $Fr_{线}>Fr_{交}$，这表明植株在线性排列时，动能在水流机械能构成中相对势能占优势地位，层次化植被的分布模式对水流的紊动程度及水流机械能构成具有显著影响。

由图 8-10 和图 8-11 还可以得知，在同一水深条件下，当两种不同排列方式对应的 Re 差值及 Fr 差值达到最大时，试验植被均处于过渡淹没状态，此时低植株被淹没，而高植株未被淹没。

8.3.3　分布模式对沿程能量损失的影响

根据相关参数数据，绘制出水深 h 和沿程能量损失 h_f 在不同分布模式下的关系曲线，如图 8-12所示。从图 8-12 中可以看出，沿程能量损失 h_f 随着水深 h 的增加而不断减小，二者呈负相关关系。起初，随着水深的增加，沿程能量损失迅速减小，随后，随着水深的进一步增加，沿程能量损失的减小速率逐渐降低，最终趋于平缓。在第二阶段的同一水深条件下，线性排列时对应的 h_f 值大于交错排列时对应的 h_f 值。在同一水深条件下，两种不同分布模式对应的 h_f 差值首先逐渐扩大，之后二者的差值逐渐缩小直至相同。

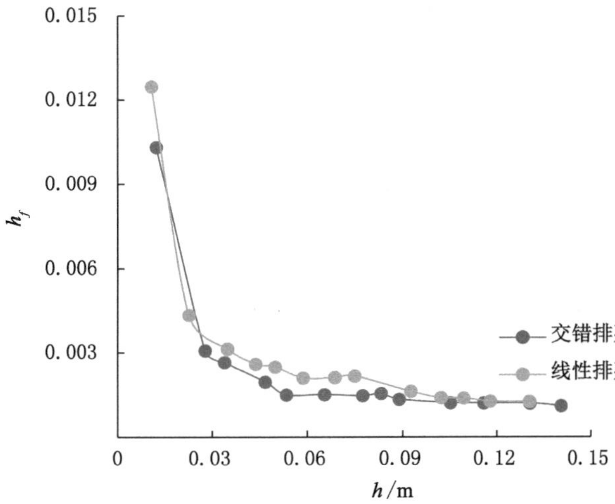

图 8-12　层次化植被在不同分布模式下的水深 h 与沿程能量损失 h_f 的关系曲线

8.3.4　分布模式对水流阻力的影响

图 8-13 所示为层次化植被在不同分布模式下的水深 h 与 Darcy-Weisbach 阻力系数 f 的关系曲线。从图 8-3 中可以看出，随着水深的不断增加，层次化植被从非淹没状态向完全淹没状态过渡，Darcy-Weisbach 阻力系数一开始随着水深的增加而增加，与水深呈正比例关系；当植被被完全淹没时，Darcy-Weisbach 阻力系数逐渐下降，与水深呈反比例关系。水流阻力反映了下垫面的粗糙程度以及植被对水流流动的阻滞作用。在相同的试验工况条件下，f 值越大，表明克服流动阻力所消耗的能量越多，这有助于减少土壤的分离和泥沙的输移，可降低土壤侵蚀的程度。

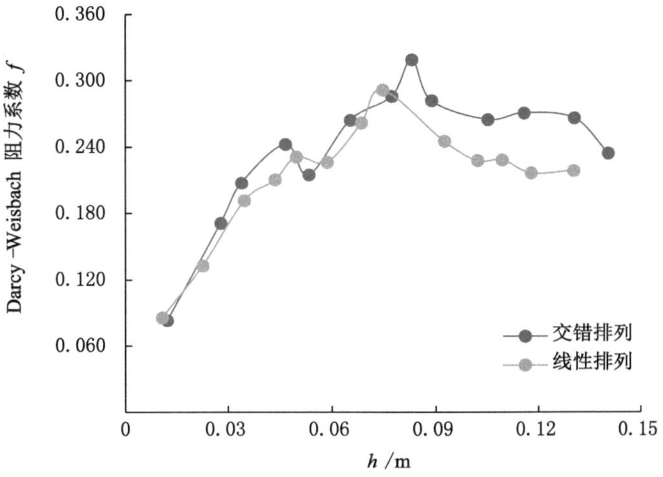

图 8-13　层次化植被在不同分布模式下的水深 h 与 Darcy-Weisbach 阻力系数 f 的关系曲线

由图 8-13 可知，在同一水深条件下，层次化植被交错排列时对应的 Darcy-Weisbach 阻力系数略高于线性排列时对应的 Darcy-Weisbach 阻力系数，这表明层次化植被的分布方式对坡面流水流阻力具有显著影响。从图 8-13 中还可以看出，当植株线性排列且水流仅淹没低植株时，Darcy-Weisbach 阻力系数的突变现象并不明显，且两种分布模式下的阻力系数峰值存在一定的差异。这说明层次化植被的分布模式为交错排列时，对水流具有更强的阻力作用，对水流内部结构的扰动也更大。

8.4 坡度对层次化植被水流作用的影响

坡度是表征地表陡缓的重要参数，坡度的大小对坡面产汇流过程有重要影响。一般来说，坡度越大，水力侵蚀的强度越大，引发泥石流、滑坡等水文地质灾害的概率越大。植被的存在能够有效地减小坡面径流量，降低坡面流速，减小坡面土颗粒的运移速率，增强水流的渗透速率，提高用水效率。从以往的研究成果来看，无论是室内概化试验还是室外验证试验，大多数试验均是在定坡条件下进行的，缺乏地表坡度对植被水流作用影响的系统性研究。因此，开展地表坡度对植被水流作用影响的研究工作具有重要意义。

本节通过建立室内水力学模型来模拟层次化植被。试验中，通过调节手摇式千斤顶来改变坡度，同时打开电磁流量计调节流量，记录试验数据。试验采用材质均匀的圆柱形塑料棒来作为仿真植被，植被茎秆直径 $d=6$ mm。模拟的层次化植被塑料棒高度设置为两种，分别为 5 cm 和8 cm，相邻植株的行列间距为 $a \times a=60$ mm×60 mm。通过调节手摇式千斤顶，设置五组不同的坡度进行试验，分别为 0、0.5%、1.0%、1.5%、2.0%。

8.4.1 坡度对流速的影响

根据相关参数数据，绘制出层次化植被在不同坡度下的水深 h 与流速 v 的关系曲线，如图 8-14所示。从图 8-14 中可以看出，水流流速随着水深的增加呈先减小后增加的趋势。当水深 $h<0.08$ m 时，水流流速随着水深的增加而减小，二者呈负相关关系；当水深 $h>0.08$ m 时，水流流速随着水深的增加而缓慢增加，二者呈正相关关系。在不同坡度条件下，坡度越大，水流初速度越大。当水深 $h<0.06$ m 时，在同一水深条件下，地表坡度越大，对应的水流流速越大，这表明坡度越大，水体中转化的动能越多；当水深 $h>0.06$ m 时，在同一水深条件下，坡度为 0 和 0.5%对应的流速相近，坡度为 1.0%和 1.5%对应的流速也相近，这说明地表坡度的变化对坡面流流速有一定影响。此外，从图 8-14 中还可以看出，当坡度为 0 时，水深对其影响较小，整体变化情况不大。

8.4.2 坡度对流态的影响

根据相关参数数据，分别绘制出水深 h 与雷诺数 Re、水深 h 与弗劳德数 Fr 在不同坡度下的关系曲线，如图 8-15、图 8-16 所示。

从图 8-15 中可以看出，无论在哪一种坡度下，雷诺数 Re 均随着水深的增加而增大，这说明坡度的变化不会影响 h-Re 曲线的变化趋势。在同一水深条件下，地表坡度越大，对应的 Re 值越大，这说明随着坡度的增大，坡面流的惯性力作用增强，水流的紊动程度更高。

从图 8-15 中还可以看出，试验点的 Re 值均大于 500，所以每一组试验中的水流不存在

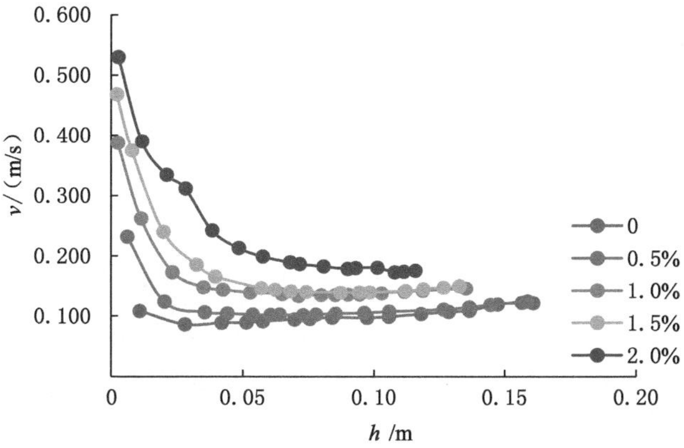

图 8-14　层次化植被在不同坡度下的水深 h 与流速 v 的关系曲线

层流状态。在每一组坡度情况下，随着水深的增加，试验水流皆从过渡流逐渐向紊流转变。当坡度为 0 和 0.5%时，以及坡度为 1.0%和 1.5%时，二者对应的 Re 差值较小。

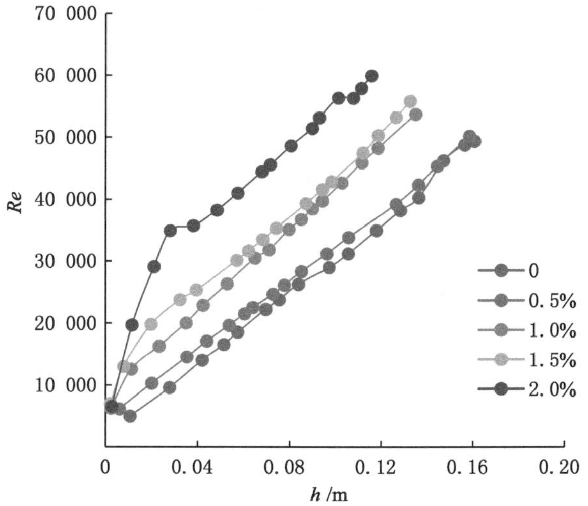

图 8-15　层次化植被在不同坡度下的水深 h 与雷诺数 Re 的关系曲线

从图 8-16 中可以看出，水深 h 与弗劳德数 Fr 呈负相关关系，即随着水深的增加，弗劳德数 Fr 首先迅速减小，随后，随着水深的进一步增加，Fr 的减小速率逐渐放缓，最终趋于平稳。这说明水深的增加会使水流机械能构成中平均势能的占比增大，从而导致水流流速逐渐变缓。当水深 $h<0.05$ m 时，在同一水深条件下，坡度越大，对应的 Fr 值越大；当水深 $h>0.05$ m 时，各个坡度对应的 Fr 值差异较小，并趋于稳定，这说明坡度变化对弗劳德数有影响，但是其影响会随着水深的增加而逐渐减小。

在图 8-16 中，坡度为 0 和 0.5%时，Fr 值均小于 1，这说明重力所代表的势能对水流起主导作用，而惯性力作用所代表的动能相对较小，水流一直处于缓流状态。当坡度分别为 1.0%、1.5%、2.0%时，Fr 值从大于 1 变为小于 1，这说明一开始水流机械能构成中惯性力

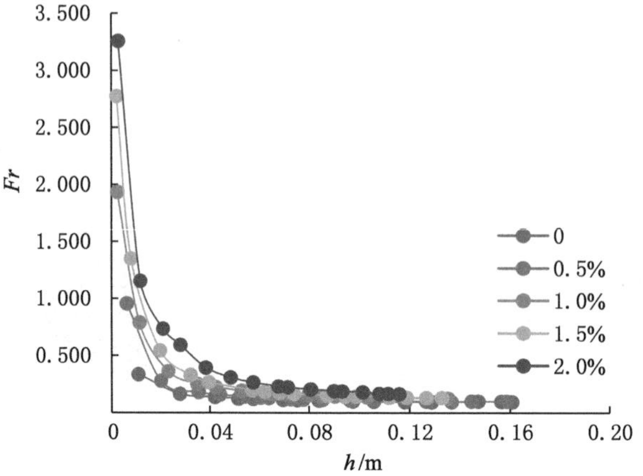

图 8-16　层次化植被在不同坡度下的水深 h 与弗劳德数 Fr 的关系曲线

作用所代表的的动能占比较大，而重力代表的势能占比较小，随着坡度的增加，二者在水流机械能构成中的占比差异逐渐缩小，最终势能占比较大，水流逐渐从急流向缓流过渡。

8.4.3　坡度对沿程能量损失的影响

根据相关参数数据，绘制出水深 h 和沿程能量损失 h_f 在不同坡度下的关系曲线，如图 8-17所示。从图 8-17 中可以看出，沿程能量损失随水深的变化规律和弗劳德数 Fr 的变化规律相似，随着水深的增加，沿程能量损失逐渐减小，二者呈负相关关系。一开始，随着水深增加，沿程能量损失迅速减小，随后，随着水深的进一步增加，沿程能量损失的减小速率逐渐减小，最终趋于平稳。当坡度为 0、0.5%时，沿程能量损失随着水深的增加并未发生明显变化，这表明此时沿程能量损失主要受坡度影响，其主要影响因素来自植被下垫面，植被水流阻力的影响并不显著，因而沿程能量损失变化较小。

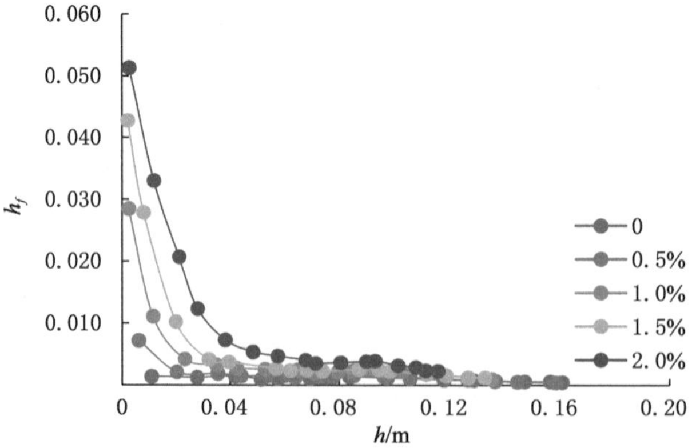

图 8-17　层次化植被在不同坡度下的水深 h 与沿程能量损失 h_f 的关系曲线

在不同坡度条件下，当水深 $h<0.05$ m 时，坡度越大，对应的 h_f 值越大，这可能是因为随着坡度的增大，水流流速加快，同时水深变浅，水流流经植被区时会引起涡流反应，从而导

致更多的能量损失。当水深 $h>0.05$ m 时，在同一水深条件下，各个坡度对应的 h_f 值逐渐趋于一致并保持平稳，这说明地表坡度变化会对沿程能量损失产生影响。这种影响程度一开始很大，尤其是在大坡度条件下更为明显，随着水深的不断增加，坡度对沿程能量损失的影响会逐渐减弱。

8.4.4　坡度对水流阻力的影响

图 8-18 所示为层次化植被在不同坡度下的水深 h 与 Darcy-Weisbach 阻力系数 f 的关系曲线。从图 8-18 中可以看出，随着水深的不断增加，层次化植被从非淹没状态向完全淹没状态过渡，Darcy-Weisbach 阻力系数一开始先增加，与水深呈正比例关系，随着水深的进一步增加，Darcy-Weisbach 阻力系数逐渐下降，与水深呈反比例关系。在不同坡度条件下，同一水深下，每个坡度对应的 f 值差异不大，每个坡度的阻力系数 f 增加率及减小率几乎保持一致。根据相关参数数据，分别绘制出阻力系数 f 随水深增加时的增长率变化曲线及减小率变化曲线，如图 8-19所示。

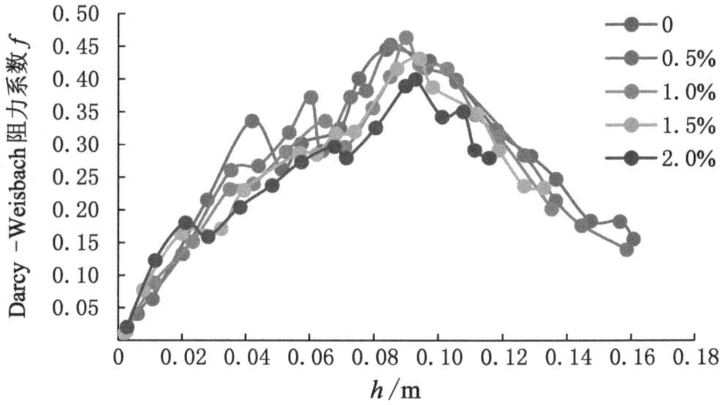

图 8-18　层次化植被在不同坡度下的水深 h 与 Darcy-Weisbach 阻力系数 f 的关系曲线

从图 8-19(a)中可以看出，在各个坡度下，水深 h 与阻力系数 f 的散点分布满足线性增长关系。通过线性拟合得出的相关关系表达式为：$f=4.131\ 7h+0.042\ 3$ ($R^2=0.971$)。从整体上看，不管坡度如何变化，阻力系数均随着水深的增加而增加，此时水深是影响 Darcy-Weisbach 阻力系数的主要因素。这说明随着水深的增加，植被阻水面积不断增大，植被与水流碰撞的概率增加，水流的惯性力减小，而水流的黏滞力相应增加，从而导致水流阻力增加，Darcy-Weisbach 阻力系数 f 增大。各个坡度对应的阻力系数分布点迹差距不大，因此相对水深对 Darcy-Weisbach 阻力系数的影响，坡度对其产生的影响整体上并不显著。

从图 8-19(b)中可以看出，在各个坡度下，水深 h 与阻力系数 f 的散点分布满足线性减小关系。通过线性拟合得出的相关关系表达式为：$f=-4.632\ 2h+0.861\ 7$($R^2=0.984\ 2$)。从整体上看，不管坡度如何变化，阻力系数均随着水深的增加而减小，同样，水深是影响 Darcy-Weisbach 阻力系数的主要因素。此时，植被区已被完全淹没，植被对水流的绕流阻力减小，随着水深的继续增加，水层增厚，植被层产生的旋涡被淹没，旋涡阻力进一步减小，从而导致 Darcy-Weisbach 阻力系数 f 减小。

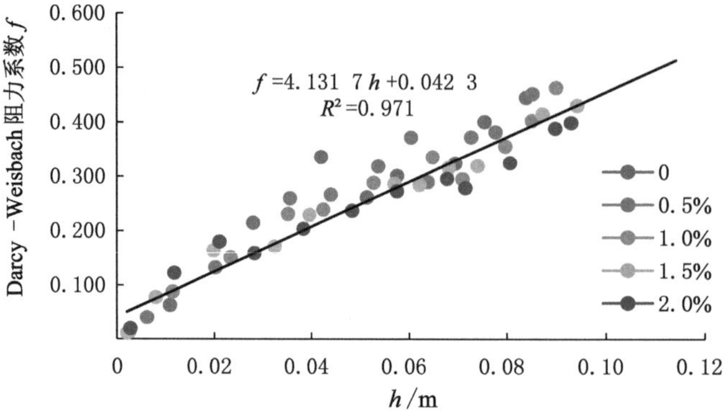

(a)增长率

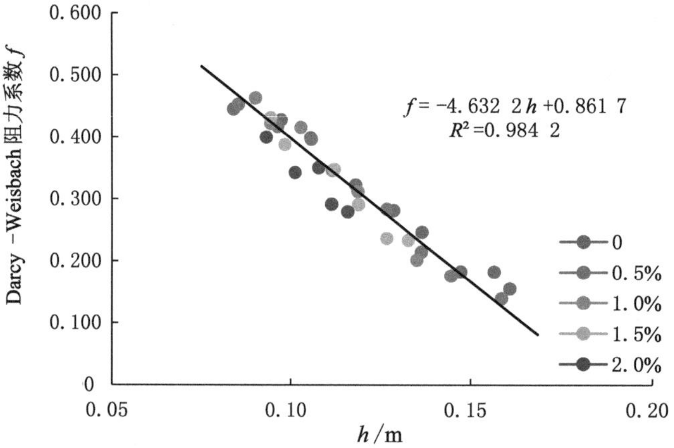

(b)减小率

图 8-19　层次化植被在不同坡度下的 Darcy-Weisbach 阻力系数 f 的增长率与减小率变化曲线

综合图 8-18 和图 8-19 来看，坡度变化对 Darcy-Weisbach 阻力系数的整体变化趋势影响不大。为了更直观地观察这两幅图中的变化，将坡度为 0、0.5%、1.0%这些小坡度下的阻力系数 f 与水深 h 的关系曲线绘制在一张图中，然后将坡度为 1.5%、2.0%这些大坡度下的阻力系数 f 与水深 h 的关系曲线绘制在另一张图中，分别如图 8-20(a)、图 8-20(b)所示。由图 8-20(a)、图 8-20(b)可以看出，当坡度为 0、0.5%、1.0%时，阻力系数 f 的变化规律比较明显，在这三种坡度下，当层次化植被中的高、低植株均未被淹没时，阻力系数 f 的变化起伏不大，尤其是坡度为 0 时，基本无起伏变化。随着水流淹没低植株，阻力系数 f 会发生突降现象，但是，随着坡度的增加，其突降速率会逐渐减小，尤其是当坡度为 1.0%、1.5%时，这种突降现象并不明显。造成这种现象的原因可能是坡度的增大使水流速度增大，水流无法从试验水槽中快速流出，导致植被区下游产生壅水现象。随着流量的不断增加，壅水区逐渐由植被区下游向植被区中、上游扩散，导致层次化植被中的低植株不是在同一时间瞬间淹没，而是以过渡形式淹没，所以才会产生此种现象。

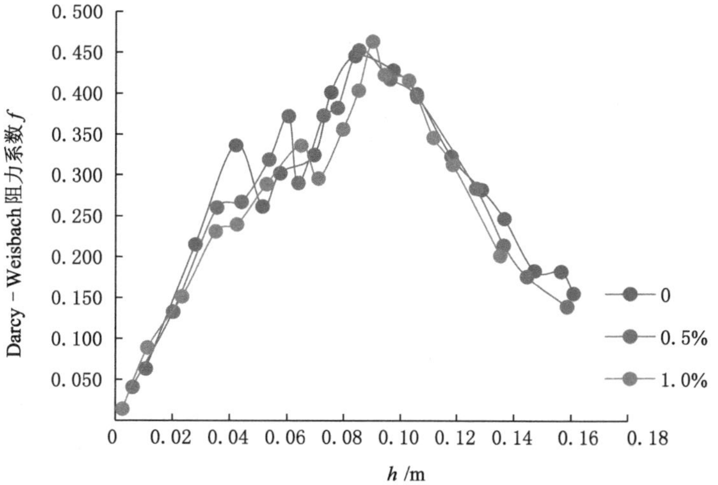

（a）层次化植被在坡度为0、0.5%、1.0%时的水深h与Darcy-Weisbach阻力系数f的关系曲线

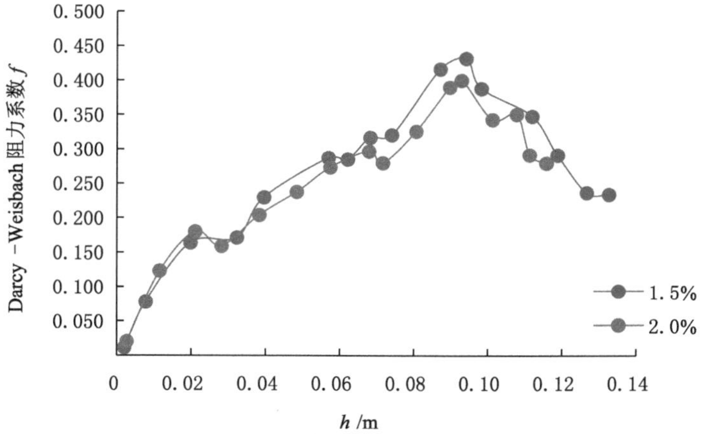

（b）层次化植被在坡度为1.5%、2.0%时的水深h与Darcy-Weisbach阻力系数f的关系曲线

图 8-20　不同坡度下的水深 h 与 Darcy-Weisbach 阻力系数 f 的关系曲线对比示意图

8.5　试验结论与展望

8.5.1　植被层次分布

为了研究层次化植被对坡面水流阻力的影响，本章设置了三组不同高度组合的植株来进行试验，试验结论如下。

（1）在同一水深条件下，对应的流速大小为 $v_{均}>v_{层}$；二者的 Darcy-Weisbach 阻力系数 f 随着水深的增加呈先增加后减小的趋势；当水流淹没层次化植被中的低植株时，二者的沿程能量损失 h_f 差值最大，随后，随着水深的不断增加，二者的差值慢慢缩小，最终趋于一致。

(2) 当层次化植被中的低植株被淹没时，Darcy-Weisbach 阻力系数 f 会发生突降现象。此外，Darcy-Weisbach 阻力系数 f 的峰值取决于植被的植株高度。

(3) 第一阶段和第二阶段的 Darcy-Weisbach 阻力系数 f 增长率不同，所有植株均未被淹没时的 f 增长率大于低矮植株被淹没而较高植株未被淹没时的 f 增长率。这表明当所有植株处于水流面以上时，其阻力效果更为明显，对地表径流冲刷具有及时的抑制效应。此外，植被分布密度及比表面积也是影响 f 的主要因素。

(4) 当植被部分淹没或全部淹没时，水流面以下的植株高度越大，对应的 Darcy-Weisbach 阻力系数 f 值越大，且 f 的增长率与减小率越大。

试验所得规律能够指导实践种植不同高度组合的植被，在不影响水流过流的情况下有效地保持水土、护理边坡、防止滑坡和泥石流等自然灾害的发生。应当指出的是，该结论是在控制其他影响因素的条件下得出的，试验设备与实际自然流域坡面存在一定差异。实际坡面植被的水流阻力会受到微地形、土壤介质特性等相关因素的影响，故研究结论在坡面应用中的可靠性及适应性值得进一步研究。

8.5.2 植被分布模式

本章共设置了两种不同植被分布模式，分别为交错排列和线性排列。采用控制变量的方法开展室内明渠水槽放水试验，试验结果如下。

(1) 层次化植被的分布模式对水流流速有影响，在同一水深条件下，层次化植被线性排列时的水流流速大于交错排列时的水流流速，即 $v_{线}>v_{交}$。

(2) 层次化植被的分布模式对水流流态有影响，在同一水深条件下，层次化植被线性排列时对应的雷诺数与弗劳德数均大于交错排列时对应的雷诺数与弗劳德数，即 $Re_{线}>Re_{交}$、$Fr_{线}>Fr_{交}$。

(3) 在两种分布模式下，当水流淹没层次化植被中的低植株时，二者的 h_f 差值最大，之后随着水深的增加，差值逐渐缩小，最终趋于一致。

(4)层次化植被的分布模式对 Darcy-Weisbach 阻力系数具有影响作用。总体上，在同一水深条件下，植株交错排列时对应的 f 值大于植株线性排列时对应的 f 值，即 $f_{交}>f_{线}$。当植株处于线性排列且水流仅淹没低植被时，Darcy-Weisbach 阻力系数的突变现象相对交错排列并不明显。

应当指出的是，该结论是在控制其他影响因素的条件下得出的。试验设置的植被分布模式种类较少，相对自然流域地表植被的真实分布模式来说比较单一。试验设备与实际自然流域坡面存在一定差异，而实际坡面植被的水流阻力会受到微地形、土壤介质特性等相关因素的影响，故研究结论在坡面应用中的可靠性及适应性值得进一步研究。

8.5.3 地表坡度

本章共设置了 5 种不同的试验坡度，通过将层次化植被分别布置在这 5 种坡度下进行室内水槽试验，得出以下结论：

(1) 坡度越大，水流初始速度越大。在同一水深条件下，坡度越大，对应的水流流速越大。此外，地表坡度变化对水流流速的影响作用会随着水深的增加而减小。

(2) 地表坡度变化并不会对 h-Re 曲线的变化趋势产生影响，雷诺数 Re 随着水深 h 的增加而增大，在同一水深条件下，坡度越大，对应的 Re 值越大。弗劳德数 Fr 随着水深 h 的增加而逐渐减小，当水深 $h<0.05$ m 时，在同一水深条件下，坡度越大，对应的 Fr 值越大；当水深 $h>0.05$ m 时，各个坡度对应的 Fr 值差异较小，并趋于稳定，这表明地表坡度变化对弗劳德数的影响会随着水深的增加而逐渐减小。

(3) 当水深 $h<0.05$ m 时，坡度越大，对应的 h_f 值越大；当水深 $h>0.05$ m 时，在同一水深条件下，各个坡度对应的 h_f 值逐渐趋于一致并保持平稳。

(4) 5 种不同坡度下的 Darcy-Weisbach 阻力系数 f 随着水深 h 的增加总体呈先增加后减小的趋势，线性增加时满足：$f=4.131\ 7h+0.042\ 3(R^2=0.971)$，线性减小时满足：$f=-4.632\ 2h+0.861\ 7(R^2=0.984\ 2)$。随着坡度的增加，尤其是在大坡度情况下，当水流淹没低植株时，f 值的突降现象越来越不明显，由此表明，水深对阻力系数的影响程度要大于坡度对阻力系数的影响程度。

应当指出的是，该结论是在控制其他影响因素的条件下得出的，试验设置坡度相对自然流域地表的真实坡度来说比较单一，并且试验设置的最高坡度为 2.0%，坡度较小。试验设备与实际自然流域坡面存在一定差异，而实际坡面植被的水流阻力会受到微地形、土壤介质特性等相关因素的影响，故研究结论在坡面应用中的可靠性及适应性值得进一步研究。

参 考 文 献

[1] 曾玉红，槐文信，张健，等.非淹没刚性植被流动阻力研究[J].水利学报，2011，42(7)：834-838.
[2] 陈椿庭.关于明渠水充的六区流态[J].人民长江，1995，26(3)：43-46.
[3] 陈国祥，姚文艺.降雨对浅层水流阻力的影响[J].水科学进展，1996，7(1)：42-46.
[4] 董艳萍，袁晶瑄.流域水文模型的回顾与展望[J].水力发电，2008，34(3)：20-23.
[5] 傅国斌，刘昌明.遥感技术在水文学中的应用与研究进展[J].水科学进展，2001，12(4)：547-559.
[6] 郭生练，熊立华，杨井，等.分布式流域水文物理模型的应用和检验[J].武汉大学学报(工学版)，2001，34(1)：1-5，36.
[7] 郭雨华，赵廷宁，孙保平，等.草地坡面水动力学特性及其阻延地表径流机制研究[J].水土保持研究，2006，13(4)：264-267.
[8] 胡方荣，侯宇光.水文学原理[M].北京：水利水电出版社，1985.
[9] 胡和平，田富强.物理性流域水文模型研究新进展[J].水利学报，2007，38(5)：511-517.
[10] 黄文沛.非淹没刚性植被对水流阻力和水流能量特性影响的研究[D].北京：华北电力大学，2013.
[11] 蒋昌波，隆院男，胡世雄，等.坡面流阻力研究进展[J].水利学报，2012，43(2)：189-197.
[12] 孔凡哲，芮孝芳.处理 DEM 中闭合洼地和平坦区域的一种新方法[J].水科学进展，2003，14(3)：290-294.
[13] 李力，沈冰.不同地表状况耕地的田面糙率研究[J].农业工程学报，2008，24(4)：72-75.
[14] 李勉，姚文艺，陈江南，等.草被覆盖下坡面-沟坡系统坡面流阻力变化特征试验研究[J].水利学报，2007，38(1)：112-119.
[15] 李占斌，鲁克新.透水坡面降雨径流过程的运动波近似解析解[J].水利学报，2003，34(6)：8-13.
[16] 刘斌，庞进武，祝瑞祥，等.美国长距离调水工程考察报告[J].人民长江，1994，25(7)：35-64.
[17] 刘昌明，李道峰，田英，等.基于 DEM 的分布式水文模型在大尺度流域应用研究[J].地理科学进展，2003，22(5)：437-445.
[18] 刘昌明，钟骏襄.黄土高原森林对年径流影响的初步分析[J].地理学报，1978，33(2)：112-128.
[19] 刘昌明.黄河流域水资源演化规律与可再生性维持机理研究进展[J].中国基础科学，2002，(3)：22-26.
[20] 刘青泉，陈力，李家春.坡度对坡面土壤侵蚀的影响分析[J].应用数学和力学，2001，

22(5):449-457.

[21] 南京工学院.工程流体力学实验[M].北京:电力工业出版社,1982.

[22] 倪晋仁,薛安,秦华鹏.影响水流运动研究进展的若干关键问题Ⅰ.糙率研究[J].应用基础与工程科学学报,1997,5(4):369-379.

[23] 潘成忠,上官周平.牧草对坡面侵蚀动力参数的影响[J].水利学报,2005,36(3):371-377.

[24] 潘志强,刘高焕.面插值的研究进展[J].地理科学进展,2002,21(2):146-152.

[25] 任立良,刘新仁.基于 DEM 的水文物理过程模拟[J].地理研究,2000,19(4):369-376.

[26] 芮孝芳.水文学原理[M].北京:中国水利水电出版社,2004.

[27] 沈冰,李怀恩,沈晋.坡面降雨漫流过程中有效糙率的实验研究[J].水利学报,1994,25(10):61-68.

[28] 苏理宏,李小文,黄裕霞.遥感尺度问题研究进展[J].地球科学进展,2001,16(4):544-548.

[29] 孙崇亮,王卷乐.基于 DEM 的水系自动提取与分级研究进展[J].地理科学进展,2008,27(1):118-124.

[30] 王浩,贾仰文,王建华,等.人类活动影响下的黄河流域水资源演化规律初探[J].自然资源学报,2005,20(3):157-162.

[31] 王中根,刘昌明,黄友波.SWAT 模型的原理、结构及应用研究[J].地理科学进展,2003,22(1):79-86.

[32] 魏文秋,于建营.地理信息系统在水文学和水资源管理中的应用[J].水科学进展,1997,8(3):296-300.

[33] 吴持恭.水力学(第二版)[M].北京:高等教育出版社,1962.

[34] 吴普特.动力水蚀实验研究[M].西安:陕西科学技术出版社,1997.

[35] 夏军,王纲胜,谈戈,等.水文非线性系统与分布式时变增益模型[J].中国科学 D 辑,2004,34(11):1062-1071.

[36] 熊立华,郭生练.分布式流域水文模型[M].北京:中国水利水电出版社,2004.

[37] 杨扬,张建云,戚建国,等.雷达测雨及其在水文中应用的回顾与展望[J].水科学进展,2000,11(1):92-98.

[38] 姚文艺.坡面流阻力规律试验研究[J].泥沙研究,1996(1):74-82.

[39] 叶爱中,夏军,王纲胜,等.基于数字高程模型的河网提取及子流域生成[J].水利学报,2005,36(5):531-537.

[40] 叶守泽.气象与洪水[M].武汉:武汉水利电力大学出版社,1999.

[41] 于维忠,芮孝芳.国外汇流理论若干进展[J].水文,1981(5):68-75.

[42] 张光辉.坡面薄层流水动力学特性的实验研究[J].水科学进展,2002,13(2):159-165.

[43] 张洪江,北原曜.几种林木枯落物对糙率系数 n 值的影响[J].水土保持学报,1994,1(12): 4-10.

[44] 张升堂,康绍忠,刘音.新型降水分布数学模型研究及其应用[J].应用生态学报,2005,16(3):555-558.

[45] 张升堂,康绍忠.基于矢量糙率的栅格单元流量分配模型[J].水利学报,2005,36(11):

1326-1330.
[46] 赵人俊.流域水文模拟:新安江模型与陕北模型[M].北京:水利电力出版社,1984.
[47] 朱会义,贾绍凤.降雨信息空间插值的不确定性分析[J].地理科学进展,2004,23(2):34-42.
[48] 左其亭,王中根.现代水文学[M].2 版.郑州:黄河水利出版社,2006.
[49] ABBOTT M B,BATHURST J C,CUNGE J A,et al.An introduction to the European Hydrological System—Systeme Hydrologique Europeen,"SHE",1:history and philosophy of a physically-based,distributed modelling system[J].Journal of hydrology,1986,87(1/2):45-59.
[50] ABRAHAMS A D,LI G,PARSONS A J.Rill hydraulics on a semiarid hillslope,southern Arizona[J].Earth surface processes and landforms,1996,21(1):35-47.
[51] ABRAHAMS A D,PARSONS A J,WAINWRIGHT J.Resistance to overland flow on semiarid grassland and shrubland hillslopes,Walnut Gulch,southern Arizona[J].Journal of hydrology,1994,156(1):431-446.
[52] AJAMI N K,GUPTA H,WAGENER T,et al.Calibration of a semi-distributed hydrologic model for streamflow estimation along a river system[J].Journal of hydrology,2004,298(1/2/3/4):112-135.
[53] ALI M,SEEGER M,STERK G,et al.A unit stream power based sediment transport function for overland flow[J].Catena,2013,101:197-204.
[54] ARGUELLES A C C,JUNG M,PAK G,et al.Evaluation of overland flow model for a hillslope using laboratory flume data[J].Water science and technology:a journal of the international association on water pollution research,2013,68(5):1188-1194.
[55] ARNOLD J G,ALLEN P M.Estimating hydrologic budgets for three Illinois watersheds[J].Journal of hydrology,1996,176(1/2/3/4):57-77.
[56] BANDARAGODA C,TARBOTON D G,WOODS R.Application of TOPNET in the distributed model intercomparison project[J].Journal of hydrology,2004,298(1/2/3/4):178-201.
[57] BEVEN K J,KIRKBY M J.A physically based,variable contributing area model of basin hydrology/Un modèle *à* base physique de zone d'appel variable de l'hydrologie du bassin versant[J].Hydrological sciences bulletin,1979,24(1):43-69.
[58] BEVEN K.Linking parameters across scales:subgrid parameterizations and scale dependent hydrological models[J].Hydrological processes,1995,9(5/6):507-525.
[59] BLÖSCHL G.Scaling in hydrology[J].Hydrological processes,2001,15(4):709-711.
[60] BRATH A,MONTANARI A,TOTH E.Analysis of the effects of different scenarios of historical data availability on the calibration of a spatially-distributed hydrological model[J].Journal of hydrology,2004,291(3/4):232-253.
[61] BRAY D I.Estimating average velocity in gravel-bed rivers[J].Journal of the hydraulics division,1979,105(9):1103-1122.
[62] CANDELA A,NOTO L V,ARONICA G.Influence of surface roughness in

hydrological response of semiarid catchments[J].Journal of hydrology,2005,313(3/4):119-131.

[63] CAO W Z,BOWDEN W B,DAVIE T,et al.Modelling impacts of land cover change on critical water resources in the motueka river catchment, new zealand[J].Water resources management,2009,23(1):137-151.

[64] CARPENTER T M,GEORGAKAKOS K P.Continuous streamflow simulation with the HRCDHM distributed hydrologic model[J].Journal of hydrology,2004,298(1/2/3/4):61-79.

[65] COSTA M H,BOTTA A,CARDILLE J A.Effects of large-scale changes in land cover on the discharge of the Tocantins River,Southeastern Amazonia[J].Journal of hydrology,2003,283(1/2/3/4):206-217.

[66] DARBOUX F, DAVY P, GASCUEL-ODOUX C, et al. Evolution of soil surface roughness and flowpath connectivity in overland flow experiments[J].CATENA,2002,46(2/3):125-139.

[67] DI CRISTO C,IERVOLINO M,VACCA A.Green's function of the linearized Saint-Venant equations in laminar and turbulent flows[J].Acta geophysica,2012,60(1):173-190.

[68] DING Y,JIA Y F,WANG S S Y.Identification of manning's roughness coefficients in shallow water flows[J].Journal of hydraulic engineering,2004,130(6):501-510.

[69] ENGMAN E T. Roughness coefficients for routing surface runoff[J].Journal of irrigation and drainage engineering,1986,112(1):39-53.

[70] FAIRFIELD J,LEYMARIE P.Drainage networks from grid digital elevation models [J].Water resources research,1991,27(5):709-717.

[71] FRAGA I,CEA L,PUERTAS J.Experimental study of the water depth and rainfall intensity effects on the bed roughness coefficient used in distributed urban drainage models[J].Journal of hydrology,2013,505:266-275.

[72] FREEZE R A, HARLAN R L.Blueprint for a physically-based, digitally-simulated hydrologic response model[J].Journal of hydrology,1969,9(3):237-258.

[73] GARBRECHT J, MARTZ L W. The assignment of drainage direction over flat surfaces in raster digital elevation models[J].Journal of hydrology,1997,193(1/2/3/4):204-213.

[74] GARDNER T W, SASOWSKY K C, DAY R L. Automated extraction of geomorphometric properties from digital elevation data [J]. Zeitschrift fur geomorphologie, 1990,80:57-68.

[75] GARROTE L,BRAS R L.A distributed model for real-time flood forecasting using digital elevation models[J].Journal of hydrology,1995,167(1):279-306.

[76] GILLEY J E, KOTTWITZ E R, WIEMAN G A. Darcy-weisbach roughness coefficients for gravel and cobble surfaces[J].Journal of irrigation and drainage engineering,1992,118(1):104-112.

[77] GITHUI F,MUTUA F,BAUWENS W.Estimating the impacts of land-cover change on runoff using the soil and water assessment tool (SWAT): case study of Nzoia Catchment,Kenya/Estimation des impacts du changement d'occupation du Sol sur l'écoulement à l' aide de SWAT: étude du cas du bassin de Nzoia, Kenya [J]. Hydrological sciences journal,2009,54(5):899-908.

[78] GOODRICH D C, SCHMUGGE T J, JACKSON T J, et al. Runoff simulation sensitivity to remotely sensed initial soil water content[J].Water resources research, 1994,30(5):1393-1405.

[79] GUENNI L,BÁRDOSSY A.A two steps disaggregation method for highly seasonal monthly rainfall[J]. Stochastic environmental research and risk assessment, 2002, 16(3):188-206.

[80] GÜNTNER A, SEIBERT J, UHLENBROOK S. Modeling spatial patterns of saturated areas: an evaluation of different terrain indices [J]. Water resources research,2004,40(5):W05114.

[81] GUY B T,DICKINSON W T,RUDRA R P.The roles of rainfall and runoff in the sediment transport capacity of interrill flow[J]. Transactions of the ASAE, 1987, 30(5):1378-1386.

[82] HAMMER R D,YOUNG F J,HAITHCOATE T W,et al.Slope class maps from soil survey and digital elevation models[J].Soil science society of America journal,1995, 59(2):509-519.

[83] HELMERS M J,EISENHAUER D E.Overland flow modeling in a vegetative filter considering non-planar topography and spatial variability of soil hydraulic properties and vegetation density[J].Journal of hydrology,2006,328(1/2):267-282.

[84] HIRSCH P J. Hydraulic resistance to overland flow on semiarid hillslopes: a physical simulation[D]. Buffalo: State University of New York at Buffalo, 1996.

[85] HORTON R E. Erosional development of streams and their drainage basins; hydrophysical approach to quantitative morphology[J].Geological society of America bulletin,1945,56(3):275.

[86] HSIEH T.Resistance of cylindrical piers in open-channel flow[J].Journal of the hydraulics division,1964,90(1):161-173.

[87] HU S X,ABRAHAMS A D.Partitioning resistance to overland flow on rough mobile beds[J].Earth surface processes and landforms,2006,31(10):1280-1291.

[88] HUANG J K,LEE K T.Influences of spatially heterogeneous roughness on flow hydrographs[J].Advances in water resources,2009,32(11):1580-1587.

[89] HUTCHINSON M F.Interpolating mean rainfall using thin plate smoothing splines [J].International Journal of Geographical information systems,1995,9(4):385-403.

[90] HYVÄLUOMA J,LILJA H,TURTOLA E.An anisotropic flow-routing algorithm for digital elevation models[J].Computers and geosciences,2013,60:81-87.

[91] IM S,KIM H,KIM C,et al.Assessing the impacts of land use changes on watershed

hydrology using MIKE SHE[J].Environmental geology,2009,57(1):231-239.

[92] IVANOV V Y,VIVONI E R,BRAS R L,et al.Preserving high-resolution surface and rainfall data in operational-scale basin hydrology:a fully-distributed physically-based approach[J].Journal of hydrology,2004,298(1/2/3/4):80-111.

[93] JACKSON R B,JOBBÁGY E G,AVISSAR R,et al.Trading water for carbon with biological carbon sequestration[J].Science,2005,310(5756):1944-1947.

[94] JAMES C S,BIRKHEAD A L,JORDANOVA A A,et al.Flow resistance of emergent vegetation[J].Journal of hydraulic research,2004,42(4):390-398.

[95] JIA Y W, WANG H, ZHOU Z H, et al. Development of the WEP-L distributed hydrological model and dynamic assessment of water resources in the Yellow River Basin[J].Journal of hydrology,2006,331(3/4):606-629.

[96] JOHNSON D L, MILLER A C. A spatially distributed hydrologic model utilizing raster data structures[J].Computers and geosciences,1997,23(3):267-272.

[97] KELLIHER F M, LEUNING R, SCHULZE E D. Evaporation and canopy characteristics of coniferous forests and grasslands[J]. Oecologia, 1993, 95(2): 153-163.

[98] KIM J,IVANOV V Y,KATOPODES N D.Hydraulic resistance to overland flow on surfaces with partially submerged vegetation[J]. Water resources research, 2012, 48(10):1-19.

[99] KIM S,LEE H.A digital elevation analysis:a spatially distributed flow apportioning algorithm[J].Hydrological processes,2004,18(10):1777-1794.

[100] KIRKBY M.Modelling the interactions between soil surface properties and water erosion[J].CATENA,2002,46(2/3):89-102.

[101] KISS R.Determination of drainage network in digital elevation models,utilities and limitations[J].Journal of hungarian geomathematics,2004, 2:16-29.

[102] KONINGS A G,KATUL G G,THOMPSON S E.A phenomenological model for the flow resistance over submerged vegetation[J].Water resources research,2012, 48(2):W02522.

[103] KUCHMENT L S,DEMIDOV V N,NADEN P S,et al.Rainfall-runoff modelling of the Ouse Basin,North Yorkshire:an application of a physically based distributed model[J].Journal of hydrology,1996,181(1/2/3/4):323-342.

[104] LALOY E,BIELDERS C L.Plot scale continuous modelling of runoff in a maize cropping system with dynamic soil surface properties[J].Journal of hydrology, 2008,349(3/4):455-469.

[105] LAM N S N,QUATTROCHI D A.On the issues of scale,resolution,and fractal analysis in the mapping sciences[J]. The professional geographer, 1992, 44(1): 88-98.

[106] LANE L J, WOOLHISER D A. Simplifications of watershed geometry affecting simulation of surface runoff[J].Journal of hydrology,1977,35(1/2):173-190.

[107] LANZA L G, RAMÍREZ J A, TODINI E. Stochastic rainfall interpolation and downscaling[J]. Hydrology and earth system sciences, 2001, 5(2): 139-143.

[108] LAWRENCE D S L. Hydraulic resistance in overland flow during partial and marginal surface inundation: experimental observations and modeling[J]. Water resources research, 2000, 36(8): 2381-2393.

[109] LAWRENCE D S L. Macroscale surface roughness and frictional resistance in overland flow[J]. Earth surface processes and landforms, 1997, 22(4): 365-382.

[110] LEON J G, CALMANT S, SEYLER F, et al. Rating curves and estimation of average water depth at the upper Negro River based on satellite altimeter data and modeled discharges[J]. Journal of hydrology, 2006, 328(3/4): 481-496.

[111] LIANG C J, MACKAY D S. A general model of watershed extraction and representation using globally optimal flow paths and up-slope contributing areas[J]. International journal of geographical information science, 2000, 14(4): 337-358.

[112] LIMERINOS J T. Determination of the Manning coefficient from measured bed roughness in natural channels[R]. Washington, DC: U.S. Geological Survey, 1970.

[113] LIU B Y, NEARING M A, RISSE L M. Slope gradient effects on soil loss for steep slopes[J]. Transactions of the ASAE, 1994, 37(6): 1835-1840.

[114] LIU B Y, NEARING M A, SHI P J, et al. Slope length effects on soil loss for steep slopes[J]. Soil Science Society of America journal, 2000, 64(5): 1759-1763.

[115] MARTZ L W, DE JONG E. CATCH: a FORTRAN program for measuring catchment area from digital elevation models[J]. Computers and geosciences, 1988, 14(5): 627-640.

[116] MARTZ L W, GARBRECHT J. Numerical definition of drainage network and subcatchment areas from Digital Elevation Models[J]. Computers and geosciences, 1992, 18(6): 747-761.

[117] MARTZ L W, GARBRECHT J. The treatment of flat areas and depressions in automated drainage analysis of raster digital elevation models[J]. Hydrological processes, 1998, 12(6): 843-855.

[118] MCCOOL D K, FOSTER G R, MUTCHLER C K, et al. Revised slope length factor for the universal soil loss equation[J]. Transactions of the ASAE, 1989, 32(5): 1571-1576.

[119] MCCORMACK J E, GAHEGAN M N, ROBERTS S A, et al. Feature-based derivation of drainage networks[J]. International journal of geographical information systems, 1993, 7(3): 263-279.

[120] MEDEIROS S C, HAGEN S C, WEISHAMPEL J F. Comparison of floodplain surface roughness parameters derived from land cover data and field measurements [J]. Journal of hydrology, 2012, 452/453: 139-149.

[121] MESA O J, MIFFLIN E R. On the relative role of hillslope and network geometry in hydrologic response[J]. Water science and technology library, 1986, 6(1): 1-17.

[122] MITÁŠOVÁ H,HOFIERKA J.Interpolation by regularized spline with tension:II. Application to terrain modeling and surface geometry analysis[J]. Mathematical geology,1993,25(6):657-669.

[123] MITÁŠOVÁ H, MITÁŠ L. Interpolation by regularized spline with tension: I. Theory and implementation[J].Mathematical geology,1993,25(6):641-655.

[124] MITCHELL J K,JONES B A JR.Micro-relief surface depression storage:analysis of models to describe the depth-storage function1[J].Journal of the american water resources association,1976,12(6):1205-1222.

[125] MOORE R J.The probability-distributed principle and runoff production at point and basin scales[J].Hydrological sciences journal,1985,30(2):273-297.

[126] MÜGLER C,PLANCHON O,PATIN J,et al.Comparison of roughness models to simulate overland flow and tracer transport experiments under simulated rainfall at plot scale[J].Journal of hydrology,2011,402(1/2):25-40.

[127] MYERS T G.Modeling laminar sheet flow over rough surfaces[J].Water resources research,2002,38(11):1-12.

[128] NADEN P S. Spatial variability in flood estimation for large catchments: the exploitation of channel network structure[J]. Hydrological sciences journal, 1992, 37(1):53-71.

[129] NASH J E, HRS. A unit hydrograph study, with particular reference to British Catchments[J]. Proceedings of the institution of civil engineers, 1960, 17(3): 249-282.

[130] NÉELZ S,PENDER G.Sub-grid scale parameterisation of 2D hydrodynamic models of inundation in the urban area[J].Acta geophysica,2007,55(1):65-72.

[131] NG H Y F, MARSALEK J. Simulation of the effects of urbanization on basin streamflow1[J]. Journal of the American Water Resources Association, 1989, 25(1):117-124.

[132] NOARAYANAN L, MURALI K, SUNDAR V. Manning's 'n' co-efficient for flexible emergent vegetation in tandem configuration [J]. Journal of hydro-environment research,2012,6(1):51-62.

[133] O'CALLAGHAN J F, MARK D M. The extraction of drainage networks from digital elevation data[J]. Computer vision, graphics and image processing, 1984, 28(3):323-344.

[134] ORLANDINI S, MORETTI G. Determination of surface flow paths from gridded elevation data[J].Water resources research,2009,45(3):W03417.

[135] ORLANDINI S. On the spatial variation of resistance to flow in upland channel networks[J].Water resources research,2002,38(10):1-14.

[136] PEI T,QIN C Z,ZHU A X,et al.Mapping soil organic matter using the topographic wetness index:a comparative study based on different flow-direction algorithms and Kriging methods[J].Ecological indicators,2010,10(3):610-619.

[137] PILESJÖ P, ZHOU Q M, HARRIE L. Estimating flow distribution over digital elevation models using a form-based algorithm[J]. Annals of GIS, 1998, 4(1/2): 44-51.

[138] PILESJÖ P, ZHOU Q. A multiple flow direction algorithm and its use for hydrological modeling[J]. Hydrological processes, 1991, 5(1): 59-79.

[139] QUINN P, BEVEN K, CHEVALLIER P, et al. The prediction of hillslope flow paths for distributed hydrological modelling using digital terrain models[J]. Hydrological processes, 1991, 5(1): 59-79.

[140] REMO J W F, PINTER N. Retro-modeling the middle Mississippi River[J]. Journal of hydrology, 2007, 337(3/4): 421-435.

[141] ROBINSON J S, SIVAPALAN M, SNELL J D. On the relative roles of hillslope processes, channel routing, and network geomorphology in the hydrologic response of natural catchments[J]. Water resources research, 1995, 31(12): 3089-3101.

[142] ROCHE N, DAÏAN J F, LAWRENCE D S L. Hydraulic modeling of runoff over a rough surface under partial inundation[J]. Water resources research, 2007, 43(8): 1-11.

[143] RODRÍGUEZ-CABALLERO E, CANTÓN Y, CHAMIZO S, et al. Effects of biological soil crusts on surface roughness and implications for runoff and erosion [J]. Geomorphology, 2012, 145/146: 81-89.

[144] RODRÍGUEZ-ITURBE I, GONZÁLEZ-SANABRIA M, BRAS R L. A geomorphoclimatic theory of the instantaneous unit hydrograph[J]. Water resources research, 1982, 18(4): 877-886.

[145] ROMANOWICZ A A, VANCLOOSTER M, ROUNSEVELL M, et al. Sensitivity of the SWAT model to the soil and land use data parametrisation: a case study in the Thyle catchment, Belgium[J]. Ecological modelling, 2005, 187(1): 27-39.

[146] ROUHIPOUR H, ROSE C W, YU B, et al. Roughness coefficients and velocity estimation in well-inundated sheet and rilled overland flow without strongly eroding bed forms[J]. Earth surface processes and landforms, 1999, 24(3): 233-245.

[147] RUEDA A, NOGUERA J M, MARTÍNEZ-CRUZ C. A flooding algorithm for extracting drainage networks from unprocessed digital elevation models [J]. Computers and geosciences, 2013, 59: 116-123.

[148] RUELLAND D, ARDOIN-BARDIN S, BILLEN G, et al. Sensitivity of a lumped and semi-distributed hydrological model to several methods of rainfall interpolation on a large basin in West Africa[J]. Journal of hydrology, 2008, 361(1/2): 96-117.

[149] SADEGHIAN M R, MITCHELL J K. Hydraulics of micro-braided channels: resistance to flow on tilled soils[J]. Transactions of the ASAE, 1990, 33(2): 458-468.

[150] SAGHAFIAN B, VAN LIESHOUT A M, RAJAEI H M. Distributed catchment simulation using a raster GIS[J]. International journal of applied earth observation

and geoinformation,2000,2(3):199-203.

[151] SAHOO G B,RAY C,DE CARLO E H.Calibration and validation of a physically distributed hydrological model,MIKE SHE,to predict streamflow at high frequency in a flashy mountainous Hawaii stream[J].Journal ofhydrology,2006,327(1/2):94-109.

[152] SAVAT J.The hydraulics of sheet flow on a smooth surface and the effect of simulated rainfall[J].Earth surface processes,1977,2(2/3):125-140.

[153] SCHAAP M G,BOUTEN W.Forest floor evaporation in a dense Douglas fir stand[J].Journal of hydrology,1997,193(1/2/3/4):97-113.

[154] SCHUMANN G, MATGEN P, HOFFMANN L, et al. Deriving distributed roughness values from satellite radar data for flood inundation modelling[J].Journal of hydrology,2007,344(1/2):96-111.

[155] SCHWANKL L J,RAGHUWANSHI N S,WALLENDER W W.Furrow irrigation performance under spatially varying conditions[J].Journal of irrigation and drainage engineering,2000,126(6):355-361.

[156] SEDGHI-ASL M,RAHIMI H.Adoption of Manning's equation to 1D non-Darcy flow problems[J].Journal of hydraulic research,2011,49(6):814-817.

[157] SEPASKHAH A R,SHAABANI M K.Infiltration and hydraulic behaviour of an anguiform furrow in heavy texture soils of Iran[J].Biosystems engineering,2007,98(2):248-256.

[158] SHEN H W,LI R M.Rainfall effect on sheet flow over smooth surface[J].Journal of the hydraulics division,1973,99(5):771-792.

[159] SHREVE R L.Sherman landslide,Alaska[J].Science,1966,154(3757):1639-1643.

[160] SIRIWARDENA L,FINLAYSON B L,MCMAHON T A.The impact of land use change on catchment hydrology in large catchments: the Comet River, Central Queensland,Australia[J].Journal of hydrology,2006,326(1/2/3/4):199-214.

[161] SMITH M W,COX N J,BRACKEN L J.Applying flow resistance equations to overland flows[J].Progress in physical geography: earth and environment,2007,31(4):363-387.

[162] SOILLE P,VOGT J,COLOMBO R.Carving and adaptive drainage enforcement of grid digital elevation models[J].Water resources research,2003,39(12):1366.

[163] SOILLE P.Optimal removal of spurious pits in grid digital elevation models[J].Water resources research,2004,40(12):W12509.

[164] STONE B M,SHEN H T.Hydraulic resistance of flow in channels with cylindrical roughness[J].Journal of hydraulic engineering,2002,128(5):500-506.

[165] STRELKOFF T S,TAMIMI A H,CLEMMENS A J.Two-dimensional basin flow with irregular bottom configuration[J].Journal of irrigation and drainage engineering,2003,129(6):391-401.

[166] TAKKEN I,GOVERS G,JETTEN V,et al.Effects of tillage on runoff and erosion

patterns[J].Soil and tillage research,2001,61(1/2):55-60.

[167] TARBOTON D G. A new method for the determination of flow directions and upslope areas in grid digital elevation models[J]. Water resources research, 1997, 33(2):309-319.

[168] TE CHOW V.Open-channel hydraulics[M].New York:McGraw-Hill,1959.

[169] THANAPAKPAWIN P,RICHEY J,THOMAS D,et al.Effects of landuse change on the hydrologic regime of the Mae Chaem River Basin,NW Thailand[J].Journal of hydrology,2007,334(1/2):215-230.

[170] TIETEMA A, WARMERDAM B, LENTING E, et al. Abiotic factors regulating nitrogen transformations in the organic layer of acid forest soils: moisture and pH [J].Plant and soil,1992,147(1):69-78.

[171] TORRI D,POESEN J,BORSELLI L,et al.Spatial variation of bed roughness in eroding rills and gullies[J].Catena,2012,90:76-86.

[172] VIEUX B E, CUI Z T, GAUR A. Evaluation of a physics-based distributed hydrologic model for flood forecasting[J].Journal of hydrology,2004,298(1/2/3/4):155-177.

[173] WANG X Y,SUN Y,LU W Z,et al.Experimental study of the effects of roughness on the flow structure in a gravel-bed channel using particle image velocimetry[J]. Journal of hydrologic engineering,2011,16(9):710-716.

[174] WANG Z M,BATELAAN O,DE SMEDT F.A distributed model for water and energy transfer between soil, plants and atmosphere (WetSpa) [J]. Physics and chemistry of the earth,1996,21(3):189-193.

[175] WATSON D F.Computing the n-dimensional Delaunay tessellation with application to Voronoi polytopes[J].The computer journal,1981,24(2):167-172.

[176] WELTZ M A,ARSLAN A B,LANE L J.Hydraulic roughness coefficients for native rangelands[J].Journal of irrigation and drainage engineering,1992,118(5):776-790.

[177] WENTZ E A,PEUQUET D J,ANDERSON S.An ensemble approach to space - time interpolation [J]. International journal of geographical information science, 2010,24(9):1309-1325.

[178] WERNER M G F, HUNTER N M, BATES P D. Identifiability of distributed floodplain roughness values in flood extent estimation[J]. Journal of hydrology, 2005,314(1/2/3/4):139-157.

[179] WHITE L W,VIEUX B,ARMAND D,et al.Estimation of optimal parameters for a surface hydrology model[J].Advances in water resources,2003,26(3):337-348.

[180] WILCOX A C,NELSON J M,WOHL E E.Flow resistance dynamics in step-pool channels:2.partitioning between grain,spill,and woody debris resistance[J].Water resources research,2006,42(5):W05419.

[181] WOLOCK D M,MCCABE JR G J.Comparison of single and multiple flow direction algorithms for computing topographic parameters in TOPMODEL [J]. Water

resources research,1995,31(5):1315-1324.

[182] WONG T S W,LIM C K.Effect of loss model on evaluation of Manning roughness coefficient of experimental concrete catchment[J]. Journal of hydrology, 2006, 331(1/2):205-218.

[183] WOOD E F,SIVAPALAN M,BEVEN K,et al.Effects of spatial variability and scale with implications to hydrologic modeling[J]. Journal of hydrology, 1988, 102(1/2/3/4):29-47.

[184] WOOLHISER D A, HANSON C L, KUHLMAN A R.Overland flow on rangeland watersheds[J]. Journal of hydrology New Zealand,1970,9(2):336-356.

[185] WU F C,SHEN H W,CHOU Y J.Variation of roughness coefficients for unsubmerged and submerged vegetation[J].Journal of hydraulic engineering,1999,125(9):934-942.

[186] WU Y H,CHRISTENSEN K.Turbulence modifications in the roughness sublayer of flow over a highly-irregular surface topology[C]//37th AIAA Fluid Dynamics Conference and Exhibit,2007.

[187] WU Y H, WOOLHISER D A, YEVJEVICH V.Effects of spatial variability of hydraulic resistance of runoff hydrographs[J].Journal of hydrology,1982,59(3/4):231-248.

[188] YANG D W,HERATH S,MUSIAKE K.A hillslope-based hydrological model using catchment area and width functions[J].Hydrological sciences journal,2002,47(1):49-65.

[189] YANG K J, CAO S Y, LIU X N.Study on resistance coefficient in compound channels[J].Acta mechanica sinica,2005,21(4):353-361.

[190] YEN B C.Dimensionally homogeneous manning's formula[J].Journal of hydraulic engineering,1992,118(9):1326-1332.

[191] YOON Y N,WENZEL H G Jr.Mechanics of sheet flow under simulated rainfall[J]. Journal of the hydraulics division,1971,97(9):1367-1386.

[192] ZHANG S Y,CORDERY I,SHARMA A.Application of an improved linear storage routing model for the estimation of large floods[J].Journal of hydrology, 2002, 258(1/2/3/4):58-68.

[193] ZHOU Q M,LIU X J.Error assessment of grid-based flow routing algorithms used in hydrological models[J].International journal of geographical information science, 2002,16(8):819-842.